城市与区域规划研究

顾朝林 主编

商务印书馆
2008年·北京

图书在版编目 (CIP) 数据

城市与区域规划研究 / 顾朝林主编. —北京：商务印书馆, 2008
ISBN 978-7-100-05579-6

Ⅰ. 城… Ⅱ. 顾… Ⅲ. 城市规划：区域规划-研究
Ⅳ. TU98

中国版本图书馆 CIP 数据核字（2007）第 189376 号

所有权利保留。
未经许可，不得以任何方式使用。

城市与区域规划研究

顾朝林　主编

商 务 印 书 馆 出 版
（北京王府井大街36号　邮政编码 100710）
商 务 印 书 馆 发 行
北京瑞古冠中印刷厂印刷
ISBN 978 - 7 - 100 - 05579 - 6

2008 年 1 月第 1 版　　开本 787×1092　1/16
2008 年 1 月北京第 1 次印刷　　印张 15
定价：27.00 元

发刊词
Inaugural Statement

城市与区域规划，正在成为学者、决策者和管理者共同关注的焦点。这不仅因为中国历史悠久，地域广阔，城市众多，区域差异显著；更重要的是，随着综合国力的不断增强，当代中国正在发生广泛而深刻的变革，世界也正在发生广泛而深刻的变化，中国城市与区域发展面临空前的机遇，同时也面临诸多难题和挑战。

《城市与区域规划研究》的创刊，正处在这样的一个关键时期。提高学术水平，推动科学发展，促进和谐社会，建设宜居环境，探索有中国特色的城市与区域发展之路，这是《城市与区域规划研究》的时代使命；"植根中国问题，参照国际规范，推进学术研究，倡导人文复兴"，这是《城市与区域规划研究》的办刊宗旨。欢迎城市与区域规划领域具有问题意识、国际视野、学术品位、人文气息的研究成果，特别是具有长期积累、指导性强的研究论文。

《城市与区域规划研究》由清华大学建筑学院主办，百年清华积淀了优良的学术传统和深厚的文化底蕴，理工与人文相结合的建筑学院特色鲜明，以人居环境科学为基础的学科发展目标明确，城市与区域规划是其重要的基础学科之一。《城市与区域规划研究》的创刊，将为清华大学建筑与人居科学的学科体系建设、教学和科学研究提供重要的支撑平台。

由于城市和区域本身的复杂性，城市与区域研究具有多学科交叉的性质，《城市与区域规划研究》更是城市与区域研究工作者学术思想交流的场所。我们希望，规划师、人居环境专家、地理学家、社会学家、经济学家和政府决策者等，在这里"究天人之际，通古今之变"，"汇中外之长"，成百家之言。

值《城市与区域规划研究》创刊之际，我们诚邀有识之士，共襄此举，不胜企盼。

名誉主编　吴良镛　吴传钧
《城市与区域规划研究》编辑委员会
二〇〇七年十一月

主编导读
Editorial

"为什么我的眼里充满泪水,因为我对这片土地爱得深沉"(艾青),人与土地之间有着天然情缘。从城市与区域规划的角度看,土地还是地方与国家发展所不可或缺的资源与空间,人与土地有着深层的经济、社会乃至政治上的关联,本刊创刊号的主题就是"城镇化进程中的土地问题"。

1919年,孙中山先生提出《建国方略》,勾勒国土开发的宏伟框架,激发起一代代中华儿女投身建国的热情,其中也包括少年吴传钧。受初中地理老师介绍《建国方略》的吸引,吴传钧投身国土规划与区域研究,提出人地关系地域系统理论,并在应用层面拓展了生产布局学框架。透过《吴传钧先生区域与城市研究学术思想》一文,我们可窥其立志国土开发研究的科学人生。

1978年,城市规划领域开始突破"左"的教条,探寻基本建设规律。吴良镛先生借鉴资本主义国家"地价"的概念,探讨中国"土地开发投资"和"土地利用效率"问题,他敏锐地意识到,我国基本建设和城市建设将会以前所未有的规模发展起来,城市规划中土地节约是个大问题,并发出"纵得价钱,何处买地"这个今天看来也十分"市场经济"的质问。吴良镛先生常担心有些事情被自己"不幸而言中",本期"经典集萃"之《"纵得价钱,何处买地"》就是这样一篇文章,谨供学人参考。

改革开放以来中国发展的事实表明,城乡土地问题确实日益严峻,已成为社会生活中炙手可热、也令人胆寒的话题。本期特约中国城市规划设计研究院杨保军总工著述《快速城镇化进程中的土地问题透视》一文。文章表明,与经济发展取得"奇迹般的增长"相伴随的,是土地资源消耗速度加快,国家对土地资源控制所采取的行政手段不可谓不及时,法制手段不可谓不严格,但实际效果并不理想,出现了"扩张圈地—调控紧缩—报复性扩张"的恶性循环。为了更好地平衡经济发展和耕地保护,文章提出了坚持健康有序的城镇化、开展国家级空间规划、认清耕地保护主次矛盾、开源与节流并重以及加快财税制度改革等有参考价值的建议。

土地利用是涉及城市建设、农村发展、国家空间综合利用等方面的复杂问题，本期"学术文章"对"城市化中的土地问题"从多个角度加以解读。中国土地勘测规划院郑伟元总工分析了土地资源约束条件下的城乡统筹发展，南京大学周生路教授以南京为例探讨了城市土地储备问题，中山大学李郇教授探索了转型期城中村演变的微观机制，中国城市规划设计研究院陈鹏博士分析了土地利用制度改革对城市空间结构的影响。

本期其他学术文章，对城市与区域规划从多个层面进行揭示。如南京大学章光日博士探讨了作为国家城市发展建设政策的新城开发，北京大学曹广忠教授分析了改革开放以来中国城市经济增长的空间特征。

此外，本期还特别编译约翰·弗里德曼2007年6月发表的《对中国城市中场所及场所营造的思考》一文，从"场所"的角度对中国城市小空间进行别具匠心的分析，值得一读。

下期主题为"中国城市化"，我们将在更深层的社会经济背景下对城乡空间利用进行深入探讨。

城市与区域规划研究

目　次 [第1卷 第1期（总第1期）2008]

发刊词 ……………………………………………………………… 吴良镛　吴传钧
主编导读
特约专稿
1　　快速城镇化进程中的土地问题透视 …………………………… 杨保军　靳东晓

学术文章
22　　土地资源约束条件下的城乡统筹发展研究 …………………………… 郑伟元
32　　城市土地储备研究 …………………………………………… 周生路　冯昌中
55　　转型时期城中村演变的微观机制研究 ……………………… 李　郇　徐现祥
70　　土地使用制度改革对城市空间结构的影响——以汕头市为例 …………… 陈　鹏
83　　关于新城开发热的冷思考 ………………………………………………… 章光日
97　　改革开放以来中国城市经济增长的空间特征 ……………… 曹广忠　缪杨兵

国际快线
111　　对中国城市中场所及场所营造的思考 …………………………… 约翰·弗里德曼

书　评
135　　评《规划20世纪的城市：发达资本主义世界》…………………………… 曹　康
138　　评《贫困街道：邻里衰落和更新的动因》………………………………… 刘玉亭
141　　评《多中心都市区：欧洲的巨型城市区》………………………………… 于涛方

经典集萃
144　　"纵得价钱，何处买地"——浅谈城市规划中的节约用地问题 …………… 吴良镛
157　　20世纪不同国家和地区的城市化道路（Ⅰ）……………………… 布赖恩·贝利

研究生论坛
181　　对城市评价活动中若干认识问题的反思 ………………………………… 刘剑锋
189　　区域融合与新城重构——我国沿海大城市开发区建设新趋势 …………… 杨东峰
198　　住房·社区·城市——快速城市化背景下我国住房发展模式探讨 … 刘佳燕　闫　琳

人物专访
211　　吴传钧先生区域与城市研究学术思想 …………………………………… 顾朝林

Journal of Urban and Regional Planning

CONTENTS [Vol. 1, No. 1, Series No. 1, 2008]

Inaugural Statement — WU Liangyong, WU Chuanjun

Editorial

Feature Articles

1 A Perspective from the Land Resource in Rapid Urbanization — YANG Baojun, JIN Dongxiao

Papers

22 Study on Urban and Rural Integration under the Restriction of Land Resources in China — ZHENG Weiyuan

32 Research on the Development Strategy and Planning of Urban Land Reserve — ZHOU Shenglu, FENG Changzhong

55 Land Property Right and Behavioral Incentives: The Microscopic Mechanism of the Evolvement of Urban Villages — LI Xun, XU Xianxiang

70 Urban Spatial Structure under Land-use Institution Reform: A Case Study of Shantou City — CHEN Peng

83 Reflections on Upsurge in New Town Development — ZHANG Guangri

97 Spatial Characteristics of China's Urban Economic Growth since Reform and Opening-up — CAO Guangzhong, MIAO Yangbing

Global Perspectives

111 Reflections on Place and Place-making in the Cities of China — John Friedmann

Book Reviews

135 Review of *Planning the Twentieth-Century City: The Advanced Capitalist World* — CAO Kang

138 Review of *Poverty Street: The Dynamics of Neighborhood Decline and Renewal* — LIU Yuting

141 Review of *The Polycentric Metropolis: Learning from Mega-City Regions in Europe* — YU Taofang

Classics

144 No Land Available though with Great Riches — WU Liangyong

157 Comparative Urbanization: Divergent Paths in the Twentieth Century (I) — Brian J. L. Berry

Students' Forum

181 Reflections on Several Understanding Problems in the Urban Evaluation Initiatives — LIU Jianfeng

189 New Trend of Development Zones in Coastal Metropolitan Regions of China — YANG Dongfeng

198 Housing, Community, City: Research on Housing Development Mode amid Rapid Urbanization in China — LIU Jiayan, YAN Lin

Profile

211 Professor C. J. WU's Ideas about Regional and Urban Studies — GU Chaolin

快速城镇化进程中的土地问题透视

杨保军　靳东晓

A Perspective from the Land Resource in Rapid Urbanization

YANG Baojun, JIN Dongxiao
(China Academy of Urban Planning and Design, Beijing 100044, China)

Abstract Urbanization of China has made significant progress since the Tenth Five-year Plan. However, a series of problems also occurred during the rapid urbanization process, especially problems of land resource which may endanger the food supplies. Although the implemented land policy is quite rigorous, the decreasing of arable land has not been restrained effectively yet. The paper lists and analyses five notable phenomena, and provides expatiation and thinking over five major aspects, in order to balance the economic development and the protection of arable land better.

Key words urbanization; problems of land resource; urban rural coordination; spatial planning; land rights circulation; reform in the tax system

摘　要　"十五"以来我国城镇化取得了重要进展，但在快速城镇化进程中，也暴露出一系列问题，特别是土地问题可能危及粮食安全。尽管土地政策十分严厉，但耕地减少的趋势并未得到有效遏制。本文通过列举和分析五种值得关注的现象，并就五个重要方面作阐述和思考，以期更好地平衡经济发展与耕地保护。

关键词　城镇化；土地问题；城乡统筹；空间规划；土地流转；税制体制改革

1　问题引出

城镇化是经济社会发展的客观要求，是国家发展和文明进步的重要标志，是我国现代化进程中必经的历史阶段。因此进入新世纪以来，"积极稳妥地推进城镇化"成为国家的重要战略。2000年在"十五"计划中首次把"城镇化"作为国家的重点发展战略之一，之后又提出了一系列推进城镇化的方针政策和指导性文件，并把城镇化作为解决"三农"问题的重要途径之一；党的十六大进一步提出"全面繁荣农村经济，加快城镇化进程"，确立了"坚持大中小城市和小城镇协调发展，走中国特色的城镇化道路"的方针；2005年9月中央政治局第25次集体学习时，强调了推动我国城镇化健康有序发展，坚持走中国特色的城镇化道路，按照循序渐进、节约土地、集约发展、合理布局的原则，努力形成资源节约、环境友好、经济高效、社会和谐的城镇发展新格局。

有关研究表明，"十五"以来我国城镇化取得了重要进展。具体表现为城镇化水平稳步提高，城镇布局日趋合理、

作者简介
杨保军、靳东晓，中国城市规划设计研究院。

城镇体系初步形成,城镇化对国民经济和社会发展的促进作用日趋明显,城镇化的质量管理也开始引起重视。国家在逐步探索建立健全与城镇化健康发展相适应的财税、征地、行政管理和公共服务等制度,完善户籍和流动人口管理办法,强化规划保障体系,影响和制约城镇化发展的体制障碍正在逐步消除。

然而,在我国快速城镇化进程中,也暴露出一系列值得关注的社会、经济、资源、环境问题,其中最为敏感、棘手的还是土地问题。与经济发展取得"奇迹般的增长"相伴随的是土地资源消耗速度的加快。"六五"期间全国平均每年净减少737万亩耕地,"八五"期间平均每年净减少440万亩[1],"九五"期间平均每年净减少1 428万亩,到"十五"期间平均每年净减少耕地则达到了1 848.5万亩[2](图1)。

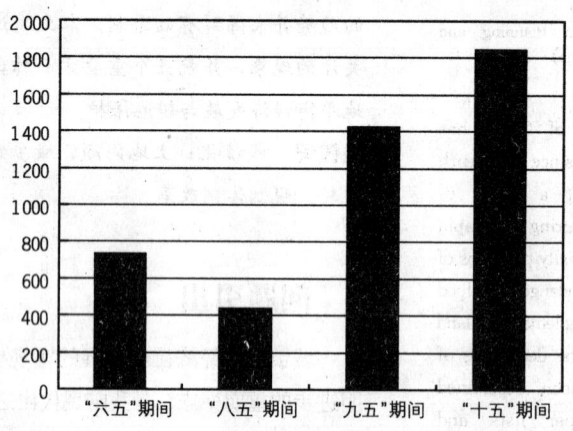

图1 全国平均每年净减少耕地(万亩)

土地资源的快速"消耗",导致我国耕地资源急剧减少,粮食安全问题突显出来。资料表明,2006年我国人均耕地面积仅为1.39亩[3],远远低于1950年代人均2.8亩的耕地面积,不到世界平均水平的1/2。人地矛盾日渐激化,土地问题愈来愈成为制约我国经济和社会可持续发展的关键性因素。未来30年,我国人口数量将达到历史最高峰,同时也是进入小康社会和现代化建设的关键时期,面临巨大的人口增长压力和经济发展压力,土地资源能否在保障粮食安全的同时满足各项建设的需要?从目前的态势看,形势比较严峻,这也使得土地问题成为各方面关注和博弈的焦点。

2 问题表现

尽管国家采取了"世界上最为严格"的土地管理制度,但成效并不显著,尤其需要引起重视的是耕地锐减之势并未得到明显遏制,值得我们深思。

2.1 土地调控力度不断加大

1986年6月25日，全国人大常委会第16次会议审议通过了《中华人民共和国土地管理法》；1991年七届全国人大四次会议把"十分珍惜和合理利用每寸土地，切实保护耕地"同实行"计划生育"和"保护环境"一并列为我国的基本国策；1991年国务院将每年的6月25日定为全国的"土地日"。1996年以后，国家先后颁布了一系列文件，强调控制城市规模，加强耕地保护工作；2002年国务院下发《国务院关于加强城乡规划监督管理的通知》（国发【2002】13号），加强城乡规划的监督与管理；2002年8月建设部等九部委联合下发《关于贯彻落实〈国务院关于加强城乡规划监督管理的通知〉的通知》（建规【2002】204号）。

在开发区的清理整顿工作中，国土资源部2003年2月下发《进一步治理整顿土地市场秩序工作方案》；2003年7月，国务院办公厅先后发出《国务院办公厅关于暂停审批各类开发区的紧急通知》、《国务院办公厅关于清理整顿各类开发区加强建设用地管理的通知》；2003年7月18日，国务院下发了《关于暂停审批各类开发区的紧急通知》；2003年11月，国务院又发出《国务院关于加大工作力度进一步治理整顿土地市场秩序的紧急通知》。

2005年中央1号文件重申，坚决实行最严格的耕地保护制度。2005年5月12日，国务院转发建设部等七部委《关于做好稳定住房价格工作的意见》，要求各地区、各部门要把解决房地产投资规模过大、价格上涨幅度过快等问题，作为当前加强宏观调控的一项重要任务。其中，严格土地转让管理、加大对闲置土地的清理力度、加大对土地的供应调控力度、严格土地管理成为文件的重要内容。

尽管有关保护耕地的政策措施接连不断，"闸门"越收越紧，但是，圈地现象却似乎愈演愈烈、圈地名目也越来越多、圈地手段越来越精，"采取'世界上最严格耕地保护政策'的国家成为世界上农地最易被'征用'的国家"[④]。

在城市建设领域，国家也采取了严格的土地使用、城市规划审批制度。从1991年3月开始实行我国城市规划行业第一部国家标准《城市用地分类与规划建设用地标准》（GBJ137-90），严格规定了城市所能采用的人均城市建设用地指标及城市用地结构等；在审批城市总体规划时，国家要求城市的人口、用地规模需经由国家发改委、国土资源部和建设部三家核定，试图通过严格的审批制度在源头上防范城市土地资源的浪费。

此外，国家还加大了对土地违法案件的查处力度。从近年来国土资源部公布的全国国土资源违法案件及查处情况来看，查处的力度越来越大，被查处的官员级别也越来越高。监察部、国土资源部近日[⑤]发出《关于进一步开展查处土地违法违规案件专项行动的通知》，要求继续深入开展查处土地违法违规案件专项行动，主要负责官员勇于承担相应的领导责任，发挥示范和导向作用。通知指出，地方各级政府主要负责官员作为土地管理和耕地保护的第一责任人，要把查处土地违法违规案件专项行动工作摆上重要议事日程，亲自研究部署，及时协调解决困难和问题，坚决支持监察机关、国土资源部门依法履行职责。要加大责任追究力度，对2004年《国务院关于深化改革严格土地管理的决定》下发后违法违纪的责任人员，要从重处理；对2006年《国务院关于加强土地调控有关问题的通知》下发后仍然顶风违法违纪的，要加重处理。涉嫌构成犯罪的，要移送司法机关依法追究其刑事责任。

2.2 "高压"政策成效不彰

上述情况表明，国家采取的行政手段不可谓不及时，法制手段不可谓不严格，但对土地资源控制的实际效果并不理想，甚至出现"扩张圈地—调控紧缩—报复性扩张"的恶性循环。从近年观察到的情况看，有几种现象值得我们关注和思考。

2.2.1 城镇普遍患上了"土地饥渴症"

在改革开放初期，珠三角等沿海地区在一缺技术、二缺人才、三缺资金的情况下，采取了以土地和廉价劳动力这两个生产要素换取发展的模式。由于当时的大量农村剩余劳动力接近无限供给，而土地又基本掌握在村集体手里，使村委会在招商引资中拥有较大的筹码。同时，部分外资企业，尤其是"三来一补"企业一般规模不大、层次不高、生产协作条件要求不严、选择可以灵活机动，甚至为了规避环境管制、降低谈判成本而对村镇区位有所偏好。故此，"招商引资—转让土地—出租厂房—收取租金"成为一条发展致富的简单而有效的道路，促进了沿海地区经济的快速发展。然而，这种建立在"土地换取发展"基础上的经济发展模式，其"非持续性"特征日益明显，难以成为未来发展的长久之计。如果说过去采用这种模式是"合情合理"的话，那么现在已逐渐累积成了一个严重的问题。因为，珠三角、长三角的某些城市的土地储备状况表明，如继续沿用这种开发模式则最多仅可开发10~15年的时间①。据相关报道，在"十五"期间，江苏省GDP每增长1个百分点，需要消耗2.4万亩土地；另据测算，苏州市GDP每增长1个百分点，要消耗4 000亩土地，可见对土地的需求之大。今年，全国的建设用地指标大大紧缩了，每个城市的指标相应大幅度减少，据了解，苏州今年分配到的指标是8 000亩，同时省里下达的GDP增长速度为14%，假如按照以往的增长方式推算，8 000亩仅能支持2个百分点的增长速度，所以感到土地资源极度紧张。

我国其他地区亦是如此，土地供给的紧张已经成为传统工业化模式的严重制约因素，反映到各市、县、乡镇、村等基层政府，就是普遍感到建设用地"指标太少"，"应放宽限制"的呼声日益高涨。观察表明，几乎所有城镇都患上了"土地饥渴症"，"等米下锅"现象比较普遍，如某市去年年底仅仅安排了全年1/4的待建建设项目，从二季度开始筹建的项目只能排队等候今年的指标。正是因为供需差异过大，在城市规划的编制中，地方政府经常对规划编制单位提出一些"非分要求"，其中，最突出的就是希望能够尽可能扩大城市人口规模，从而达到增加建设用地规模的目的。而审批部门似乎也知道地方政府的意图，通常都准备"拦腰一刀"，截去或真或假的"水分"。地方政府发现上报的规模都要被削减后，就预先作好被削减的准备，故意报得更大一些，以求削减后仍有余地。在这种城市规模的争夺中，科学性被搁置在一边，演变为一场"猫捉老鼠"的游戏。

2.2.2 从"以地养路"到"以地生财"

在快速城镇化进程中，由于城市建设资金的短缺，土地的作用已经不只是用来盖房，而是逐渐衍生出一些其他功能。从地方政府对土地的认识和经营来看，先后出现过几种模式。

早期，一般是"以地养路"模式。改革开放之初，各级政府自身的财政收入难以顾及基础设施的建设，甚至连基本的城市维护费用都不足。那时的城市多半捉襟见肘，基础设施严重滞后，制约了城市的发展。城市土地有偿使用制度实施后，通过出让部分土地可以获得建设道路和相关市政设施所需的资金；或者，以开发沿路相邻地块为条件，直接把道路建设交给某些开发商。这种"以地养路"、"以地建路"的模式，成为地方政府"经营城市"、加快发展的一条经验迅速得到广泛推广。城市发展明显加快，空间扩张开始加速，产业和人口集聚速度也随之提高，那个时期，城市普遍关注新区的开发和建设。

之后，是"以地生财"模式。随着城市道路建设的加快，城市空间迅速扩展，城市其他的公共设施和社会服务设施也急需配套，需要大量的资金。此时，政府出让土地的目的不仅仅是为了养路，而是转向更广泛的公共支出领域并逐渐形成"以地生财"模式。据官方统计，土地出让金收入约相当于地方财政一般预算收入的42%，达7 000亿元；而据北京大学中国经济研究中心教授平新乔的调研估计，2006年土地出让收入保守估计超过1万亿元。虽然两组数据的巨大出入暴露出了土地出让金的混乱，但也证明了"土地出让金"确实正在成为城市政府的重要收入来源。

某些城市还出现了"以地养地"的模式。由于出让地块越来越大，需要基础设施的大量投入，"生地"变成"熟地"后才能启动开发。在土地出让金被用于城市其他建设项目的情况下，为了使出让的地块得到顺利开发，不得不出让另一块地，用得到的出让金来完成前一块地的配套建设，"以地养地"的模式由此形成，并引发出"开而未发"、"占而未用"等一系列问题。在一些相对欠发达地区，地方政府的财政收入相当窘迫，土地出让金成为财政收入的主要来源，有的高达60%~80%。换言之，离开了土地出让，政府的日常管理和公共服务将难以运转，这类城镇几乎是"以地图存"了。"土地财政"的说法一语道破其实质。

2.2.3 高压政策下"红线"依然失守

尽管国家采取了非常严格的土地管理制度，为耕地保护制定了不可随意跨越的"高压线"，而且这种高压政策一个接着一个，但目前违法用地却依然量大面广，颇有"燎原之势"。

据国土资源部通报[①]，2006年，全国查处的土地违法案件数量和涉及的违法用地面积都有大幅上升。去年，全国共发现土地违法行为13万件以上，涉及土地面积近10万 hm²，其中耕地4.3万 hm²，分别比2005年上升了17.3%、76.7%和67.6%。值得警惕的是，其中，属于去年当年发生的违法行为近9.6万件，涉及土地面积6.1万 hm²，其中耕地2.5万 hm²。按照国土资源部执法监察局局长张新宝的说法，从2006年的查处情况来看，地方政府仍是土地违法主体，高达80%。地方政府"为招商引资、出政绩，背后支持、默许土地违法的现象大量存在。"

2.2.4 短缺与粗放并存

一方面是土地资源的短缺，另一方面又是土地利用的粗放，表现为大量低效利用土地、闲置用地、批而未供土地等现象，同时各地区在土地利用效率上存在巨大的差异。

根据国土资源部《关于开展全国城镇存量建设用地情况专项调查工作的紧急通知》（国土资发【2004】78号）开展的调查表明，我国东南沿海某省存量建设用地总面积为 9 648.5 hm²，主要是城镇村内的土地，其中闲置土地面积 2 157.9 hm²，占存量建设用地的 22.4%；空闲土地面积为 287 hm²，占存量建设用地的 3%；批而未供土地 7 217.4 hm²，占存量建设用地的 74.6%。

最近，笔者对我国沿海大城市连绵区土地利用状况进行了初步研究。1994～2004年的10年间，长三角、珠三角、京津冀、辽宁、山东、海西城镇群6个地区（由于资料收集原因，研究对象调整为以省为单元）增加建设用地16 678.9 km²，同期全国增加建设用地 42 408.16 km²，6个地区以占全国新增用地的40%创造了占全国75%的经济增加值，表明这6个沿海地区在成为我国经济发展核心地区的同时，也是我国土地利用相对比较集约的地区（表1）。

表1 1994～2004年全国部分大城市连绵区建设用地（居民点及工矿）综合比较

连绵区	省份	增加用地（km²）	用地增加占全国比例（%）	GDP增加值占全国比例（%）
辽宁	辽宁	961.59	2.27	4.67
京津冀	北京	947.44	2.23	3.48
	天津	406.32	0.96	2.40
	河北	1 375.09	3.24	7.21
山东	山东	2 446.14	5.77	12.65
长三角	江苏	2 736.28	6.45	12.35
	上海	578.12	1.36	5.96
	浙江	2 033.50	4.80	9.34
海西	福建	1 250.55	2.95	4.75
珠三角	广东	3 943.89	9.30	12.84
合计		16 678.92	39.33	75.65
全国		42 408.16	100.00	100.00

资料来源：《中国土地年鉴》（1995）、《中国国土资源年鉴》（2005）、《中国统计年鉴》（1995、2005）。

然而，进一步分析建设用地利用的效率，可以看到不同地区还存在着巨大差别。从每增亿元GDP新增建设用地看（图2），大城市连绵区内各省份的用地效率均高于全国平均水平；其中，上海土地利用效率最高，每增亿元GDP新增建设用地仅为10.55 hm²，仅相当于全国平均水平46 hm²的23%；用地效率较低的省市是广东、北京，分别达到了33.4 hm²和29.6 hm²。从连绵区内的差异看，长三角的用地效率差距最大，江苏和浙江每增亿元GDP新增建设用地量基本为上海的2倍多。

另外，根据我们对台湾1995～2005年的对比研究，与上述分析口径基本相同的数据是每增亿元

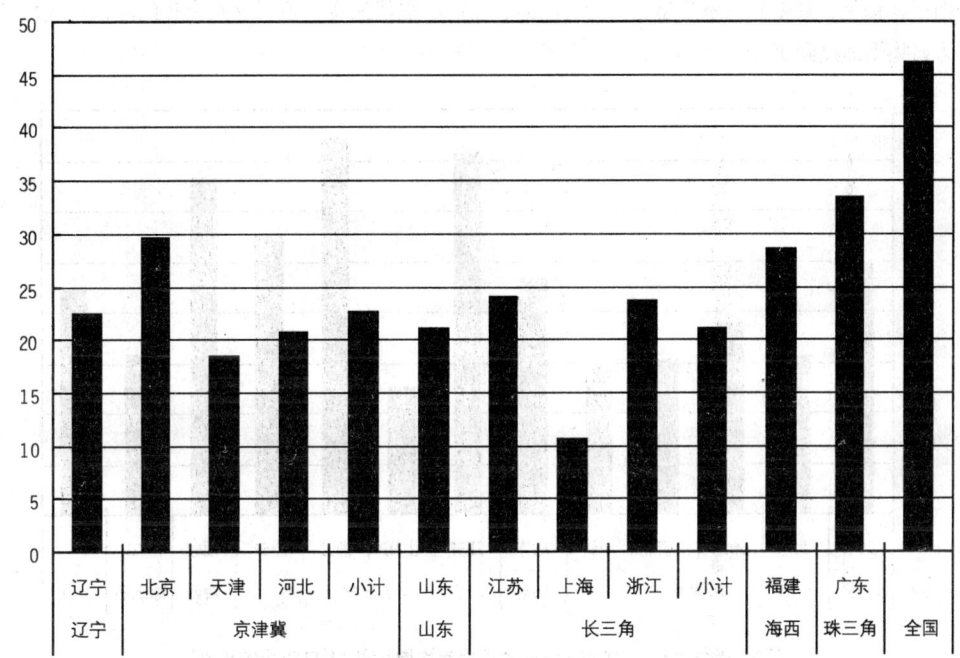

图2　1994～2004年每增亿元GDP新增建设用地（hm²/亿元）

GDP新增建设用地为9.08 hm²，其用地效率比沿海用地效率最高的上海仍然要高出16%（表2）。

表2　1995～2005年台湾城镇用地增长效益分析

	1995年	2005年	1995～2005年增长
台湾城镇用地（km²）	1 364.916 6	1 845.393 3	480.476 7
GDP（亿美元）	2 573.00	3 234.10	661.10
单位城镇用地创造GDP（亿美元/km²）	1.89	1.75	
每增亿美元GDP新增建设用地（hm²/亿美元）			72.68
每增亿元人民币GDP新增建设用地（hm²/亿元）			9.08

资料来源：城镇用地数据来自于对卫片的判读，经济数据来源于统计年鉴。
注：按照1美元＝8元人民币计算。

从用地与人口增长的弹性系数看，有专家研究认为，基于我国的实际发展状况，较为合理的弹性系数应该为1.06（或1.12）。但这个合理值（1.06）并未在沿海6个大城市连绵区得到验证。根据我们的测算（图3），1994～2004年全国的弹性系数为2.22，表明用地的增长速度大大高于人口的增长速度；弹性系数低于全国平均值的省市有北京、天津、河北、上海、广东，其中上海弹性系数最小（1.26），反映了用地的增长也带来了相应的人口集聚；高于全国弹性系数的省份有辽宁、山东、江苏、浙江、福建，其中弹性系数超过 3 的有江苏、浙江、福建三省，表明这几个省的建设用地增长并未与人口集聚速度同步。

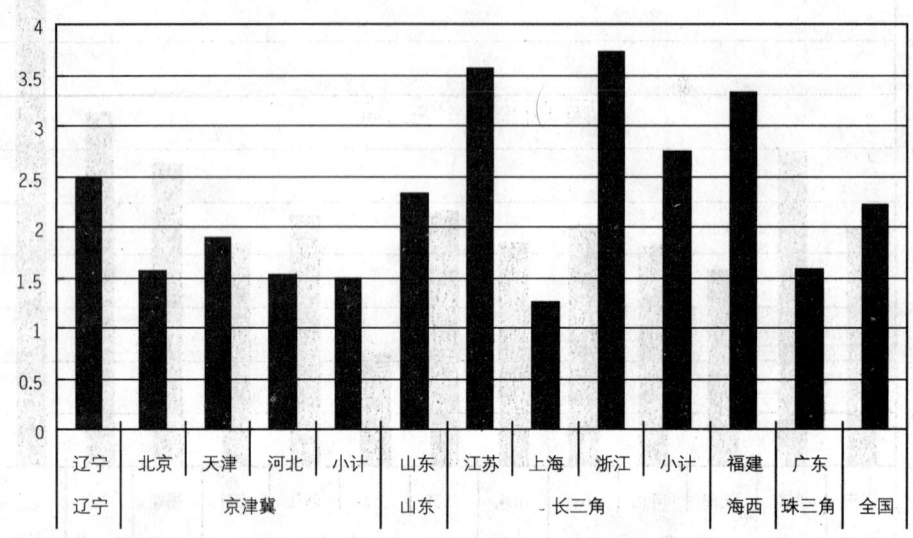

图3　弹性系数（1994～2004年用地年均增长率/人口年均增长率）

2.2.5　建设用地由逐步集中到再度分散

改革开放初期，沿海地区自下而上的发展动力得到释放，形成了一轮分散建设的局面，就是通常所说的"村村点火、镇镇冒烟"的现象。随着产业结构的调整、环保意识的增强，大家普遍认识到分散建设的危害性，逐渐采取了"集中"的对策，如工业向园区集中、人口向城镇集中等，使产业布局和城镇空间布局逐渐得到优化。目前，由于土地指标的硬性约束，又出现了再度分散的态势。

一种情况是"项目至上"导致的分散。地方政府的日常决策通常是围绕"上项目"来展开，一旦争取到了一个建设项目，往往会尽力促成。建设项目的选址定点应该符合城市规划，同时也应该符合土地利用总体规划。由于很多城市的土地利用总体规划和城市规划并未同步编制完成，因此，就可能出现项目选址符合城市规划，但不符合上版土地利用总体规划的情况。此时，土地管理部门为了确保不占用原定的耕地或基本农田，就要求在规划建设用地范围以外进行项目选址，这又与城市规划发生冲突了。地方政府基于当前形势，一般会遵从土地管理部门的意见，而要求城市规划部门对规划做出调整以促成项目上马，由此出现许多在城市规划建设用地范围之外的建设行为，造成了分散，也加大了基础设施配套建设的投资和土地占用。

另一种情况是土地指标的分配政策诱致的分散建设行为。国土资源部发出通知[①]，此前由国务院分批次审批的城市农用地转用和土地征收，将从今年起调整为每年由省级政府汇总后一次申报，待国务院批准后由省级政府负责组织实施、城市政府具体实施。省政府在分配土地指标时一般会优先考虑重点城市和重点项目，越往下获得的指标机会越少，远远不能满足发展的需要。在这种情形之下，基层政府索性采取违法用地的方式来争取发展机会。另外，在大中城市土地审批程序复杂、监管严格，并且土地指标依然供不应求，因此许多建设项目纷纷转向小城市、小城镇甚至农村，以规避管制、争取发展先机，由此导致建设用地的再度分散。

3. 原因分析

3.1 捕捉流动资本，争取发展主动权

首先，在我国现行体制下，地方政府对于促进城市经济发展有着高度的积极性，并负有重要的职责。由于当前拉动地方经济增长的主要因素还是投资，因而吸引外来资本往往成为地方政府的一项重要工作，有的城市干脆提出"招商引资是第一要务"。相对于各个城市对投资的旺盛需求而言，流动资本仍然属于卖方市场，掌握了谈判的主动权。因此，它对投资的区位条件、政策条件等比较苛刻。在这种竞争下，城市规模越大、空间资源越多，意味着城市吸引或捕捉流动资本的机会也越大。因此，地方政府都希望自己的城市规模越大越好，以满足流动资本多样化的要求。

其次，由于城市规划的审批、实施和监督检查制度越来越严格，建设项目都必须依据规划展开，突破规划的建设项目审批手续相当繁琐。为了争取开发建设的主动权，地方政府往往倾向于把规模做大一些，为未来的发展留下充分的余地，以避免因突破规划而带来的一系列繁琐手续。

另外，由于历史、文化、体制等综合原因，我国的官员普遍存在求大的心理偏好。城市规模扩大被认为城市在区域中的地位和影响力的相应的提高，城市领导在政治经济社会生活中的话语权也会得到相应提升。因此，很多城市的口号就是"做大做强"、"拉开城市框架"等。

3.2 以地生财，加快发展

长期以来，我国的城市建设维护费用一直处在极低的水平上，难以满足城市健康运行的需要，更谈不上支持城市的人口和经济扩张，基本上都有程度不同的欠账。随着城镇化的推进，城市规模不断扩大，需要政府提供的基础设施和社会服务设施需求也随之扩大，老账未还、新账又生，使城市建设资金更加捉襟见肘。为了解决城建资金短缺问题，地方政府在现行的法律制度框架下想方设法筹措资金，如成立城建投资公司，通过公司运作、贷款、融资等。但仍不能满足城市发展的需要，最后把目光锁定在了土地上。因为土地越来越值钱，操作起来也相对简单，低进高出，财源就滚滚而来。几年前有人调查了34个城市的土地征用价格和出让价格，发现后者平均为前者的18倍。另据国务院发展研究中心调查：土地增值部分的收益分配格局如下：乡以下占20%～30%（其中农民的补偿款占5%～10%）；城市政府占20%～30%；各类房地产公司、开发区、外商投资公司等占40%～50%。如果不能有效地解决城市政府持续稳定的税收来源，对土地的依赖就难以减轻。目前，土地出让收益成为城

市政府的第二财政来源，普遍占到城市政府收入的 30%～60%，即便是广州这样有经济实力的城市，其土地收益也要占到政府可支配财力的 10%～15%。

3.3 合法用地成本大于非法用地成本，导致违规现象层出不穷

制度经济学认为，一项制度的建立必须要有相应的实施机制。实施机制是否合理、有效，可以用违规活动的多少来检验。我国土地高压政策下"红线"屡屡失守，违规的比例高达 70%～80%，表明实施机制存在着严重问题。究其原因是当前的合法用地成本要大于非法用地成本。

非法用地成本是由被发现的概率和惩罚成本决定的。在"被发现"的概率不高、惩罚措施不严厉的情况下，非法用地就会大量出笼。统计显示，2001～2005 年，土地违法只有 1% 的党政纪查处风险，0.1% 的刑事责任追究风险。因此，抱侥幸心理的大有人在。另外，违法用地中 80% 是地方政府行为，其主要目的是为了地方的经济发展需要，即便被发现，多数情况下处罚不会太重，只有少数特别典型的案例会被严办，由此导致非法用地的成本比较低廉。而合法用地的机会成本就很高了。以房地产开发为例，一个房地产项目前期需要办理的各种手续造成了高交易成本和时间成本，若遇上国家宏观调控、冻结批地时，时间成本和不确定性因素的增加又会造成合法用地成本的大大抬升。因此，很多地方宁愿选择非法用地方式，而不愿意一趟趟"跑部进京"，因为他们害怕错失发展良机。

3.4 片面追求经济增长，导致土地利用效率低下

企业谋求利益最大化是其天性。目前由于我国的土地管理制度，使得土地市场还不是一个完全竞争的市场，政府作为一级市场的垄断者更多的是将土地价格作为实现经济增长目标的手段而已，忽略了价格对土地利用效率的调控作用，是造成土地利用效率低下的主要原因。

微观经济学认为，若土地和资本是仅有的两项投入要素并有一定的可替代性，当土地价格下降而资本价格不变时会产生两种效应：替代效应和产出效应。前者使企业用土地替代资本，后者使产出增加。这就意味着降低地价带来的经济增长是以降低土地利用效率为代价的。资本和土地的替代不是无限度的，是有一定的区间的：超过了可替代的上限，地价再提高也不能提高土地集约度，只能导致产出的下降；而超过了可替代的下限，再降低地价也不能降低土地集约度，只能导致土地囤积和投机。当土地价格由政府控制时，政府就要在经济增长和土地利用效率二者间进行取舍（孟晓晨等，2007）。由于经济增长指标是显性的，而土地利用效率指标是隐性的，又由于经济增长的主要收益归地方政府，而土地利用效率提高的收益是节约资源、保护耕地、维护国家粮食安全，其外溢性很大。所以，地方政府自然取经济增长而舍土地利用效率，甚至出现所谓的"零地价竞争"。这就应了一句老话："崽卖爷田不心疼。"

3.5 审批与监管制度的缺陷

根据我国的土地资源条件，严格控制耕地资源的占用、加强土地资源的管理是正确的，但相应的制度应该尽快完善，以免出现事与愿违、适得其反的结果。土地问题是一个综合的、复杂的问题，应该采用综合的思维、综合的手段来解决。政策的制定应该预先考虑到被规制者的反应和对策，例如，加强用地指标的控制和约束，本意是为了节约用地、促进土地的集约化使用，但由于对其他因素考虑不周，最终导致大量违法用地行为和分散建设行为，与集约的目标背道而驰。究其原因是没有充分考虑到监管成本和监管效率。因为，任何建设项目都是发生在具体的小地块上，国土范围这么广，要全面掌控这些信息十分困难。尽管现在派驻了土地监察机构，也动用了遥感监测技术手段，但监管的效力会随行政级别的下降而下降，目前看，重点地区和重点城市违法用地有所收敛，但整体看并未见好转，因为转移到基层去了。例如某大城市，国家土地管理部门下达的一年用地指标为1.5万亩，由于监管比较严格，年底指标并没有用完，但在城市外围通过"以租代征"的方式占用的土地高达3.5万亩。很多地方出现的所谓"小产权住房"、"村镇房"就是这种转移的结果。如果政策制定者假想监管效力是均等的，制定出来的政策就容易出现偏差。正是由于土地严控政策的上紧下松，才导致了新一波的分散建设——由大城市移向小城镇、由城市移向乡村、由规划城镇建设用地范围内移向范围以外，各种名目的旅游区、大学城、科技园区、国际产业园区、高尔夫球场、旅游房地产等等就是这种制度下为了逃避或减轻规制的产物。

4 几点思考

4.1 坚持健康有序的城镇化

一方面要实现全面建设小康社会目标，争取经济社会又好又快发展；另一方面要确保粮食安全，守住18亿亩耕地和16亿亩基本农田这两条"红线"。这是一个非常艰巨的任务，仅靠"严防死守"未必能够奏效，就像大禹治水一样，"堵""疏"结合才能成功。我国适宜城镇发展建设的地区与耕地分布区高度重合，矛盾冲突十分激烈，如果只堵不疏，必然出现上文所述的禁而不止、违法用地机会主义、违法用地转移现象。转变经济增长方式固然可以减少土地资源消耗，但无法一蹴而就，原有模式的惯性依然存在。可以想见，未来几年，土地供需矛盾依然会相当尖锐。现在有的地区虽然声称保护住了基本农田，其实很有水分，不少基本农田被确定在山上或者湖面，所谓的耕地保护是一笔糊涂账。又要马儿跑，又要马儿不吃草，这样的好事哪里找？针对耕地资源消耗过快问题，有人把责任归因于城镇化，提出应该控制城镇化进程的想法，但这并非解决问题之良策，一来不符合经济社会发展规律，二来会影响小康社会目标的实现，三来即便控制住了城市，也控制不了农村的人口增长和建设用地增长，那样带来的问题将更多更大。实际上，回顾历史就不难发现，城镇化其实是化解人地矛盾的良药，它用相对少的土地资源承载了较多的人口，如果没有城镇化，很多人将要步历史上"下南洋"的老路。因此，问题的关键不是要不要城镇化，而是如何做到健康有序的城镇化。

土地问题说到底并不是土地本身的问题，而是一个人地关系问题，离开了人来谈论土地并没多大意义。对于人多地少的国家来说，节约集约利用土地资源是唯一的出路。节约分为大处节约、中处节约和小处节约，城镇化是大处节约，每个城市的科学规划紧凑发展是中处节约，每个项目的合理建设是小处节约。调查表明，农村的人均建设用地远远高于城市，因此从理论上说，假如总人口不变，随着城镇化的发展，城乡建设合计占用的土地资源应该逐渐减少。目前之所以没有出现减少，主要是城市建设用地增加的同时，农村的建设用地也在大幅增加，不少"准城市化"人口出现两边占地的情形，这与当前的土地制度和社会保障制度有密切关系。因此，努力的方向应该是通过制度创新来促使城镇化进程中同步实现节约土地，而不是遏制城镇化。很显然，在进一步提高城镇土地集约利用程度的同时，关键在于统筹城乡用地，其出路就是要把农村用地中的一部分拿出来作为城镇化发展的用地，这就需要破解一个关键难题——"农村集体土地流转"。

实际上，从1980年代开始，我国人口出现了从乡村到城镇、从内陆到沿海的大规模的人口流动，乡村地区的人口已经开始出现负增长，一些农村地区出现了"空心村"等乡村建设用地的空置现象；同时，大量的进城打工、务工、经商人口没有将城镇作为其安居乐业的终点，而是选择将打工收入寄回家，在农村修建房屋，双重占地占房，这是导致城乡用地双增加、耕地减少的重要原因。在现行制度环境下，土地流转的复杂性曾引起了专家学者们的担忧，但最近几年四川成都的许多探索取得了不少成效和经验，新近全国统筹城乡综合配套改革试验区的重庆也正在着手"先行先试"的改革试验。中国农村土地，向来只有产业效率，没有交易效益，更难以产生资本效益。在社会保障体系逐步成熟的条件下，通过"土地流转"的形式既保证了农民的合法收益，又保障了城镇化发展对于土地资源的需求，更能解决目前"空心村"的问题。

只有如此，才能随着人口的"城镇化"，使得城乡空间结构得以调整和总体优化，促使城乡建设用地从以乡村占主导地位，逐步过渡到以城镇占主导地位，从国家整体上提高城乡建设用地的集约利用水平。全国城镇体系规划提出了"控制增速，调整结构"的对策——城镇建设用地的增速从目前年均增长6%到2011年控制到4%以下，到2020年控制到3%以下；逐步实现乡村居民点用地的缩减，未来五年实现年均减少1.1%，2011~2020年年均减少2.2%。2020年城乡人均建设用地控制在154 m^2，比2005年减少11 m^2，实现城乡用地从粗放增长向集约、有序增长的转换。其实，世界上许多发达国家都曾经在城镇化进程中采取了类似的措施以促进土地的集约利用。以日本为例，在1920~1960年的高速城镇化时期，日本通过制定全国的综合开发规划，进行了两次耕地整顿和两次町村合并，耕地面积曾经出现过三次增长，最终保持了耕地面积在城镇化前后基本持平（图4）。

因此，"积极稳妥地推进城镇化"，按照"城乡统筹"的大政方针，加强"土地流转"政策的研究、制定与实施，把城乡用地一并统筹控制、利用，才是解决土地问题、守住18亿亩耕地"红线"的根本措施之一。

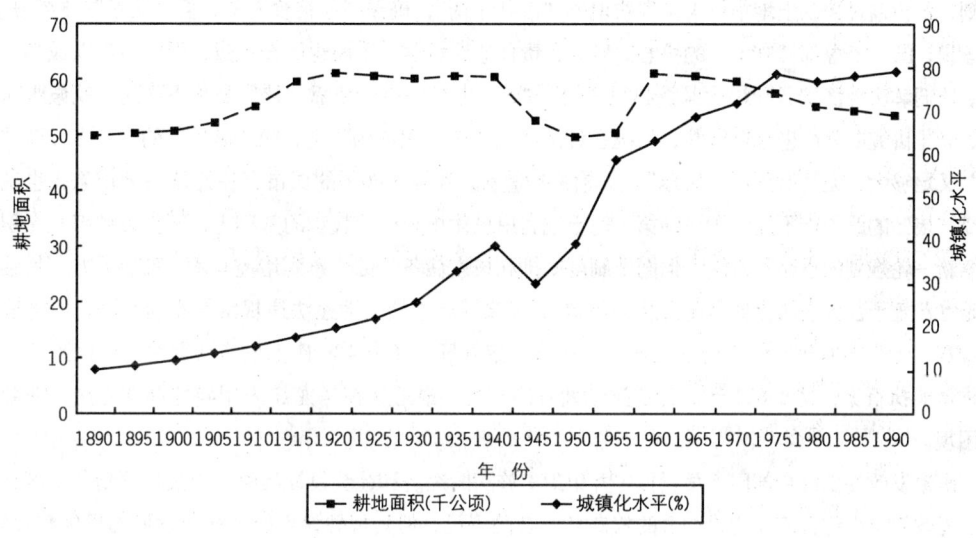

图4 1890~1990年日本耕地面积与城镇化水平对比

注：日本耕地面积统计中包括园地和牧草地，从而排除了农业内部结构调整因素导致的耕地变动。

4.2 开展国家级空间规划

国家级空间规划是指引地方和部门对主要经济活动和资源等经济要素进行综合配置的长期的宏观区域规划。它包括"全国空间规划"和"跨省份的大区域空间规划"。从国际经验看，对国家级空间规划重视与否与一国的政治体制（集权还是分权）有关，也与一国的生存和发展条件有关。正因为此，不同国家有着不同的规划体制，如集权型国家通常具有自上而下紧密制约的规划体系和实施机制，分权型国家则相反。不过最近的趋势表明，国家级空间规划正在得到强化，大多数欧洲国家已经认同了其作用与意义，连分权型国家的典型代表美国都开展了这项工作。我国的政治体制和资源环境条件决定了开展这项工作的必要性、紧迫性和可能性。

目前，我国的空间规划体系在制度安排上存在一定缺陷，难以有效地协调解决经济发展与耕地保护之间的矛盾。因为部门的事权划分割裂了空间规划的综合性，导致"各唱各的调，各吹各的号"，只见部门规划，不见真正的综合规划。按照1998年国务院机构改革方案，当初新组建的国土资源部的主要职能是土地资源、矿产资源、海洋资源等自然资源的规划、管理、保护和合理利用，在国务院四类机构中属于第三类的教育科技文化、社会保障和资源管理部门。虽然"三定方案"把原国家计委制定国土规划和与土地利用总体规划有关的职能交给了国土资源部，但相关的机构和人员比较单薄，职能也有局限，难以开展综合性的国土规划。经济发展与耕地保护是一对矛盾统一体，前者是主动的、积极的、强势的、进攻性的，后者是被动的、消极的、弱势的、防御性的。如果将二者分开来考虑，归属不同的部门管理，博弈结果必然是强胜弱负。从实际情况看，国土资源部着力抓了土地利用总体规划，希望通过控制土地指标来实现耕地的"占补平衡"，确保国家粮食安全，但"防线"被突破了。应该说，国土资源部"守土"的决心比较大，责任心比较强，手段也比较先进，但肯定难以成功。因为要协调解决经济发展和耕地保护必须"堵""疏"结合，完全依靠"堵"是堵不住的，就像踢球一样，光是讲究防守严密难以取胜，何况在经济活动这个"大球场"上，想"破门"的人太多，而"球门"又足够大，无法做到不"失球"。从相关报道看，70%～80%的城市存在违法用地现象，也说明仅靠"堵"的路子走不通。在总结第一轮土地利用总体规划经验教训的基础上，国土资源部正在积极探索新一轮规划的思路和方法，但囿于制度安排和技术储备，仍然感到堵控有术、疏导无方，其结果还是寄希望于加大违法查处力度。从去年 10 月以来开展查处土地违法违规案件专项行动，但进展并不顺利，如广西有 434 件土地违法案件未进行立案处理，还有 486 件土地违法案件未处理到位。河南未落实执行案件达 1 851 件。为了排除地方的干扰，最近又在黑龙江采用异地办理方法，期望走出困境。

　　国家发改委是综合部门，负责拟定并组织实施国民经济和社会发展战略、中长期规划和年度计划等。发改委具有综合的职能、综合的权威和综合的手段，但其规划偏重经济社会发展的目标和政策，跟空间没有紧密关系，其综合性更多体现在数字上的平衡、政策上的协调一致，而不是体现在空间上的综合。发改委通过资金和项目审批主导和影响着经济活动强势的一方，至于空间后果归其他部门负责。好比牛羊总要放出来吃草，否则牛羊会饿死；假如牛羊吃了庄稼地，牧羊人不会负责去扎牢篱笆，换言之，发改委管"疏"不管"堵"。正是因为缺乏空间上的综合性，导致各项经济活动在空间上出现不少矛盾。例如，经过立项批准的不少项目同时又是违法用地项目，说明前后衔接存在漏洞；区域各种大交通归属不同部门管理，相互之间既有衔接又有竞争，但因缺乏综合协调，导致各行其是，交通结构很不合理等。发改委已经意识到这个问题，试图弥补空间规划的缺失，陆续开展了一些区域规划，但思维惯性使之仍然把产业选择和布局作为规划的核心，而不是把规划调控的领域重点指向需要政府施加影响或进行社会公共管理的范围，如区域交通、水资源和土地资源的保护与利用、环境保护与生态建设等。最近发改委开展的主体功能区规划，在认识水平上进了一步，考虑了经济发展与资源环境的协调关系，但主要是从经济优势区位和生态环境的角度来思考，仍然没有把经济发展和耕地保护的目标综合起来解决。

　　建设部的主要职责是研究拟定城市规划、村镇规划、工程建设、城市建设、村镇建设、建筑业、住宅房地产业、勘察设计咨询业、市政公用事业的方针和政策法规以及相关的发展战略、中长期规划并指导实施等等。虽然职能较多，但规划的职能居首。在实践中，城市规划逐渐完善、拓展，空间上从城市延伸到区域、国家，内容上从工程技术延伸到经济、社会、环境。从空间规划的技术层面看，它具有一定的综合性，试图"堵疏结合"地协调解决经济发展与资源、环境的矛盾，但在操作层面，并不具备这样的事权和手段，调控力度有限。由此造成了国家级空间规划事实上的缺失。这种缺失的后果很严重，不光是造成规划中的"三国演义"，还会引发"诸侯混战"。既然没有权威性、综合性的空间规划，各个部门就会对空间虎视眈眈，例如：交通部门、水利部门、旅游部门、林业部门等都在编制相应的规划,而且都瞄着土地开发。地方政府乐得各取所需,哪个规划对自己有利就取用哪个,反正都是为了发展。如果不从制度安排上理顺这个问题,耕地保护将会面临着更大的冲击。

一级政府本来只需要一个综合性的规划来指导经济社会发展和资源环境保护,现在缺少这样的规划,或者说有多个宣称是综合性的规划,使得政府无从依据。尽管法律要求这些规划相互之间要衔接协调,但很多原因导致无法做到真正衔接协调。例如,城市规划和土地利用总体规划的规划期限不同步,仅此一点就生发出许多矛盾,导致城市布局和开发建设时序上的不合理。为了减少规划之间的冲突,有的城市尝试将城市规划和土地规划一起编制,在编制过程中互相协商讨论、化解矛盾,收到了较好的效果,但也暴露出一些问题。比如,土地利用规划一般以户籍人口为核心进行用地指标的分配,而城市规划则以实际使用各项设施的常住人口为基础来预测用地需求,在当前进城务工人口超过1亿的情况下,很多城市特别是吸纳了较多外来人口的城市会感到用地指标过低,不符合实际,难以操作。他们普遍认为,城市为外来人口创造了就业机会、提供了各种设施和服务(尽管还不够完善,但毕竟要占用一些指标),理应在用地指标上得到补偿,否则,出现违法用地情况在所难免。这种说法也有一定道理,但常住人口如何准确计算和预测又成为争议,土地规划部门感到依据不足,还是倾向于按户籍人口分配,这样就可能导致人口流出地的指标过大,而人口流入地的指标过小,供给与需求错位。另外,在选择城市发展用地时,城市规划偏向从优化城市布局结构出发,希望城市相对紧凑发展,而土地规划更多地考虑土地管理上的城郊差别,因为城区的土地审批权在国务院,控制得很紧,郊区的土地审批权在省政府,相对来说比较灵活,故倾向于选择郊区。这虽然是地方应对土地高压政策的"理性反应",但也导致了分散建设,这是对空间资源合理配置的一种扭曲。

4.3 认清耕地保护主次矛盾

由于城镇建设扩张很快,占地较多,引人注目,所以,一提到耕地减少的责任,多数人就归因于城镇建设,认为主要是城镇建设占用了耕地,应该严格控制其规模。似乎只要控制住了城镇建设用地,18亿亩耕地就能保住。这种认识有一点合理成分,但很不全面,属于避重就轻。要真正有效地保护好耕地,必须实事求是地认清矛盾,分清主次,从全局出发寻求解决之道。

表3 "十五"期间全国耕地减少情况

耕地减少原因	面积(万亩)	比例(%)
建设占用耕地	1 641	14.4
灾毁耕地	381	3.3
生态退耕	8 065	70.9
农业结构调整减少耕地	1 293	11.4
合计	11 380	100.0

注:同期土地整理复垦开发补充耕地2 140万亩。

根据国土资源部公布的 2005 年全国土地利用变更调查结果（表3），"十五"期间耕地减少了11 380 万亩。其中，生态退耕是最主要的原因，占耕地减少量的 70.9%；各项建设占用耕地比例为 14.4%，是第二个原因；农业结构调整是第三个原因，占耕地减少量的 11.4%。从这三个比例不难看出，绝对大头在于生态退耕，而建设用地和农业结构调整二者影响接近。为什么不抓住主要矛盾破解，只在次要矛盾上大做文章？生态退耕和农业结构调整莫非是先天性地合理？不容讨论和反思？情况未必如此，先看生态退耕，所谓生态退耕，是基于生态安全和环境保护目的，对长期以来在不太适宜耕作的地区从事开垦的一种纠正行为，一般是国家给予一定补贴，要求这些地区退耕还林、还湖等，如坡度较大的山区、洪涝较多的湖区等。从长远看，生态退耕是正确的，但退耕的数量、速度、空间分布应该综合研究，因为形势发生了变化。当时出台生态退耕政策时，主要有两个矛盾：一是粮食丰收，要解决粮食过剩问题，当时有报道说，有的地方农民粮食卖不掉、储存不了，用来喂猪；二是生态环境恶化，要解决人居环境改善问题。应该说，生态退耕是解决这两个矛盾的良药，加上中央财政收入有了大幅度增加，所以"十五"期间提出的生态退耕目标比较高。现在既然关注的是粮食安全问题，是不是应该重新审视、修订原来确定的生态退耕目标？此外，退耕还林往往伴随着劳动力减少、人口的转移，给城镇带来人口增长和用地增长的压力，如果过度控制城镇发展，这些转移人口的就业机会从哪里来？事实上，正是因为历史原因造成过去城镇化水平滞后、就业岗位不足、农村劳动力过剩、耕地面积不足，才出现大规模围湖造地、开山垦荒。可以设想一下，假如目前进城务工的一亿多农村劳动力一直滞留在农村，这些年来他们肯定会开垦出更多的需要将来退耕的农田，生态环境也将进一步恶化。这些方面都是相互关联的，不应该孤立地看待。

再看农业结构调整。多年以来，农业结构调整频繁是导致耕地减少的很重要的原因之一。近年来加强了管理，有所好转，但因农业结构调整减少的耕地仍然接近建设占用耕地的数量，是不是应该认真研究对策？农业结构调整的目的，不外乎是改变土地用途，减少收入较低的粮食种植面积，扩大收益较高的经济作物的种植面积，如将农田改为鱼塘、果树、花卉、菜地甚至城市绿化树种和草皮等，以期提高收入。如果要将 18 亿亩耕地作为国家坚守的粮食安全红线，怎么能对 11.4%的耕地减少原因掉以轻心呢？农业结构调整无非受价值规律引导，粮食价格过低，谷贱伤农才促使农民转向经济作物。从一般的了解看，单位土地面积收益后者是前者的 4～5 倍，农业结构调整有利于提高经济效益。但单位土地面积若用于城镇建设，收益是前者的几十倍（如深圳为 86 倍），假如仅从经济效益角度看，两利相权应该取其重。为了力保耕地，应该更加严格控制的是农业结构调整，因为它的成本—收益远远低于城镇建设。但这有个公平问题，城镇开发的收益目前无法为农民所分享，这正是政策制定者应该着力研究的，需要通过制度创新来调控解决的。假如制度设计能让农民分享到几十倍收益中的 4～5 倍，这 11.4%的耕地减少就不存在了，城镇建设也将会改变在指标的约束中东奔西突、违法乱占的现象。

表4 "十五"期间全国新增建设用地情况

类型	面积（万亩）	比例（%）
新增独立工矿建设用地	1 315	40.0
新增城镇建设用地	618	18.8
新增交通建设用地	546	16.6
新增村庄建设用地	477	14.5
新增特殊用地、水利设施建设用地	329	10.0
合计	3 285	100.0

最后看一下建设占用耕地情况，它毕竟是耕地减少的第二位原因，值得深入剖析。国土资源部公布的2005年全国土地利用变更调查结果显示（表4），"十五"期间，全国共新增建设用地3 285万亩，其中，新增独立工矿用地排在首位，占新增建设用地总量的40.0%，其次是新增城镇建设用地占18.8%，再往下依次是新增交通用地占16.6%，新增村庄用地占14.5%，新增特殊用地、水利设施建设用地占10.0%。很明显，占地的大头儿是独立工矿用地。所谓独立工矿用地，是指城镇和乡村居民点以外的单独开发建设的工矿用地，它实际上是现有制度安排下催生的"怪胎"，是土地政策紧缩下部门分权扯皮、地方逃避规制的产物。由于城市规划对管理范围内的各类开发建设行为管制比较严格，征地手续要上报国务院审批，开发建设起来多有不便，因此，很多建设项目就逃避城市规划的管制，跑到"圈外"去。这样，省里就可以审批了，既满足了开发要求，又不突破国家核定的城镇规模，因为它不计入城镇建设用地内。本来，综合开发配套的开发区也是一种新型的聚居区，应该纳入城市规划统一考虑、统一计算规模，但为了方便行事，也避开城市单独选址，计入独立工矿点，全然不顾与城市的有机联系。于是，在城镇外围，各种名目的园区纷纷出笼，各种建设项目四处开花。有不少这类项目实际上是违法用地，在土地变更调查时被发现了，通过罚款处理后变成独立工矿点身份，这对违法建设行为实际上是一种激励，因为这类罚款对土地管理部门来说虽然是一笔丰厚的收入，但对违法者来说十分合算，乐于受罚。可以说，城镇用地指标越紧张，独立工矿用地就越活跃，"内"紧"外"松的结果，导致"圈内吃紧，圈外紧吃"的怪异景象。正如数据所示，"十五"期间，城镇外围的新增建设用地居然是同期城镇新增建设用地的2倍多！这种"农村包围城市"的开发局面如果不能得到有效控制，所谓的空间规划就会失去作用，根本无法引导城镇的有序开发和合理布局，所有的大城市都将会受到"摊大饼"的困扰。因为，无论城市总体规划的布局结构多么合理，在城市外围2倍于城市开发量的分散、零星、低效的独立工矿点很快就会粘连起来，使城市瞬间膨胀为一块巨大的"饼"。例如某城市总体规划确定的城市建设用地规模约为300多 km^2，并依据功能布局和自然环境条件等规划了多中心、组团式的城市空间结构。审批时为了贯彻节约用地、控制规模的原则，把城市用地规模减少为250 km^2，导致"圈内"严重吃紧。须知，250 km^2 是2020年的规模控制，但现在，"圈外"紧吃使得目前的用地需求已经达到了400 km^2，并准备扩展到600 km^2。原先设想的"组团式"布局形态也在零星的蚕食过程中演变为一张"大饼"了，造成了交通、环境、景观等多方面的

问题，也造成土地资源的低效使用和浪费，因为，一般外围独立工矿点的地均产出效益往往不及中心城区的1/10。

有了独立工矿点这个出口，越来越多的建设项目就倾向于单独选址，避开城市规划的管制，也避开城市建设用地指标的束缚，这样，一个有机的、整体的城市被肢解了，综合的空间规划也被部门分割。在实际运行中，独立工矿点基本摆脱了城市规划管理部门的控制，由发改委的项目审批和土地管理部门的用地管理去规范，造成城郊不同的土地开发管理模式和大相径庭的景观形象。在这个过程中，有的部门权力得到加强，开发商和地方政府得益，受到伤害的是城市和国家的利益。如果从国家利益而不是从部门利益出发，将城乡的建设用地统一管理，则解决经济发展与耕地保护矛盾的回旋空间要大得多。

第二位的是新增城镇建设用地，这里面也有浪费现象，需要引起重视，更需要寻求节约集约的建设模式。但是，我们不能把保住耕地"红线"的法宝全压在这个上面，因为它只占耕地减少量的2.7%（14.4%×18.8%≈2.7%）。另外，占地与之接近的交通建设用地长期以来似乎是个"盲点"，很少有人论及交通建设与耕地保护的关系。过去，由于建设资金短缺，交通滞后制约了经济发展，后来收费还贷模式出现后，公路建设出现飞跃，也拉动了经济增长。但是，由于公路建设效益高，在逐利驱动下可能会超越实际需求，例如，一些发达地区高等级公路密度已经高于发达国家，却还在继续大量修建，导致这些地区的交通结构极不合理。某发达地区公路运输占据客运量的70%多，货运量的90%多，而占地少、耗能少、污染少的铁路和水运只占很低的比重。据日本1995年的统计，火车每吨公里的能耗是118千卡，而大货车是696千卡，家用中小卡车是2 298千卡。如果用火车运输代替卡车，能耗可以减少5~20倍。从占地看，每公里单线铁路比2车道的二级公路少占地0.15~0.56 hm²；每公里复线铁路比4车道的高速公路少占地1.02~1.22 hm²，每公里复线高速铁路比6车道的高速公路少占地1.22 hm²。另据我国有关部门统计，单位客货运输量占地，公路是铁路的37~38倍（仇保兴，2007）。既然我国能源、耕地都十分紧张，为什么不能从全局出发合理确定国家和地区的交通运输结构？部门分割导致各种交通设施建设缺乏综合、协调，各行其是，只强调自身网络的建设，忽视与其他交通网络的衔接，也忽视与区域和城市空间开发的协调，暴露出很多问题。发改委可以通过资金和立项调控，但往往偏重从投资角度来审核，不太关注空间规划要求，城市规划部门注重空间关系，但往往无力改变交通部门的设想。土地管理部门眼光聚焦在城镇建设占地上，对交通建设占地尚未足够重视。有些政策制定考虑应急的、单一的目标较多，而综合思维不足，如轨道交通建设的审批控制十分严格，初衷是抑制投资过热，但在长三角、珠三角地区，轨道交通的"公交化"已经不是一个单纯的投资问题，而是有着多重效应、可以综合解决节能节地环保以及优化空间布局的有效手段，但因为政策限制而迟迟难以启动；相反，高速公路建设却可以大行其道，对耕地保护十分不利。

与交通建设相似的还有水利设施建设，它占用耕地的数量也不可小视，但在论证水利工程上马时，很少提及占用耕地问题。其实，众多的水利工程应该更加综合地评估，它绝对不是一个简单的发电量或者调水量的问题。另外，新增村庄建设用地为数不小，更值得关注。因为，随着城镇化的发展，农村人口在减少，但村庄建设用地却在较快增加，这个悖论暴露出我国的土地管理制度问题。农村建设用地难以管理，因此管理部门往往回避矛盾，使之处于半管半放任状态。如果城乡依然分治，部门继续分割，所谓的18亿亩耕地保护底线就只能是一个画饼充饥的梦想和美丽动听的口号。

4.4 开源与节流并重

要协调解决好经济发展与耕地保护的矛盾，还离不开开源与节流的措施。从开源来讲，耕地和建设用地两方面都要努力。耕地资源的开源包括开垦、土地整理复垦等，在土地管理部门的努力下，这项工作已经取得了明显成效，如"十五"期间土地整理复垦开发补充耕地2 140万亩，比同期各类建设占用耕地数量还多出499万亩，应该继续加大力度。建设用地的开源也有潜力可挖，如城镇建设中可以探索三个方向的开源。一是合理开发荒地、山地。历史上我国许多地区就有这样的传统和经验，值得学习。如云南很多村镇面临耕地稀缺的不利条件，摸索出适应环境的生产生活模式，山上植树、打猎、采药，山脚定居，山下耕作，修路建房尽量不占用耕地。二是合理开发利用沿海盐碱地、滩涂，甚至部分填海造地，当然这需要在科学论证的基础上才能实施。从世界各国经验看，我国沿海地区还将聚集更多人口，同时沿海地区的耕地多为优质高产良田，向海洋要地可能是一种不得已的选择，应该及早研究。事实上，很多国家和地区都没有停止过填海工程，比较突出的是荷兰、日本、新加坡、中国香港等。目前，我国沿海一带的城市已经纷纷在填海造地了，为了避免盲目填海引发海洋生态环境破坏，应该在国家空间规划层面作出综合部署。三是合理开发"棕地"。随着城市产业结构调整和优化升级，原有的工厂、仓库、堆场等可能迁移出城外，城市应该珍惜这些宝贵的空间资源，根据城市功能完善的需要进行再开发，改变过去一味追求向外扩张的模式，逐步走向内涵式发展道路。不少城市的总体规划中已经确定未来城市建设新增的用地中有一半以上来自既有建成区，这是一个很好的转向。当城镇化接近稳态时，"棕地"开发就是最主要的方式了，如伦敦目前80%以上的开发属于这种类型。

从节流来看，空间规划起着重要的作用。首先是国家层面的规划，应研究制订与我国的资源环境条件相适应的空间开发模式。例如日本因为能源和土地资源高度紧缺，就没有沿袭美国的全国大分工、依靠高度发达的综合交通运输网络支撑的空间开发模式，而是采取了在宏观尺度上能够节能节地的都市圈战略。因为按照都市圈来组织经济活动，可以大大减少都市圈之间的交通联系，由此节约了长距离运输所需的交通设施建设资金和土地。我国应借鉴美国的教训，吸收日本的经验，结合国情确定因地制宜的区域开发模式。其次是城乡规划层面，要采用紧凑集中的布局、公交优先的战略、土地混合使用的策略来节约用地。最后在道路、广场、大型公共建筑设计方面要避免铺张浪费，在各种园区的建设中贯彻节约用地原则。

4.5 加快财税制度改革

以上几个方面的思考或许可以为保护耕地提供一些新思路，但关键的症结可能还是财税制度。地方政府违法用地的比重居高不下，并不是有意对抗上面，而是有不得已的苦衷。目前地方政府的财权与事权不对称，要胜任一级政府的各项职责，就得设法增加收入，否则举步维艰。按现行的税收制度，地方政府的收入来源都与土地的增量有关，所以很难摆脱对土地的高度依赖。如生产型增值税是税收大头，大家都争夺工业项目，没有嫌多的，很多城市工业用地比例达到40%，仍然觉得工业用地不够；房地产收入也是大头，但却是一次性的，所以总希望有更多的土地用来出让。总之，所有收入离不开"增量"，而存量的潜力没有得到充分挖掘，对税收贡献很小。如果税制改革能让地方政府获得稳定、持续、相对足额的税收来源，就为摆脱"土地财政"创造了条件。因此，税制改革除了合理调整好中央和地方的分配关系外，还应注重存量资源的挖掘，收敛地方政府的扩张冲动。

节约集约利用资源是我国国情决定的，这个原则和方向已经形成共识。但共识不等于共同行动，行动者都是在给定的约束条件下设法谋求自身效用的最大化。外部的压力有一点作用，但作用有限，内在的选择才是根本之道，所以，需要研究制定出能促使地方政府、投资者甚至个人自觉自愿节约用地的制度和政策。例如，目前为了减少工业用地的浪费，出台了一些针对性政策，一个是根据投资量来给土地，规定每亩的投资额度下限，用意不错，但实际执行中效果不大，因为投资者很容易满足这个要求，投资多少都是他自己说了算；另一个是规定厂区的建筑密度、容积率等，用意是想提高开发强度，但操作中也有不少难题，因为工业生产有不同的工艺流程要求，有的可以多层，有的只能单层，即使是同一个生产行业，不同生产环节差异也较大，所以这种规定较难适应现实管理要求。对企业来说，真正需要多少用地他自己最清楚，只要多占有好处，他必然设法多占。假如每年按单位土地面积征用适当的土地增值税，企业就会自己计算损益情况，当土地增值税高到一定程度时，你想让他多占一点他都不干。此时，更不可能有人愚蠢到去圈占土地，占着土地不开发而白白交税了。当然，法治建设必须同时跟上，如果有法不依，这些问题还是难以解决。

据闻，国家有关部门正在研究物业税改革的相关问题。其改革的基本框架是，将现行的房产税、城市房地产税、土地增值税以及土地出让金等税费合并，转化为房产保有阶段统一收取的物业税。物业税开征以后，在政府财政尤其是地方政府财政中的比重会不断增加。政府为了增加财政收入，完全有理由千方百计地去改善当地环境，只有各方面的环境变好了，人们才会在这里居住下去；在当地居住的人越多，物业税就越多，个人所得税也会增加，政府财政收入就会相应增加，从而解开"为增加财政收入—项目招商、出卖土地—人口增长—公共物品需求扩大—继续卖地"的死扣。

注释

① "'八五'期间全国土地利用情况综合分析"，《中国土地年鉴》(1996)，第241页。
② http://www.people.com.cn/GB/61019/61154/4291610.html。

③ 国土资源部最新公布的2006年度全国土地利用变更调查结果显示，截至2006年10月31日，全国耕地面积为18.27亿亩，比上年度末缩减了460.2万亩，人均耕地减至1.39亩。
④ 北京大学土地科学中心蔡运龙教授，《光明日报》，2004年4月20日。
⑤ "中国继续深入查处土地违法案件"，中国新闻网，2007年7月12日。
⑥ 以长江三角洲某城市为例。该市是长三角经济、人口增长最快的城市之一，近年来各项经济指标在全国位居前列。然而在经济快速发展的同时，其人口规模和用地规模均得到快速增长。2003年末，该市开发区累计开发面积366 km²，新增开发面积185 km²，增长率为107%。市域耕地面积不断减少，且减少的速度不断加快：1981～1990年，平均每年减少14.9 km²；1991～2000年，平均每年减少58 km²；2001～2003年，平均每年减少70 km²。人均耕地面积从1980年的1.1亩/人，降低到1990年的0.96亩/人，2003年人均耕地面积进一步降为0.71亩/人。在强大的开发压力驱使下，各区、乡镇均以自身利益最大化为目标，以"周边地区应保护、本地区应全面建设"为理由，编制了"圈地"规划。在近年的快速发展过程中，出现了环境质量下降、水质性缺水、土地资源紧缺、能源紧缺、人文历史资源和自然景观资源受到一定程度侵害等一系列问题，其中土地资源接近耗竭。该市现有土地存量为944 km²，按使用率75%计，推算可转换为建设用地的土地存量上限为700 km²，如果按照目前土地利用效率和保持GDP的快速增长，则2020年该市的可利用土地资源将完全耗竭。

再以珠江三角洲某城市为例。同样，该市也是珠三角经济、人口增长最快的城市之一；伴随经济的快速增长，土地资源消耗极大。1996～2002年的6年间，该市增加了293 km²城镇建设用地，年均增加近50 km²，几乎占广东全省用地增量的1/8；但该市未利用土地仅余300多km²，按照近年来的发展速度最多只可再开发10年。
⑦ "国土资源部敲打地方政府 地方政府仍是土地违法主体"，《21世纪经济报道》，2007年3月23日。
⑧ "城市建设用地审批今起一年申报一次"，《东方早报》，2007年1月23日。
⑨ "靠卖地某些市长得多少零花钱?"《中国证券报》，2006年10月2日。

参考文献

[1] 靳东晓："严格控制土地的问题与趋势"，《城市规划》，2006年第2期。
[2] 靳东晓："海西城镇群协调发展规划之土地利用专题研究"，2007年7月。
[3] 李迅、靳东晓、高世明等："我国大城市连绵区的规划与建设问题研究之土地利用研究"，中国工程院课题，2007年7月。
[4] 孟晓晨、赵星烁："中国土地利用总体规划实施中主要问题及成因分析"，《中国土地科学》，2007年第3期。
[5] 仇保兴："实现我国有序城镇化的难点与对策选择"（专题讲座报告），2007年6月。
[6] 王凯等："全国城镇体系规划"，中国城市规划设计研究院，2006年11月。
[7] 张文奇、靳东晓等：《城市用地结构和人口规模的研究》，中国建筑工业出版社，2000年。

土地资源约束条件下的城乡统筹发展研究

郑伟元

Study on Urban and Rural Integration under the Restriction of Land Resources in China

ZHENG Weiyuan
(China Land Surveying and Planning Institute, Beijing 100035, China)

Abstract The paper introduces some studies on urban and rural land-use of China and other countries in brief firstly, then analyzes the main existing problems in China and their causes. Based on the scenario analysis of the future, the author finally puts forward some suggestions.

Key words urban and rural intergration; urbanization; new countryside construction; scenario analysis

摘 要 本文从统筹城乡土地利用的视角，总结借鉴国内外相关理论和经验，针对中国当前城乡土地利用中存在的主要问题及造成这些问题的原因，在对今后城乡土地利用多种情景分析的基础上，提出统筹城乡土地利用有关建议。

关键词 统筹城乡土地利用；城镇化；新农村建设；情景分析

1 问题的提出

改革开放以来，中国城镇化快速发展，城镇化水平已从1978年的17.92%提高到2006年的43.9%，年均增长近1个百分点。根据美国学者诺瑟姆（Ray M. Northam）著名的逻辑斯蒂曲线（logistic curve），目前中国正处于城镇化加速发展阶段。城镇化是现代化的重要标志，从土地利用来讲，城镇化过程应当是一个集约用地的过程，但由于中国一些地方政府在发展观、政绩观上的偏差以及体制、管理、规划、政策等方面的原因，在城镇化快速发展过程中，出现了脱离国情盲目扩张建设用地规模、大量占用优质耕地等问题。与此同时，农村建设普遍相对滞后，土地利用粗放，基础设施落后，城乡二元结构明显，严重影响了中国的现代化进程。统筹城乡发展是科学发展观的基本要求，也是现代化建设的迫切需要，目前，国家把促进城镇化健康发展，推进社会主义新农村建设，作为统筹城乡发展的两个重要抓手。在这个过程中，特别是在我国人地矛盾越来越突出、土地资源约束不断加剧情况下，在确保18亿亩耕地红线前提下，如何通过统筹城乡土地利用，节

作者简介
郑伟元，中国土地勘测规划院。

约集约利用土地,促进城乡协调发展,是当前和今后一个十分重要的科学问题和实践问题。本文试图对这一问题进行初步分析研究。

2 国内外相关研究

国内外有关城乡关系方面的研究不少,但有关城乡土地利用方面的研究却不多,国内借鉴国外经验的研究更不多见,其中重要原因在于有关土地利用数据常常口径不一。国内存在建设部门和国土部门两种分类口径,且有较大差异,国际上有关城市概念和城乡范围的界定、用地分类方面也存在明显差异,如联合国提出聚居人口在2万以上称为城市,美国的标准为2 500人,加拿大和澳大利亚的标准仅为1 000人,而我国设市城市人口通常都在10万人以上;在城市形态和用地范围的界定上差异更大,不同国家土地资源不同,城乡用地方式和形态也不一样,发达国家的城市特别是一些人均土地较多的国家的大城市,在城市形态上常常表现为一个较大的城镇化区域,称做大××都市区,如大纽约都市区、大洛杉矶都市区、大伦敦都市区,诸如此类,人均用地一般都比较大,像大纽约都市区面积达33 483 km²,总人口1 800多万,当然也有的发达国家或地区土地资源较稀缺,人均城市用地较少,如日本东京、韩国首尔以及我国的香港。在这种情况下,如何借鉴国外城市用地经验可能有难度,往往会得出比较片面的结论。如果单算人地矛盾突出的国家和地区,或者城市用地单算中心城区(国外一般称downtown),而人口算整个城市地区,可能会得出如"城市人均用地发达国家为82.4 m²,发展中国家为83.3 m²"(林志群,1992;邓卫,1997)这样的结论,笔者对此一直不敢苟同。根据澳大利亚学者纽曼(P. Newman)和肯沃思(J. Kenworthy)1989年的研究,全球部分城市人均用地情况见表1。

表1 全球部分城市人均用地

城市	人口毛密度(人/hm²)	人均用地(m²/人)
伦敦	56.0	178.6
洛杉矶	20.0	500.0
墨尔本	16.4	609.8
多伦多	39.6	252.5
巴黎	48.3	207.0
东京	105.4	94.9
中国香港	293.0	34.1

资料来源:Newman, P. and Kenworthy, J. 1989. Gasoline Consumption and Cities: A Comparison of US Cities with A Global Survey. *Journal of the American Planning Association*, Vol. 55, No. 1, pp. 24-37.

关于城市土地利用形态和发展模式方面研究,国际上有分散主义(decentrism)和集中主义

(centrism) 两大派系。分散主义主张人口与产业向大城市以外地区疏散，如城市的组团式发展、城市向外扩张与绿地向城区楔入的"有机疏散"，最著名的就是英国的埃比尼泽·霍华德（Ebenezer Howard, 1898）的"田园城市"（garden city）思想以及美国现代派大师赖特（Frank Lloyd Wright）主张从现代城市这个"机器怪物"中解脱出来、彻底分散的"广亩城市"（broad acre city）思想。集中主义则主张人口向大城市中心集中，城市向空中延伸，以最大限度节约土地，其代表人物是法国建筑大师柯布西耶（Le Corbusier），他的"现代城市"（conceptual modern city）设想，主张城市中心区"高层高密度"，巴黎中心区改造、中国香港等城市建设就是这种思想的体现。1990 年代以来，特别是可持续发展思想提出后，针对城镇化过程中出现的城市蔓延（urban sprawl）及由此带来的交通拥堵、能源消耗大、环境污染严重等问题，西欧学者提出了"紧凑城市"（compact city）的思想，如英国的詹克斯等（Mike Jenks et al., 1996），提出了通过高密度的城市开发、混合的土地利用、分散化的集中和优先发展公共交通等措施，以达到降低能源消耗，减少土地资源的占用等目的。美国提出了"精明增长"（smart growth）理论，如纳普与纳尔逊（Knaap and Nelson, 1992），精明增长理论与紧凑城市思想有许多异曲同工之处，在土地利用上也主张紧凑模式，强调开发计划应充分利用已开发的土地和基础设施，并采取确定城市增长边界（urban growth boundary, UGB），控制城市蔓延，提倡土地混合利用等。精明增长理论还包含加强城市竞争力、鼓励市民参与等内容，其内涵更丰富。我国学者也开展了大量有关研究，如胡序威、周一星、顾朝林（2000）开展的对中国沿海城镇密集地区城乡建设集聚与扩散的研究，顾朝林等（2000）关于城市空间结构的研究，等等。

关于城乡关系研究，国际上最著名的就是美国诺贝尔经济学奖获得者刘易斯（Arthur Lewis）的二元结构理论。国内最全面系统的研究是周立三院士领导的中国科学院国情分析研究小组（1994）的国情第三号报告——《城市与乡村：中国城乡矛盾与协调发展研究》，该报告认为中国城乡二元结构比一般发展中国家更突出，城乡分割造成了城镇化滞后、现代化受阻和农村贫困化，提出根本出路在于加速城镇化，促进农村工业化、现代化。近年来，特别是国家提出要统筹城乡发展后，有关的研究很多，但从统筹城乡土地利用的角度的研究还较为鲜见。前不久，国家把重庆和成都两市确定为全国城乡统筹发展综合改革试点，围绕试点目前正在开展一系列相关研究，其中如何统筹城乡土地利用成为一个重要方向。

3 数据采集与应用

考虑到国土部门的土地利用现状调查和变更调查数据是采用遥感等技术手段实际调查量测获取的，应当说还是比较准确的，当然由于可能存在人为干预等原因，也不能说绝对准确，而建设部门的数据主要是通过层层上报的统计数，更易受人为因素影响，因此，本文有关数据特别是城乡建设用地主要采用国土部门的数据。但国土部门在用地分类上与建设部门有明显差异，特别是城镇用地，国土部门一般只统计城镇范围内的国有土地，而且通常把城镇周边的工矿用地统计在独立工矿用地中，而不是算在城镇用地里，因而文中一般是把国土部门土地变更调查中的城镇用地数和独立工矿用地数加在一起，称为城镇工矿用地，与建设部门相关年份的城市建设统计年报和村镇建设统计年报的城镇建设用地数（城市、县城和建制镇建设用地三项合计）相对应，前一数通常比后一数略大。国土部门在1996年完成全国土地利用现状调查并进行了数据汇总，以后每年开展年度土地变更调查，文中的土地基础数据就是从1996年到2005年，与之对应，也采用相同时段的城市建设统计年报和村镇建设统计年报数据。城镇人口、农村人口采用中国统计年鉴的口径，按常住人口口径，含居住半年以上外来人口。

4 中国城乡土地利用中存在的问题

4.1 城乡建设用地不断扩张，占用了大量优质耕地

许多地方在城市发展中相互攀比，非理性扩张建设用地，脱离国情，不切实际建设大广场、大草坪、宽马路、主题公园，建设豪华的新行政中心、大学城，开发区设立过多过滥。据统计，到2004年8月，全国共清理出各类开发区6 866个，规划面积3.86万 km² （孙文盛，2004）。到2003年全国在建和拟建的大学城就有46个，占地260多 km² （仇保兴，2005）。根据国土部门的数据，1996~2005年，全国城乡建设用地（包括城镇工矿用地）从21.87万 km² 增加到23.85万 km²，年均增加2 192.5 km²，其中占用耕地约1 300 km²，城镇工矿用地从5.42万 km² 增加到7.27万 km²，年均增加2 062 km²，而按照建设部门的统计，城镇村建设用地年均增加约3 950 km²。而同期，耕地面积从130.07万 km² 减至122.08万 km²，尽管造成耕地减少的最主要原因是生态退耕和农业结构调整，城乡建设占用耕地只占耕地净减少的14%左右，但城乡建设占用的大多是优质耕地，对粮食安全的影响不容低估，城乡建设与耕地保护矛盾相当尖锐。

4.2 城乡土地利用缺乏统筹，二元结构问题突出

中国农村建设用地量大面广，2005年用地面积达16.57万 km²，占城乡建设用地面积的70.3%，占全部建设用地的51.91%。近年来我国城镇化进程加快，但在城镇建设用地面积大幅度增加的同时，农村居民点用地并没有像预期那样减少。2005年与1996年相比，全国农村人口减少了11%多，约1亿人，而农村居民点用地反而增加了0.73%。而且城乡土地在管理和利用上都呈分割状态，缺乏互动，城镇建设用地属国有土地，可以进入市场流转，农村建设用地为集体所有，依法不能流转，由于城乡在土地利用与管理上的二元结构，农村空心村、闲置的宅基地大量存在，却无法进入市场，使得农村建设用地整理集中改造难度较大，农村建设用地低效粗放利用状况不易改变。这种二元结构也是城乡土地利用在收益上存在巨大差异的主要原因，农业土地利用效益明显低于城市，造成城镇用地扩张迅速，耕地保护困难重重。因此，这种二元结构严重影响城乡土地利用的统筹，制约着城乡的协调发展。

4.3 城市用地粗放浪费和过度利用并存，农村建设用地总体粗放

许多城市热衷于新区建设，土地利用粗放浪费，而老城区往往过度密集，交通拥挤、空气污染、居住环境差等问题长期得不到解决，有的还有加剧之势。根据建设部的城市建设统计，1996~2005年9年间我国城市建成区面积由20 214.18 km²扩大到32 520.7 km²，增加了12 306.52 km²，增长幅度达60%；全国有500多个城市人均综合用地超国标上限120 m²，其中小城市人均达181 m²，即使考虑到中小城市对于一部流动人口的吸纳问题，目前用地粗放、集约化程度低的问题依然十分突出；建制镇土地资源集约利用程度更低，县城以上的1 700多个建制镇人均用地近160 m²；在开发区用地方面普遍存在布局分散、开发程度不够、土地利用率低的问题。根据国土部门的专项调查，到2004年底，全国城镇规划范围内共有空闲、闲置土地和批而未供的土地26.26万hm²，相当于现有城市建成区用地总量的8%。土地闲置和浪费现象还表现在房地产开发上，1999~2004年全国房地产开发商购置土地1 407.4 km²，但实际开发795.7 km²，开发率只有56.5%；农村建设用地管理薄弱，一户多宅、宅基地超标严重，用地普遍偏大，2005年按农村人口计算，人均农村居民点用地高达220 m²。

4.4 城乡建设用地结构和布局存在诸多不合理

首先从城乡建设用地结构上看，农村建设用地占的比例虽然已从1996年的75%降至2005年的70%，但所占的比例仍然过大，使城乡建设用地总体利用效率随经济发展逐步提高的趋势得不到体现。从城镇用地结构看，公共设施用地、道路广场用地和绿地的比例呈增加之势，工业、仓储用地呈减少之势，总体上用地结构有所改善，但同发达国家城市相比，前三项用地比例仍然偏低，后两项用地比例明显偏高，城市工业用地比重虽已减至21%左右，但仍明显高于发达国家水平（不超过15%）。在农村建设用地中，教育、医疗等公共设施用地明显偏少。由于缺乏有效的区域统筹协调，各个城市都盲目扩张用地，产业结构趋同，重复建设严重，无序竞争，竞相压低地价，不仅造成土地资源浪费、土地资产流失，更严重的是由于土地利用结构失调，进而易造成经济结构的失调。在布局上，许多城市"摊大饼"，建制镇沿交通线分布，农村建设用地布局混乱无序，乡村工业遍地开花，用地布局上的不合理，不仅造成土地资源的浪费，也造成人居环境恶化。

4.5 城乡建设用地扩张过程中侵害农民权益行为时有发生

由于征地制度不健全，目前征用农村集体土地价格过低以及现行政府政绩考核制度中过于注重经济增长指标等原因，使地方政府在征用农民土地过程中经常出现滥用征地权剥夺农民利益的现象，有的地方片面强调"以地生财"、以牺牲农业和农民利益发展城市，许多农民失去赖以生存的土地，失地又失业，造成农民上访、群访不断，一定程度上影响社会的稳定及农业、农村的发展和农民生活水平的提高。

5 原因分析

造成上述问题的原因很复杂,既有发展观和政绩观的问题、体制制度上的缺陷,又有政策、机制包括规划等方面的因素。

5.1 一些地方政府在观念和认识上存在偏差

一些地方政府没有树立科学发展观和正确的政绩观,片面追求经济增长,出政绩。当然也不能否认改革开放以来各级地方政府在发展地方经济方面的巨大贡献。在城乡建设方面,许多地方重城轻乡,在城市建设上贪大求洋,据有关资料,全国有182个城市提出要建设"国际化大都市",许多中小城市都提出建设大××市,热衷于搞"形象工程",以低地价甚至零地价招商引资,以各种名目大量圈占土地,使得土地非农化的速度超过人口城镇化的速度,而对农村建设则往往放任自流,使农村建设无序混乱,基础设施落后,生态环境恶化。

5.2 体制上存在诸多障碍因素

由于中国长期实行计划经济体制,中国的经济是一种政府主导型经济,各级政府都是经济建设型政府,在这种体制下,长期以来片面强调发展经济,追求经济上的高速度,并把经济指标作为考核领导干部政绩的重要指标。政府往往对经济干预过多,与市场经济的灵活性相悖,常常出现"一放就乱、一收就死",在土地利用上表现十分突出,近年来已经进行了三次整顿、二次冻结了,整顿、冻结之后通常又会反弹,如果不在体制上采取治本之策,还会重复过去的怪圈。在这种体制下,地方政府产生各种利益行为也就不难理解了,在土地问题上,比较突出的是地方政府以地生财,这种做法在改革开放之初为城市的发展积累资金方面起到了积极的作用,但现在许多地方已经把卖地成了第二财源。当然,这也与地方在1994年实行分税制后,地方财政所占比例缩小,而事权又不断扩大有一定关系。在城乡土地利用管理方面,中国长期存在城乡二元结构体制,城乡在土地利用与管理、户籍等方面始终呈割裂状态,这种二元结构根植于我国城乡二元经济结构,城乡经济发展的不平衡是造成城乡土地利用状况和利用方式存在巨大差异的经济根源,城乡土地分割管理又进一步加剧了这一不平衡,城乡无法形成统一的土地市场,城乡土地利用在收益上也存在较大差异,这种二元结构体制也是造成当前城乡土地利用中一系列问题的重要原因。

5.3 管理和政策上有缺失

由于管理和政策方面的原因,土地市场不够发育,可以说在我国,土地是各种生产要素中市场化率最低的,虽然我们从1980年代中期开始推行土地有偿使用制度改革,但市场化进程缓慢。现行土地产权制度也存在明显缺陷，健全的市场经济体制要求产权的约束必须硬化，目前实行城市土地所有权国有，农村土地所有权农村集体所有，但农村土地集体所有权产权主体不明确，存在虚位现象，往往基层政府甚至村长、村民组长就有处置权，许多问题包括大量圈占土地以及一些腐败问题也就由此产生。现行的征地制度也存在很大问题，一些地方政府和企业之所以大量圈占土地、浪费土地，一个重要的原因是可以比较容易和低价获取土地，征地本来应当是为了公共利益的需要，但很长时期其范围并没有严格界定，而且现行征地补偿标准偏低。还有一点，有关规划协调衔接也不够。目前，我国有关规划种类繁多，涉及城乡土地利用的就有城市规划、土地利用规划、经济社会发展规划、城镇体系规划、生态建设和环境保护规划等等，由于不同规划由不同部门组织编制，相互协调衔接不够，既影响规划的有效实施，又造成人、财、物的巨大浪费，而且各种规划一般都突出城市，忽视农村。

当然，中国当前土地利用上的问题，客观上同所处的发展阶段有关，目前我国正处于工业化、城镇化快速发展阶段，特别是还处工业化初中期阶段，制造业的急速发展既促进了经济的快速增长，也初步呈现出以土地等资源过分耗用为代价的弊端。

6　中国未来城乡土地利用的情景分析

如前所述，中国自改革开放以来，城镇化发展速度很快，年均提高0.93个百分点，其中1997～2006年年均提高1.39个百分点。2006年世界平均城镇化已超过50%，发达国家普遍在75%以上，中国目前仍低于世界平均水平，与发达国家差距更大。今后一个相当长时期，随着中国经济社会的快速发展和全球化、工业化、市场化的发展，中国的城镇化仍将快速发展，这已经是一个不争的共识。美国诺贝尔经济学奖获得者斯蒂格利茨（Joseph E. Stiglitz）甚至认为，新技术革命和中国的城市化将是影响21世纪人类进程的两大关键性因素，他认为，如果中国能在21世纪中期成为世界上高度城市化的国家，拥有10亿以上城市人口，其经济实力、科技影响力肯定会很大程度上改变世界政治经济的大格局，成为人类历史上的一次重要转折。

对于中国未来城镇化水平的研究成果较多，国家发改委、建设部等有关部门和专家采用多种方法都做了很多预测，如回归模型法、Logic曲线法等，综合各方面的研究，到2010年和2020年，城市化水平分别达到47%～48%和55%～58%。许多专家认为，尽管近年来中国城镇化发展很快，但这种城镇化带有一定冒进（陆大道等，2007），周一星（2006）认为这是一种行政推动的城镇化，如大量撤乡建镇，还有就是第五次人口普查后，城镇人口统计口径发生了变化，把居住半年以上的流动人口计入城镇人口，他认为，根据城镇化的发展历程以及未来20年社会经济发展的趋势，中国的城镇化水平按年均增长0.8～1个百分点左右是适度的，2030年左右将步入较低速、稳定的发展时期。根据国家人口与计划生育委员会的预测，到2010年，全国总人口将达到13.6亿人，到2020年将达到14.6亿人，预计2030年前可以达到人口高峰，峰值将控制在15亿人以内。

根据上述分析，2010年、2020年、2030年、2050年城镇化水平分别按48%、57%、65%、75%

计算，按照人均城乡建设用地、人均城镇工矿用地变化和城镇建设用地增加与农村建设用地减少挂钩情况的各种可能性开展三种情景分析。

情景一：通过严格控制和加强管理，确保人均城乡建设用地和人均城镇工矿用地不增加，分别保持在182 m² 和129 m²，但在2030年前由于人口增加，城乡建设用地规模继续增加，2030年后城乡建设用地进入稳定状态，其结果见表2。若按建设部门口径，也保持人均城镇建设用地110 m² 的水平不变，各年份城镇建设用地规模分别为7.18万 km²、9.15万 km²、10.52万 km² 和12.12万 km²。按此情景，农村居民点用地将随城镇化发展有所减少，但由于农村人口减少较快，相应年份的人均农村居民点用地仍呈持续升高，分别为231 m²、252 m²、280 m² 和341 m²，增加较多，显然很不合理，尽管城乡"两栖人口"双重占地现象在一个时期内还难以消除，但今后应通过加强管理和运用经济手段，逐步加以解决。由此看来，今后做到人均城乡建设用地的减少是有可能的，实际上，2005年人均城乡建设用地也只是在1996年179 m² 基础上增加了3 m²。

表2 未来中国城乡建设用地预测（情景一）（亿人、万 km²）

	现状（2005年）	2010年	2020年	2030年	2050年
城镇人口	5.62	6.53	8.32	9.56	11.02
农村人口	7.45	7.07	6.28	5.14	3.68
城乡建设用地	23.84	24.75	26.57	26.75	26.75
城镇工矿用地	7.27	8.42	10.73	12.33	14.21
农村居民点用地	16.57	16.33	15.84	14.42	12.54

情景二：通过严格控制城镇工矿用地，使人均城镇工矿用地有所减少，同时把城镇建设用地增加与农村建设用地减少挂钩。事实上，从1996年到2005年，人均城镇工矿用地已从134 m² 减至130 m²，从这个情况看这种情景是可能的，当然从建设部门的数据看，这期间人均城镇用地并没有减少，所以可能是人均工矿用地有所减少，但从工业化发展规律和趋势看，也不太可能有较大幅度减少。假定人均城镇工矿用地能下降到127 m²，2020年后完全达到城增村减相挂钩，2020年前达到50%，结果见表3。按此情景，2020年后城乡建设用地进入稳定状态，各主要年份人均农村居民点用地分别为227 m²、236 m²、258 m² 和309 m²，仍呈持续增加趋势，这说明该情景下农村居民点用地仍有较大潜力可挖。人均城乡建设用地分别为179 m²、174 m²、174 m² 和173 m²。

表3 未来中国城乡建设用地预测（情景二）（亿人、万 km²）

	现状（2005年）	2010年	2020年	2030年	2050年
城镇人口	5.62	6.53	8.32	9.56	11.02
农村人口	7.45	7.07	6.28	5.14	3.68
城乡建设用地	23.84	24.34	25.38	25.38	25.38
城镇工矿用地	7.27	8.29	10.57	12.14	14.00
农村居民点用地	16.57	16.05	14.81	13.24	11.38

情景三：人均城镇工矿按 127 m² 控制，通过大力开展农村居民点用地整理改造，2020 年前就完全做到城增村减相挂钩，2010 年前达到 70%，2020 年后每减少一个农村人口就减少相应的农村居民点用地，结果见表 4。按此情景，各主要年份人均农村居民点用地分别为 224 m²、216 m²、212 m² 和 212 m²，将呈减少至稳定趋势。人均城乡建设用地分别为 178 m²、165 m²、157 m² 和 148 m²。

表4　未来中国城乡建设用地预测（情景三）（亿人、万 km²）

	现状（2005年）	2010年	2020年	2030年	2050年
城镇人口	5.62	6.53	8.32	9.56	11.02
农村人口	7.45	7.07	6.28	5.14	3.68
城乡建设用地	23.84	24.15	24.15	23.04	21.81
城镇工矿用地	7.27	8.29	10.57	12.14	14.00
农村居民点用地	16.57	15.86	13.58	10.90	7.81

从理论上讲，还应考虑到两种情景，一是人均城乡建设用地继续缓慢增加，人均城镇工矿用地略有增加或保持不变，这样在人口高峰年前由于人口总量持续增长，年均新增城乡建设用地将突破历史水平，人均农村居民点用地将比情景一更有大幅度增加，这显然同当前国家要实行世界上最严格的土地管理制度的要求相违背的；二是进一步压缩人均城镇工矿用地，2010 年前就要做到城增村减的完全挂钩，这显然也是有很大难度的。实际情况很难预测，但总的政策趋势是要对城乡建设用地实行从严从紧控制。

7　结论和建议

通过上述分析，我们可以得出一些基本结论和建议：

第一，中国正处于城镇化快速发展时期，城镇发展还要占用大量土地包括耕地，这是客观现实，**无法避免**，但城镇发展一定要充分考虑中国的土地国情，不能照搬欧美过去的模式，要借鉴欧美精明**增长、紧凑城市**等最新理念，十分珍惜和合理利用土地，紧凑合理发展，节约集约用地，切实保护耕地，建设节地型城镇，促进城镇化健康发展。

第二，积极推进社会主义新农村建设和促进城镇化健康发展是做好城乡统筹的两个重要方面，中国长期城乡分割、重城轻乡，造成农村建设落后、管理薄弱、用地粗放，要加强农村建设用地的管理，**新农村建设**要重点做好现有农村建设用地的内涵挖潜，加大农村居民点的整理力度和基础设施建设，促进农村居民点用地适度集聚、乡村工业的集中发展，促进农村的现代化。

第三，要通过制定政策和城乡统一的规划，统筹城乡土地利用，通过划定基本农田保护区和生态保护用地，划定城镇增长边界，统一规划城乡居民点用地和基础设施用地，把城镇建设用地增加和农村建设用地减少相挂钩，确保城乡建设用地的节约集约和在结构布局上的协调优化。

第四，要加快土地产权制度、征地制度等有关制度改革，通过完善征地补偿办法、妥善安置被征地农民、健全征地程序和加强对征地实施过程监管，规范征地拆迁行为，切实保障被征地农民的合法利益，积极推进城乡统一的土地市场的形成和发育，探索建立集体土地合理流转的市场制度。

最重要和最根本的一点是各级政府一定要转变观念认识，树立科学发展观和正确的政绩观，进一步深化体制改革，加快政府职能转变，逐步改变城乡二元结构格局，促进城乡融合和统筹协调发展。

参考文献

[1] (英) 埃比尼泽·霍华德著，金经元译：《明日的田园城市》，商务印书馆，2000年。
[2] 邓卫："建设现代化的节地型城市"，《城市发展研究》，1997年第3期。
[3] 顾朝林等：《集聚与扩散：城市空间结构新论》，东南大学出版社，2000年。
[4] 国土资源部地籍管理司：《全国土地利用变更调查报告》(1998～2006)，中国大地出版社，1998～2006年。
[5] 胡序威、周一星、顾朝林：《中国沿海城镇密集地区空间集聚与扩散研究》，科学出版社，2000年。
[6] 建设部城乡规划司：《城市建设统计年报》(1996～2005)、《村镇建设统计年报》(1996～2005)。
[7] (加) 梁鹤年著，谢俊奇等译：《简明土地利用规划》，地质出版社，2003年。
[8] 林志群：《八十年代中国城市建设用地的发展》，中国城市规划设计研究院内部资料，1992年。
[9] 陆大道等："关于遏制冒进式城镇化和空间失控的建议"，中国科学院《我国城镇化发展模式研究》咨询报告，2007年。
[10] (英) 迈克·詹克斯等著，周玉鹏等译：《紧缩城市——一种可持续发展的城市形态》，中国建筑工业出版社，2004年。
[11] (美) 纳普、纳尔逊著，丁晓红、何金祥译：《土地规划管理——美国俄勒冈州土地利用规划的经验教训》，中国大地出版社，2003年。
[12] 仇保兴：《中国城市化进程中的城市规划变革》，同济大学出版社，2005年。
[13] 仇保兴：《中国城镇化——机遇与挑战》，中国建筑工业出版社，2004年。
[14] 孙文盛："树立科学发展观，进一步提高国土资源工作水平"，《国土资源》，2004年第2期。
[15] 王放：《中国城市化与可持续发展》，科学出版社，2000年。
[16] (美) 张庭伟："控制城市用地蔓延：一个全球化的问题"，《城市规划》，1999年第8期。
[17] 郑伟元："关于当前城市土地利用与规划问题的初步认识"，《中国房地产信息》，2005年第1期。
[18] 中国城市承载力及其危机管理研究课题组："中国城市承载力及其危机管理研究"，2007年。
[19] 中国科学院国情分析研究小组：《城市与乡村——中国城乡矛盾与协调发展研究》，科学出版社，1994年。
[20] 周一星："关于中国城镇化速度的思考"，《城市规划》，2006年第11期。

城市土地储备研究

周生路　冯昌中

Research on the Development Strategy and Planning of Urban Land Reserve

ZHOU Shenglu[1], FENG Changzhong[2]
(1. The School of Geography and Ocean Sciences, Nanjing University, Nanjing 210093, China; 2. Nanjing Land Reserve Center, Nanjing 210008, China)

Abstract Along with the deepening of land-use system reform, land reserve became an important measure for the governments at all levels to accelerate the economic and social development, as well as cause profound impact to the urban spatial structure, space layout, and land management pattern. Therefore, this paper analyzes the development process, background and motivation of land reserve firstly. Then, Nanjing was selected as a case for a further discussion and research, which included strategic direction, objectives of urban land reserve development and the key measures for implementation, and the guiding ideology, principles, strategies, technology process and methods of urban land reserve planning.

Key words urban land reserve; planning; development strategy; Nanjing city

---

作者简介
周生路，南京大学地理与海洋科学学院；
冯昌中，南京市土地储备中心。

摘　要 随着土地使用制度改革的深化，土地储备成为当前我国各级政府加快城市经济社会发展的一个重要手段，并对城市空间结构与空间布局以及土地管理的模式产生了深刻的影响。为此，本文首先对土地储备产生发展的过程、背景与动因进行了分析；然后以南京市为例，对城市土地储备发展的战略取向、目标、实施的重点措施以及城市土地储备规划的指导思想、原则、策略、技术流程和方法等，进行了较为深入的探讨与研究。

关键词 城市土地储备；规划；发展战略；南京市

经济体制的转型要求必须遵循市场经济规律用好用活城市的各种资源或资产。土地作为一种兼具资产与资源特性的特殊商品，在我国特有的土地产权制度中，事实上已经成为城市政府的最大资产。城市土地储备迅速成为本世纪初各级政府加快城市经济社会发展的一个重要手段，它对经济社会的影响直接而深刻（陈士银等，2007）。对宏观经济面而言，它构建了一种城市土地处分与收益分配的新模式（张文新，2005）；对城市规划而言，它直接而迅速地改变着城市空间结构与布局（林廷钧，2006）；对在城市中生活的个体而言，因城市土地储备而导致的房屋拆迁与土地收回将会在预期或未预期中降临（李海波等，2007）。因此，确有必要对这一社会现象给予足够的关注。本文拟在对我国土地储备产生发展的过程、背景与动因进行分析的基础上，结合南京市的实际情况，对城市土地储备发展的战略及其规划展开讨论。

1 我国土地储备产生发展的背景与动因

1.1 土地储备产生发展的简要过程

土地储备是一种简略的提法，其完整的概念应是土地入库、土地整理和土地出库的全过程。土地入库是指通过征用集体土地、收回闲置土地、调整不合理配置用地和土地置换等行为取得土地使用权；土地整理是指通过统一规划、统一拆迁、统一配套和统一开发等方式对所收购土地进行的整理与包装；土地出库则是指根据社会发展、城市规划和供地计划而采取向社会公告、开展招商活动、建立土地招标拍卖制度等多种形式出让土地使用权。

土地入库、整理、出库模式作为政府调控地产市场的一种重要手段最早起源于西方，因西方国家基本上实行的是土地私人所有制或私有制与公有制并存的模式，政府储备土地的初始动因原系备今后政府公益设施建设或关键行业建设之需，土地提前储备可保障政府工程及时实施，免为冗长谈判所累。荷兰的阿姆斯特丹市自1800年始，即在工商界的支持下，由市政府出面收购土地进行储备，此后，法国、瑞典、英国等国的许多城市市政府也成立了类似机构，如英国成立了土地发展公司。随着时间的推移，土地储备的功能也日臻完善，美国和欧洲许多国家已将这种储备机制称为"土地银行"（land bank），目前瑞典的斯德哥尔摩市拥有西欧最大的土地银行。与此同时，各国相应建立了严密的法律制度来保证土地储备机制的顺利运转（Harvey，1987；高向军等，2003）。

我国的土地储备始于1990年代中后期，它的兴起是我国社会和经济发展的必然产物。1990年5月，《中华人民共和国城镇国有土地使用权出让和转让暂行条例》（国务院第55号令）正式颁布实施，由此拉开了地产市场启动的大幕。然而，不按市场规律办事，一味"求大、求快、求新"的盲目铺摊子的做法，使得作为社会经济发展先导和对经济形势最为敏感的房地产经济很快就尝到了过热的苦头。1992年年底到1993年初，盲目开发的恶果已逐步显现，大量土地闲置、资金周转不灵、耕地数量锐减；1994年，海南省随处可见"烂尾楼"；1995年，许多城市的房地产市场几乎无法正常运转。大量土地的无计划批租造成政府调控土地市场的力度十分脆弱，个别城市的市政府甚至在今后若干年内已无地可批，无序且过度投机的不动产市场直接影响到我国国民经济的健康发展。党中央和国务院先后采取了一系列的措施。1992年11月，国务院下发《关于发展房地产业若干问题的通知》，强调土地必须由政府集中统管；1993年6月，中央提出要加强宏观调控，特别提出要加强对房地产业的宏观调控；1993年7月，原国家土地管理局下发了《关于加强宏观调控管好地产市场的通知》；1995年1月，《中华人民共和国城市房地产管理法》正式施行。这一系列的措施有效地打击了土地投机，促使过热的房地产市场开始降温。

1996年，在国家各方面、多层次、多手段、强有力的宏观调控下，我国经济成功实现"软着陆"，经济运行趋向平稳有序。同年年末，在市场经济较为发达的深圳和上海，"土地储备"政策被提出，这一年9月，深圳市成立土地发展投资公司，后更名为土地投资开发中心，其主营业务即为土地开发和土地资产经营；11月，上海市成立土地发展中心，该机构作为事业单位，根据市政府委托实施土地收购、储备和土地出让工作。之后两三年内，青岛、杭州、绍兴、武汉、海口、南京、广州、天津等城市也积极开始了在土地储备方面的探索和实践。1999年3月杭州市政府率先以市长令形式颁布了《杭州市土地储备实施办法》，这是我国第一部正式出台的关于土地储备的政府规章，它从"土地使用权收购储备、储备土地前期开发利用、储备土地使用权预出让、储备中心资金运作管理"等方面对具体实施土地储备工作作了较为完整的规定，迈出了城市政府探索如何规范、有效地运用土地储备工具的重要一步。到2003年底，全国各市、县人民政府已成立了逾1 300家土地储备中心。土地储备中心的纷纷成立对地方经济的快速发展、对城市化的快速推进无疑起到了巨大的促进作用。以南京市为例，2003年全市新增储备土地592.70 hm^2，通过土地公开市场出让土地20幅，出让土地总收益55.99亿元，占全市公开出让土地总收益的57.1%。出让土地总面积433.51 hm^2，占全市公开出让土地总面积的70.6%。其中体育文化设施用地面积269.09 hm^2，占总面积的62.1%；居住用地面积为128.56 hm^2，占总面积的29.7%。

城市土地储备，已成为城市政府培育和规范土地市场，促进存量土地进入市场，盘活企业存量土地资产，优化土地资源配置，理顺政府与企业之间土地收益分配，有效解决土地无偿使用制度下产生的诸多历史问题等的一项行之有效的措施；是政府加强垄断城市土地供应的新的政策工具，也是推进土地管理制度和土地使用制度改革的新的突破点。其重要性不亚于1987年开始的土地使用制度改革，被称之为中国土使用制度改革的"第二次革命"。它的发展与成熟必将成为中国土地管理史上的一个新的里程碑。国土资源部已把城市土地储备制度建设作为一项重要工作，大力组织推进。土地储备已经深深地融入了城市经济社会的各个方面，并引起学术界的广泛关注。

1.2 土地储备产生发展的背景

1.2.1 全球化浪潮兴起

随着世界经济全球化浪潮的兴起，城市越来越成为人类社会和经济生活的空间主体。在信息经济、知识经济条件下，由于经济活动的全球扩散和全球性市场一体化，城市的空间分布、功能组织和发展方式正在发生重大调整（顾朝林等，2002）。所有这些转变，一方面导致了土地、资本和劳动力等生产要素的重新组合，如资本流动导致城市集聚区的迅速发展；农村剩余劳动力的转移和流动改变了旧有的中国城市管建模式；土地有偿使用的大力推行、住房商品化和福利分房政策的取消对城市土地利用、城市土地市场、城市空间形态等产生了重大的影响。另一方面，对城市管理者而言，旧有的管理方法与新形势的激烈碰撞带来的不仅是许多棘手和亟待解决的新问题，也创造了前所未有的发展机遇。这是一个历史性的机遇，谁抓得住、应对得当，谁就能在新一轮的发展中占得先机。

1.2.2 经济转型和城市化发展加速

首先是经济加速转型。我国经济体制与经济增长方式的根本性转变同时要求土地管理思维上的变革，一是土地管理方式要逐步从与计划经济体制相适应向与市场经济体制相适应转变；二是土地利用方式要逐步由外延粗放型向内涵集约型转变（郭小庆，2002；何晓玲等，2000）。各级政府在这个大的背景下，以提高城市运行效率为出发点，以提高土地利用效率、优化土地资源配置为目的，合理运用社会主义市场经济的宏观调控手段，提出了土地储备的土地管理新思路（黄贤金等，2001；贾生华等，2001；刘维新等，2001）。

其次是城市化快速发展。按照吴良镛先生的预测，到 2025 年中国的城市化率将由现在的 32% 左右增加到 55%，城市人口将由 3.9 亿左右增加到 8.7 亿左右（吴良镛等，2003）。也就是说，在今后 20 年左右的时间，城市的快速扩张趋势不可阻挡，而城市的扩张、人口的增加都需要土地支撑，国家和城市政府更多的需要用市场手段而不是行政手段来管理城市土地。

1.2.3 法律和政策背景

（1）土地管理的城乡二元制。我国实行城市土地的全民所有制与农村土地的集体所有制，这种政策设计决定了城乡土地存在结构上的逆差。一方面，农用地征补标准低于城市用地的拆迁补偿费用；另一方面，城市用地的利用有限性和农用地利用（特别是郊区）的相对无限扩大性，这种逆差是造成城市在发展程中选择外延式发展模式的内在驱动力。土地储备思路的提出就是希望通过政府的宏观引导，运用土地储备的调控手段，实现城市用地储备和郊区农用地储备之间的平衡协调。在城市用地中可以通过用地规划、用途调整、用地容积率提高、用地之间的空间置换等手段来实现集约化发展，防止城市建设用地在发展过程中一味地向郊区农用地征转，避免出现对农用地的圈地驱赶现象。

（2）土地所有权与使用权的分离。我国宪法规定土地所有权实行公有制，不允许买卖，因此，从这个意义上讲，所有的土地都是政府的土地储备，这是一种永久的土地所有权储备，政府保留对土地的永久所有权。但同时，土地所有权和使用权的分离使得单纯的土地使用权具有商品属性，因而土地使用权可以出让和转让。土地储备的运作就是源于法律赋予各级政府对土地使用权的储备，实现城市建设用地的统一管理、统一规划、统一运作并收取相关政府权益（陆一中等，2001；刘正山，2000）。土地使用权视同一种普通的商品，依法储备流转，充分运用各种市场手段来运作，并使土地资本得到显化；鉴于土地使用权又同时兼有计划性强、资金集结量大、社会影响面广等诸多特点，政府将土地使用权储备视为可以进行宏观调控的经济杠杆，不仅可以获取土地收益，而且对城市的协调发展和全面进步也必然产生深远的影响（沈正超，2001；王秀兰等，2001）。

（3）土地征购与出让的价格双轨制。按照我国目前的法律、法规和政策规定，经营性的土地使用权应当通过招标、拍卖、挂牌出让等方式出让，促进土地市场的"公开、公平、公正"和充分竞争，实现土地效益的最大化。但与此同时，我国特有的土地制度又决定了政府对土地的流转与利益分配上的绝对控制权，因此，所有的建设用地必须经过政府的立项、规划、用地选址、征地拆迁、工程建设许可等审批手续，建设用地单位土地征购全过程都体现强烈的政府计划性与宏观调控性。土地储备过程也是明显体现收购审批的计划性与出让价格的市场性双轨特征，这种双轨价格机制客观上形成土地供应与批租之间的价格落差。

1.3 土地储备产生发展的动因

1.3.1 城市土地资源优化配置的内在需要

土地是一种稀缺的资源性资产。随着人口增长、经济发展、城市化进程的加快，城市郊区的农业用地迅速向城市建设用地转变，城市内部则出现住房和环境等问题。如何在城市内部合理配置土地资源，确保城市土地资源的可持续利用，已成为社会经济发展不容忽视的重大课题（范恒山，1995）。

我国城市土地市场的形成和发展是1970年代末期在全国范围内开展的经济体制改革和对外开放的结果，其核心是实行土地使用权有偿出让、转让制度。其目标是通过建立高效、灵活的土地市场运行机制，促进土地产权流动，通过各用地者之间的公平竞争，变城市土地的无偿使用为有偿使用，促使城市土地资源和资产在空间上、时序上的优化配置和合理利用。经过20多年的改革实践，我国的地产业已经在整体上实现了长足的发展，充满活力的土地市场初步形成并逐步走向完善：地产业的规模迅速壮大；地产企业投资行为逐步趋于理性化；中介企业在新兴的土地市场中稳步发展；规避土地市场风险的能力逐渐增强；政府对土地市场的调控手段呈现多元化趋势；国家有关的房地产法律、法规趋于规范和完善。但与发达的市场经济国家开放的、完整的、竞争有序的土地市场相比，我国城市土地市场在发展中还有许多不完善、不规范之处，并严重影响了城市社会经济生活的发展，造成城市土地利用结构不合理、经营效益低下，导致城市中大量宝贵的土地资本闲置和浪费，并对国家的宏观经济产生不良的影响。随着改革的全面深入和市场化进程的逐渐加快，我国城市土地配置面临着许多迫切需要解决的重大问题，急需不断创新土地制度加以解决。

1.3.2 城市土地潜力增值实现的重要途径

城市土地开发通过政府、企业、组织或个人按照相关法律规定对城市土地进行塑造和再塑造以及为城市提供建筑物或其他活动场所的过程。我国规定经营性用地必须通过公开的土地市场招拍挂，因此土地开发的过程实际上变成了一个释放土地储备潜力的过程。城市土地储备潜力释放包括横向与纵向两个方面，分别通过新城区开发和旧城区改造实现。土地储备潜力横向释放主要表现为城市空间的向外扩张，使城市外围的原有农用地经过土地征用和转用转换成城市建设用地。这种转换从市场角度看，增加了可供出售的城市土地商品数量：一是宏观上增加了城市土地资产总量；二是由于土地使用性质的变化从微观上产生了被转用土地的增值；三是由生地（新征农用地）变熟地（"三通一平"、"五通一平"、"七通一平"等）的开发或对熟地进行再开发，促使土地的劳动价值量增加，间接提升了土地资产价格。土地储备潜力纵向释放的立足点，是城市土地利用结构的改造，其实质是改变城市土地商品的品质，在城市土地面积没有增加的情况下，微观区位上的土地获得增值，主要表现在以下几个方面：一是城市土地结构优化，城区中的工厂大批外迁，代之以商业用地的"退二进三"工程，提高了城市土地利用效益，增加了城市经济活力；二是与现在和未来经济社会发展、居民观念改变相适应的规划思想，如明晰的城市功能分区、与旧区不同的公共活动空间等，改善了城市环境质量；三是基础设施、市政公用设施的投入改善了城市社会经济环境质量，而环境质量的改善有助于增强城市土地的承载力、吸引力和辐射力，提高城市在区域中的地位，从而增加城市宏观地租。在土地供给稀缺的条件下，若贴现率保持不变，那么微观地租与宏观地租的上升将使土地增值成为一种必然。

1.3.3 提升城市运行管理效率的重要手段

城市运行管理，以城市发展、社会进步、人民物质与文化生活水平的提高为目标，通过市场机制对城市中的土地资本以及道路、桥梁等人力作用资本，路、桥冠名权等相关延伸资本实行重组、营运，改变原先在计划经济条件下形成的政府对市政设施只建设、不经营，只投入、不收益的状况，走以城建城之路（费广胜等，2003；杨继瑞，2003）。计划经济时代，我国的城市建设一般表述为"规划、建设、管理"，即"三环节"理论。但随着对社会主义市场经济规律的认识逐步深入，"三环节"说现已逐渐为"四环节"说即"规划、建设、经营、管理"所替代。在经济的转型期，城市经济的发展越来越倚重于城市运行管理的效率（杨重光，2003；张国平，2002；吴次芳等，2001）。

土地是城市的载体，是不可再生的资源。在市场经济条件下，城市运行管理首先必须搞好城市土地资本运营，即政府可以土地所有者代表的身份，围绕城市运行管理战略，综合运用经济杠杆和各种市场竞争手段运作土地资本，从而实现整个城市社会经济的协调发展和土地资本效益的最大化。在城市资产系列中，土地资源最应得到保护并高效合理地利用，追求土地效益最大化是土地开发利用所必须遵循的准则。政府将城市运行管理与土地储备进行融合：①能够促进"公开、公正、公平"土地市场的建立，实现平等竞争；②促进城市规划的实施，储备地块控制性详细规划的各项指标作为招标拍卖的公开条件向社会公布，从而有利于提高规划的透明度，也便于群众监督；③能够有效缓解拆迁矛盾，缩短开发周期，降低开发风险，准确预测土地投资回报率，经过土地储备运作，所供应土地一般为熟地，开发商通过竞标或竞投，一旦获得土地，既无拆迁之虞，又可较为准确地预测房地产开发周期，进而有效规避开发风险，获得预期的开发收益；④增强政府和土地投资者的市场经济意识，政府可以实现"以需定供"，土地投资者可以量力而行，从而全方位加速计划经济向市场经济的转型；⑤充分实现土地资产价值，使政府最大限度地获取土地增值收益；⑥制止土地投机，将开发商引入按市场规律操作的理性轨道；⑦推进城市产业结构调整，加快"退二进三"和"环保搬迁"步伐（潘琦，2000；邵德华，2003）。

1.3.4 中国特色土地制度的本质要求

我国城市土地制度具备如下四个特点。①主体的唯一性。根据我国的宪法和有关法律的规定，城市土地只能为国家所有，土地产权的唯一合法主体是国家，也可以引申为代表国家对所辖区域进行管理的城市人民政府。②交易的限制性。根据我国法律规定，土地所有权不能以任何形式交易。土地所有权的买卖、赠与、互易和以土地所有权作为投资，均属非法，在民法上应视做无效。③权属的稳定性。除集体土地因为国家征用可以变为国家所有外，土地所有权的归属状态不能改变。④权能的分离性。为实现土地资源的有效利用，法律需要将土地使用权从土地所有权中分离出来，使之成为一种相对独立的物权形态并且能够交易。这些特点决定了：国务院以及国务院授权管理本辖区范围内土地的城市人民政府对城市土地拥有绝对的控制权和规划权，凡按城市规划要求需进一步集约利用的土地均可以视同为政府的土地储备，而不论政府是否斥资事先收购。一般意义上的土地储备实质上是土地使用权的储备，政府收购的实际上是土地使用权。

中国特色的土地制度为政府在经营城市中充分运用土地储备提供了法律依据和保障，决定了城市政府可以而且必须对土地一级市场实施垄断。不仅城市的国有土地必须掌握在政府手中，而且属于农村集体所有的土地也只能由政府统一征用、统一整理、统一储备、统一出让。政府垄断了土地一级市场后，对规划用地先行储备，通过配套基础设施和优化开发环境，将生地养熟，然后以招标或拍卖的方式出让该地块的使用权，进而获得可观的收益。用活土地储备，可以走上一条经营城市的良性循环之路。

2 城市土地储备发展战略：南京的分析

2.1 南京城市土地储备运作现状

2.1.1 土地储备的运作主体

南京的土地储备运作模式与构架是基于政府主导、多部门协作的多层决策模式。储备机构的组织体系分三个层次：第一个层次是市一级的土地出让与储备领导小组，职责主要是制定有关政策和大政方针，对土地储备工作起着宏观决策作用；第二层次是市国土资源局，是土地储备体系的具体业务指导机构，涉及土地储备过程中征地、供地、底价制定、挂牌出让等相关环节；第三层次是市土地储备中心，是土地储备体系的执行机构，具体实施土地收购、储备、拆迁以及供应的前期准备工作。土地储备中心在储备运作中担当着双重角色：一是经过政府授权行使部分政府职能，如开展征地、拆迁等工作；二是根据市场经济规律充当企业角色，如土地储备融资、土地收购储备、土地租赁等运作。这种政府主导型的政府与市场相结合的土地储备机制，有利于政府对土地市场的宏观调控，平抑土地市场的供需关系，为旧城改造、基础设施更新等涉及公共利益的区域预储发展空间。

由于土地储备是个新生事物，南京土地储备事业在发展过程中形成了多头储备、多地域空间储备的格局，具有实际土地储备运作权限的主体分别为市土地储备中心、河西指挥部、仙林大学城和江宁等三个县改区的区储备中心以及溧水、高淳县级储备中心（图1）。多主体储备在地域空间和储备权限上存在一定程度的相互重叠，并在一定程度上影响了南京市整个土地市场的良性发展，不利于南京市土地市场整体、有序发展。

2.1.2 土地储备运作的基本特点

（1）土地储备运作主题多样化。老城环境整治项目以及各项市政重点建设项目借助于特殊的建设主题，对属于一定范围内的土地进行专项储备、捆绑运作，以期通过捆绑储备地块来筹措环境整治资金，平衡资金需求。如"地铁沿线环境整治"、"铁路沿线环境整治"、"中山陵园环境整治"、"秦淮河沿线环境整治"等，均在其沿线范围内储备土地，并与指定地块实行捆绑运作。实际上是"以地补路"政策的翻版与延续。

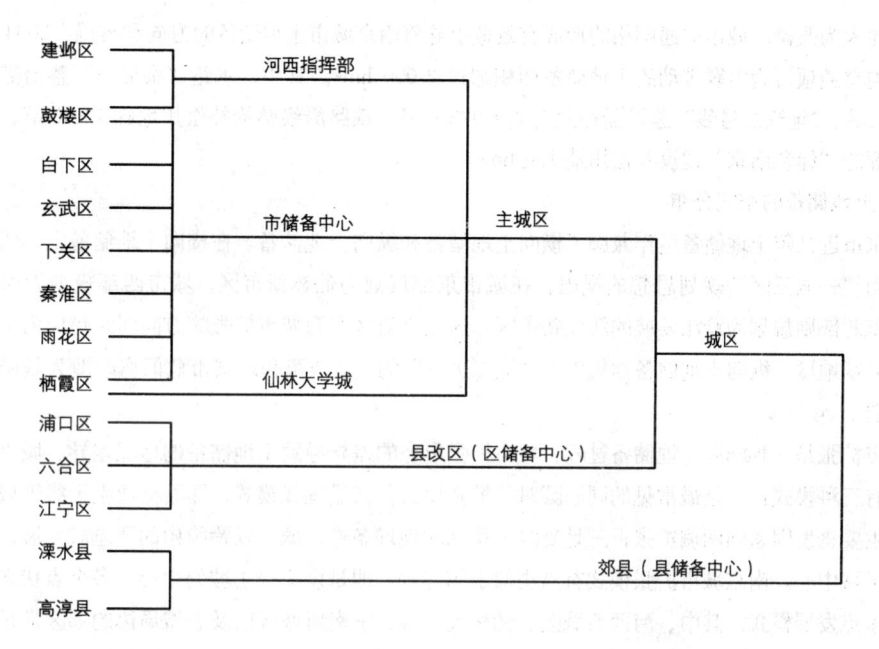

图1 南京市土地储备主体构架

(2) 土地储备收益分配多样化。目前土地储备收益的分配有多种渠道：①由储备中心运作，土地收益全额上缴政府财政，由政府财政统一调控；②由河西、仙林大学城运作主体自行运作，土地收益全额返还于新城区建设；③由土地储备中心运作，土地收益专项返还于特定项目，如"铁路沿线整治"、"中山陵园环境整治"等；④"三联动"、"退二进三"等支持企业改制，实施土地收益返还的专项土地运作。

(3) 政府对土地市场宏观调控的手段已经具备。经过多年的摸索，经营性用地，特别是住宅类房地产开发用地的土地供应计划管理逐步完善，土地储备规划、土地供应计划的贯彻执行情况越来越好，政府对土地市场宏观调控的能力也越来越强。对于经营性用地政府按项目被动进行供应的局面得到了彻底改变，政府宏观调控房地产市场的手段已经具备，条件已经成熟。

(4) 土地储备交通规划引导性显著。城市规划对城市土地储备的影响巨大，特别是交通规划的变更，往往对土地储备的引导起决定性作用。目前南京的交通主干道网络分为城市对外交通网与主城区交通网络。城市对外交通网随着沪宁、宁合、宁马、宁连、宁高、宁通、宁杭、宁宿徐、宁淮等高速公路的相继建成以及宁西、宁启铁路的陆续开工建成，"一小时都市圈"基本形成，南京市的对外交通条件发生了根本性的变化，与周围城市之间的联系更为紧密。主城区交通网络则以"经六纬九"为骨架，城市内部快速交通系统基本形成，伴随着南京长江二桥、玄武湖隧道的建成开通和地铁一号线、南京长江三桥等一批重大交通基础设施项目的陆续开工建成，城市内部交通系统更加合理，交通出行条件大为改善。城市交通网络的形成有效地引导着南京城市土地储备的方向和布局，2004年南京市以各类交通项目为主题带动的土地储备面积超过2 000 hm²。其中，水路"秦淮河"整治需补偿土地200 hm²、"地铁二号线"建设需补偿土地1 078 hm²、铁路沿线整治补偿用地约100 hm²、沿城际交通走廊的"绿色南京"建设补偿用地150 hm²。

2.1.3 土地储备的空间分布

南京市近几年土地储备运作兼顾了横向土地储备和纵向土地储备。在横向土地储备上，随着城市总体规划"一城三区"规划思想的提出，在城市东部规划为仙林新市区、城市西部规划为河西新城区、城市北部则规划为跨江发展的江北新市区。这三个新区作为城市扩张的方向同时也成为土地储备经营最活跃地域。纵向土地储备则集中在"退二进三"的企业改革和以城市危旧房改造为基础内容的旧城改造上。

城市扩张是一种横向土地储备过程，城市扩张形态的差异导致土地储备的地域差异。城市对外扩张一般有三种模式：一是最常见的同心圆对外扩张模式；二是轴线模式，即沿交通主干线等城市发展的线状主要诱发因素向两侧扩张；三是受限于特殊的地理条件，城市以跨障碍的飞越式发展，形成多个点状区域中心。南京城市扩张模式有点类似于第三种，即是以一个主城为中心、多个点状区域中心为辅的多点发展模式。其中，河西新城区、仙林大学城、宁南新城区以及老城周边的郊区带是南京新城区的发展重点，也是土地储备的重点对象，从里到外，形成一个跳跃式的储备扩张（表1、图2）。

表1 南京城市扩张及土地储备范围

区域扩张		所含区划	所含街道或区域范围
老城区		玄武区	绕城公路以内
		白下区	绕城公路以内
		鼓楼区	城墙内
		秦淮区	绕城公路以内
		下关区	长江南岸线以南
新城扩张	江北新区	浦口区	泰山街道、沿江街道、顶山街道
		六合区	原大厂镇
	河西新区	鼓楼区	龙江街道、江东街道
		建邺区	全区
	仙林新区	栖霞区	大学城
		江宁区	麒麟镇、汤山镇
近期储备		江宁区	全区（除麒麟镇、汤山镇）
		浦口区	全区（除泰山、沿江、顶山街道）
		六合区	全区（除原大厂镇）
远期储备		溧水县	全县
		高淳县	全县

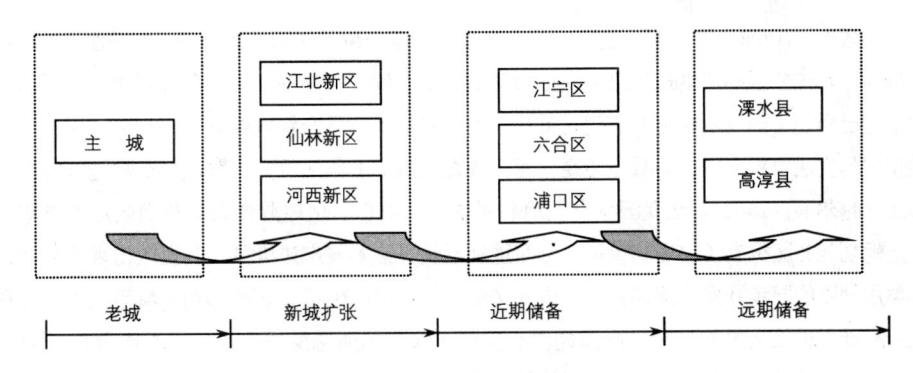

```
┌─────────┐ ┌─────────┐ ┌─────────┐ ┌─────────┐
│         │ │ 江北新区 │ │  江宁区  │ │  溧水县  │
│   主 城  │ │ 仙林新区 │ │  六合区  │ │         │
│         │ │ 河西新区 │ │  浦口区  │ │  高淳县  │
└─────────┘ └─────────┘ └─────────┘ └─────────┘
    老城       新城扩张      近期储备      远期储备
```

图2　南京市城市扩张线路图解

2.2　土地储备发展的战略取向

2.2.1　合理引导城市空间向外扩展

城市边缘区是处于内城区外围的一个区域，其结构的演变侧重于"向外扩展"，处于一个由未成型到成型的发展过程。城市土地储备对边缘区空间结构演变的作用重点在于引导其沿着科学合理的轨迹发展。

（1）整合基础设施建设与城市形态。城市基础设施建设与土地空间开发是城市经营的两个侧面：一个负责投入，一个负责产出，城市基础设施的修建可以推动土地价值的增值（邵德华，2003）。原有体制下，城市基础设施的投入同土地价值的增值是相互分离的。基础设施建设的利益往往无偿转移到土地的原有使用者身上，因而城市土地的"先占原则"使得基础设施的外部经济性和储备土地增值潜力无法直接实现，政府投入与产出无法实现互动，削弱了城市政府基础设施投资的积极性，城市边缘区空间结构也因基础设施建设的缺乏而呈现杂乱无章的状态。城市外围的基础设施往往因此分为"城建管养"与"交通管养"，不仅建设主体积极性严重缺乏，甚至建好后管养不善。城市土地储备制度的建立能够使城市有效实现网络发展策略（安德森，1982；黄泰岩等，1999），即城市首先要具备呈网络状分布的基础设施，如道路、上下水管道、电力线网、学校网络等，非政府城市发展行为会根据这些服务设施的情况在网络的空隙处繁荣起来，而不需政府的过多干预，进而对城市边缘空间结构的塑造进行有效的引导，协调城市基础设施建设与土地开发关系。城市边缘区土地大都是由农用地转变而来的，为使基础设施投资能够得以有效的内部化，土地储备机构可以抢先对规划建设基础设施相应范围内的土地进行征用，并组织前期开发，使其由生地转为熟地，待地价增值之后再投入市场，从而取得土地增值收益，实现良性循环。政府在土地储备中占据主动，可以有效引导开发商按照规划实施开发行为，从而避免出现"政府追随开发商"式的被动开发状态。

（2）适度混合利用边缘区土地。城市土地的混合利用，要求在城市某一特定区域内具有多种功能的土地利用。城市边缘区的设施密度相对中心区要低，设施服务半径相应增大，因此，消费者享受服务的时间成本、交通成本相对较高。过于强调土地功能分区，将会导致基础设施需求上升、城市活力丧失等负面效应（Alonso，1964）。这一问题已经引起了越来越多的国外大中城市的关注。美国城市土地利用规划对功能分区的严格规定已呈现出放宽的势头（Lee，1989）。土地混合利用战略中的工作与居住的平衡已引起了国外政府有关部门的重视。英国密尔顿凯恩斯新城规划中，规划小组在综合考虑了用地规划与交通组织之后，为减少通勤交通，最终选择了工作岗位完全分散、土地适度混合利用的布局形式（鲍尔等，1981）。在我国城市土地利用中，受中心区用地混合布局负面效应的影响，城市边缘区土地功能分区得到了较高的重视。然而过犹不及，诸多城市边缘区、开发区出现了功能过于单调或各类用地不能同步开发等问题，对城市人文化、生态化产生了一定的影响。城市土地储备在按照城市规划有计划供给土地的同时，应当建立有效的土地市场信息反馈机制，以及时调整土地供给计划，在土地功能合理布局的前提下，保证相关功能设施的配套建设。

（3）改善城市边缘区社会生态环境。随着城市居民生活水平的提高，对居住生活的品质要求也在不断提高。亲近自然、回归自然，正在成为越来越多城市居民的追求目标，城市郊区化浪潮应运而生。城市交通、通讯技术的快速发展，为城市人口向边缘区分散提供了良好的前提。国外城市空间结构模式以及现实表明，城市边缘区内相当一部分土地属于中高阶层住宅用地，其对区域社会、生态环境的要求较高。从我国大城市住宅开发空间布局演变来看，城市边缘区正在逐渐成为中高收入阶层偏好较强的区域。近年来，南京市江宁地区的Townhouse、连排别墅、高档别墅等独立式住宅受到了市场的青睐充分地说明了这点。城市土地储备应在引导边缘区城市功能向交通节点集中的同时，保留交通节点之间可达性较低区域农用地的性质，改善城市生态环境。此外还应把人们直接带到城市外围郊区，并为户外活动，如徒步、旅行等提供了场所。城市土地储备还应以部分土地征转用的增值收益对都市农用地的发展进行补贴，以缩小农业用地与城市用地的价格差距，抑制农业用地滑入城市土地市场。

2.2.2 调整优化内城区的空间结构

目前，我国大多数城市内城区都存在着土地利用结构不合理、空间布局混乱的问题。随着经济全球化、开放化程度的增强，各城市都在致力于提高自身的综合竞争实力，内城区空间结构调整也因此日显必要。城市土地储备应通过以下途径对内城区空间结构的调整发挥有力的推动作用（李兵弟，2003）。

（1）增强城市CBD功能。城市土地利用空间模式显示，城市中心区土地区位最优，一般适用于发展金融、商业、酒店、办公等高盈利性行业。随着城市由以制造业为主导的"工业时代"向以服务业为主导的"后工业时代"的转型，城市的商务、零售、娱乐、休闲功能将日益突出，中心区独特的建筑环境、传统历史文脉、浓郁文化氛围孕育了这一区域的巨大发展潜力。为了使这些发展潜力得以实现，须对现有的土地利用结构以及空间布局加以调整。我国城市内城区行政划拨用地的大量存在，极大地阻碍了市场机制调节作用的发挥，政府干预也因此显得更为必要。土地储备结合市场与政府两类调节机制的优势，有利于促进中心区土地利用结构的合理化。土地储备利用统一征购权，通过收购、收回、置换等途径，对划拨土地及闲置土地进行统一收购。在此基础之上，依据土地利用规划，进行土地整理开发，重新确定土地用途并供应市场，竞标租金高的商业在这一市场中具有较大的优势。资料显示，南京市新街口CBD商业用地价是同类地区住宅用地地价的3倍，根据土地高效利用原则，在中心区发展商业、写字楼、酒店、服务式公寓等物业，无疑会大大提高土地的单位产出。

(2) 优化旧城用地结构。首先是进一步促进城市"退二进三"。城市经济的快速发展，加快了产业升级换代的步伐，第三产业已逐渐在城市的内城区占据主导地位。产业结构的调整必然带动城市用地结构的调整，工业用地成为城市用地调整的重要考虑对象。随着城市空间结构向外扩展，土地经济区位也在不断演替。城市内城区现状工业用地逐渐变得不再适合于发展工业，从而产生了工业企业外迁的压力。城市土地储备可以运用级差效益特性，推动工业企业外迁以降低土地利用成本，同时，改变原有土地性质，提高土地资源利用效率，降低土地收益的流失。

其次是进一步完善内城基础与公共配套设施。城市基础设施建设滞后、公共设施用地比例偏低，是束缚我国城市内城区发展的主要因素之一。国际上城市用地分类与规划建设用地标准，道路广场用地一般占8%～15%，城市绿地占8%。南京道路广场用地占城市总用地8%，绿地占7.5%，这些用地供给不足，是目前市区交通拥堵、空气质量差、公用设施缺乏等的直接原因，从而直接影响到城市的可持续发展，与"生态城市"、"人文城市"等理念更是相去甚远。土地储备机构作为隶属于政府的非盈利性机构，在进行城市土地储备运作中，应优先安排城市道路、广场与绿地的用地和建设。

2.3 土地储备发展的战略目标

2.3.1 促进并优化城市产业结构调整

南京主城是全市居住生活的中心，但是更重要的是要通过主城用地调整，提升城市整体功能（王炳毅，2003）。要增强南京作为长江下游重要中心城市的功能，加强商贸流通业、科技创新服务和现代化服务业功能，适当发展一些都市性的无污染、高附加值工业，以适当解决主城区居民的就业，减少通勤对流问题。而新兴的市场流通业、金融保险业、旅游业、科技服务业、教育产业的发展都将对用地提出一定的要求。这些用地除工业外全部表现为公共设施用地（行政办公、金融商贸业、文化娱乐、体育用地、医疗卫生用地、教育科研设计用地）。随着今后第三产业的加快发展和就业比重的增加，需要通过土地储备满足这些新增建设用地的需求，从而促进城市产业结构的优化调整。

2.3.2 适应现代化发展及人居生活的需求

现代化的城市在人口和土地规模不断扩大的同时，对于城市设施服务水平和环境质量的要求日益提高，主要体现在高绿地率、高道路面积率和较多的公共设施用地比率，同时人均居住用地也应逐步增加。因此，土地储备在严格控制住宅用地总量增加的前提下，应注重提高住宅用地的容积率、增加绿地面积，提高居住环境质量。公共设施用地以及绿化用地应在空间分布上形成从大区域的服务功能到小区的服务功能不同规模、不同服务范围的空间体系和等级系统。道路交通基础设施应适当超前发展，以适应未来发展的要求。

2.3.3 实现经济、社会和环境效益的协调发展

在一定的技术经济条件下，适度进行土地利用潜力拓展将有助于降低单位土地面积的固定投资，提高开发的经济效益。土地储备应在经济结构调整中扮演重要角色，其潜力拓展要发挥土地的经济效益，促进房地产的发展，带动城市第三产业的发展，同时也要推进土地资源的优化利用，体现土地的级差地租。南京土地利用潜力拓展重点是城区一些工业用地实现空间置换，用地置换一方面为国家带来土地收益，另一方面盘活了企业最大的存量资产。土地储备运作过程中，也应通过土地置换调整土地利用结构，将城市有污染的第二产业用地置换为第三产业用地，净化城市环境。土地利用潜力拓展时应考虑城市环境容量，根据环境质量等级实行分级控制，对于污染地区的居住用地实行低容积率、低密度控制。另外，土地储备运作应创造宜人的人居环境。南京市老城区具有人口密集、功能混杂、危旧房多、土地级别高等特点，土地利用潜力拓展对于一些低层高密度住宅区的挖潜改造，在提高土地使用强度的同时，应能有效完善基础设施，改善周边环境，提高居民居住质量。土地出让过程中，应通过土地出让条件的公开促进规划的公示与监督，对于城区内风貌保护区、古城格局、历史文化保护区明确保护范围，规定建筑容积率，严格保护历史文化名城，塑造环境优美的城市形象。

2.3.4 促进土地要素配置的市场化

从南京市城市土地储备运作的实践来看，土地市场的发育对于城市社会经济要素的合理配置具有显著的导向作用，不同区域城市社会经济要素的构成结构、集中程度与人们对于该区域土地价值的认同程度有很大的关系。城市土地要素配置的市场化，可以使得这种认同得以充分表现，并据此推进和实现城市社会经济要素的合理流动和优化配置。南京在做强、做大、做优、做美、建设南京都市圈、提高南京作为全国区域性中心城市地位过程中，将进一步增加对于土地的需求。未来南京在城市土地储备运作过程中，要加大城市土地使用制度改革的力度，加快建立统一、完善、公开、公平、规范、有序的土地市场，大力推行土地招标、拍卖供应，建立起城市土地的市场化配置机制和城市土地价格的市场化形成机制，促进土地资源的优化配置和集约作用。规范政府的土地出让行为，确保国家土地所有权在经济上得到实现，真正使城市土地收益成为城市建设的重要资金来源。

2.3.5 强化政府调控一级土地市场的职能

要通过土地收购储备增强政府调控土地市场和经济发展的能力（李志明等，2003）。城市土地储备通过征用、收购、置换、转制、收回等方式，从分散的土地使用者手中把土地集中起来，并统一组织进行职工和居民的安置、房屋拆迁、土地平整等一系列土地整理工作，将土地储备起来，再根据城市规划和城市土地出让年度计划，有计划地将土地投入市场。其主要目标是通过政府垄断土地一级市场供应，增强政府对土地市场的调控能力，有序挖掘城市土地利用潜力，防止土地收益流失，规范市场秩序，把城市地价水平调控在一个合理的水平上。在具体土地储备运作过程中，应明确城市土地储备制度的功能定位，按照储备制度应达到的目标，采取相应措施解决实践中的问题。如采用招标、拍卖的方式是为了增加交易的透明度，规范一级市场行为，而不仅仅是为了提高地价。

2.4 土地储备发展战略实施的重点措施

2.4.1 统筹土地收购

根据我国各城市土地收购储备的不同运作模式及其实践效果，结合南京市区域位置、经济发展、土地利用、房地产市场等方面特点，认为南京应当建立政府主导型的城市土地收购储备制度。其必要性主要体现在以下三个方面。

(1) 市场机制作用的不完全性决定了政府行政干预土地市场的必要性。由于土地具有不可移动性、数量不增性、不可再生性等特征，决定了土地资源配置过程中市场机制作用的不完全性。而且土地一旦已开发投资，确定了用途，再要改变用途仅靠市场机制是十分困难的。在市场经济条件下，各种社会势力力求控制资源与谋求利润，城市土地作为有限的重要资源，成为各利益集团争夺的对象，导致只顾个别企业的近期利益而置全体市民长期利益于不顾以及土地投机、用地混乱等弊病的出现。然而，市场本身无法产生一个合理有效的土地使用机制，无法做到既能在短期内解决对空间的合理的要求，又能满足未来长期发展的需要；同时，土地是人类赖以生存的有限资源，政府部门必须要参与土地的分配，在再分配过程中对近期和远期的要求进行平衡，对不同利益集团之间进行平衡。因此，如同社会主义市场经济仍需要一定的政府宏观调控来保证经济正常发展一样，对于城市土地更需要政府的行政干预保证其合理使用。

(2) 政府主导型是确保城市土地收购储备制度社会经济目标实现的必然选择。建立城市土地收购储备制度的主要目标是规范土地市场，盘活城市存量土地，服务国企改革，增加城市土地经济供应，确保国有土地资产保值增值，落实城市规划等诸多社会经济目标。要实现这些目标必须要有一定的政府强制性行政权力；否则，就无法实现这些目标，建立城市土地收购储备制度的意义和作用也无从谈起。因为，如果以市场机制为主导运作，土地收购储备机构实际上是一个完全意义上的土地开发公司，与一般房地产开发公司没有本质差别，其在运作过程中也只能完全以公司利益作为自己的经营或运作目标，土地收购也纯粹就是遵循市场经济条件下的自由买卖关系，其与收购单位或个人一样是两个平等的经济主体，是否收购及收购价格等方面则主要通过双方在遵循有关法律法规的条件下进行自由协商。因而这样的城市土地收购储备将很难实现建立城市土地收购储备制度的诸多社会经济目标。事实上，一些城市的实践也证明，基于市场主导的城市土地收购储备制度存在着天然的弊端。因此，只有政府行使现行法律框架下赋予的强制行政权力，才能确保建立土地收购储备制度社会经济目标的实现。

(3) 政府主导型是政府行使城市土地国家所有权权能，确保国有土地资产保值增值的必然要求。我国实行城市土地国家所有的土地制度，由国家代表全体人民行使土地所有权，城市政府受国家委托代理行使各城市土地所有权。在市场经济条件下，土地所有权理应在经济上得以体现，为保证土地所有权权益不受损害，作为城市土地所有权代表的城市政府就必然要参与土地市场，以维护所有权权益。城市土地收购储备涉及城市土地产权及利益主体的重大调整，为确保国家土地所有权收益不流失，城市政府必须一方面要以城市土地所有者身份参与土地收购全过程，另一方面又要以社会管理者身份维护市场秩序。因此，建立政府主导型的城市土地收购储备制度，是维护国有土地收益不致流失，确保国有土地资产保值增值的必然要求。

2.4.2 多方式多途径筹集土地储备资金

资金与土地是土地储备运作的两大支柱，土地储备的运作过程实质上是一个"地"与"钱"的转化过程，所以土地储备需要巨额资金。要建立城市土地征购储备机制就必须具备有效的融资方式。目前，南京市土地储备资金来源主要是商业银行贷款，融资渠道单一，贷款利率高，期限短，与储备资金运用存在时间、期限上不匹配。而且由于贷款规模巨大，使土地储备运作随时面临较大的财务风险。应当扩大融资渠道，多元化获取土地储备资金。另外，在资金管理上应当考虑储备中心的自我发展，逐步提高土地储备过程中的自有资金的比重，从根本上控制财务风险。

(1) 要进一步充实土地收购储备专项资金。除在实施土地收购初期由政府给予必要的资金支持外，财政每年都要从年度储备土地出让净收益中划出不少于20%的资金充实土地收购储备专项资金。

(2) 要尝试建立土地基金。土地储备机构没有银行的贷款不行，没有自己的基金更不行。土地储备机构只有掌握充足资金，才能实现土地统一整理，才能垄断土地一级市场，才能将土地招标拍卖继续深入地开展下去，才能实现成倍的土地收益。由于土地整理需要时间和资金，而所需的资金又和时间成正比，在垄断土地一级市场的前提下，资金的投入和产出也成正比。周期短、额度小的商业银行贷款显然是完不成这个任务的。建立土地基金是完全必要的，也是非常迫切的。土地基金是一种与市场经济相适应的土地管理制度、管理方式和运行机制的集合。土地基金可由市政府牵头建立，各区政府成立分支机构，形成统一的网络，以支撑和满足全市日趋完善的土地储备整理出让机制的需要。土地储备机构的自有资金源于两个渠道：一是政府在土地储备机构成立时注入的启动资金和土地出让金收益中政府划出部分进入土地储备机构的自有资金；二是土地储备机制运作过程中产生的收益按一定比例分成所得，自有资金在土地储备机制的运作中不断地滚动，积累壮大，为当地政府筹集城市建设资金储备机制运作的收益在经收购、储备、整理、加工后的土地推出后实现。这部分的收益须扣除取得土地的成本，征地、收购、拆迁的费用，加工土地的成本，配套设施的费用，土地整理的费用，银行本息，运作成本最终形成净收益后方可在土地基金和土地储备机构间按一定比例进行分配。净收益可按两种方法进行分配，按土地基金和土地储备机构自有资金量所占比例进行分配，按土地基金确定的收益率进行分配，即扣除土地基金的收益后，剩余部分即为土地储备机构的收益。土地储备机制的运作以市场机制进行运作，收益可能为正值，也可能为负值，存在经营风险，需由土地储备机构和土地基金组织共同建立完善的风险防范体系和资本运营体系。

(3) 推行土地证券化。所谓土地证券化，就是以土地收益或者土地贷款作为担保发行证券的过程。土地证券化属于一种金融创新，它的根本目的是为了融资，即创造一种信用高、流动性强、对许多类型投资者都具有吸引力的证券。土地证券化按照担保标的（即投资标的）的不同，可分为以下三种类型：以土地抵押贷款为担保；以土地项目贷款（无抵押）为担保；以土地资产收益为担保。第一种证券一般称为抵押担保证券（mortgage-backed securities，MBS），而将后两种证券称为资产担保证券（asset-backed securities，ABS）。前两种证券的发起人（融资主体）是金融机构，可称为金融机构主体土地证券化，而第三种证券的发起人一般是土地所有者或土地使用者，称为权益人主体土地证券化。土地证券化对土地权益人来说，是一个融资过程，它拓宽了融资渠道，降低了融资成本，同时融资金额也是其他融资手段所难以达到的。对银行来说，土地证券化可以使其尽早收回土地贷款，既增加了资金的流动性，又减少了土地贷款的风险。对投资者而言，土地资产收益较高，流动性低，投资额大，中小投资者难以直接进行土地投资，而土地证券化就可以满足中小投资者投资土地的愿望。

3 城市土地储备规划：南京的实践

3.1 规划的指导思想与原则

3.1.1 规划的指导思想

（1）以城市规划为主导。城市规划在土地储备中的作用是纲领性的（盛洪涛等，2004；沈文武，2004）。①城市规划限定了城市土地用途，引导土地储备的基本规模和方向。城市规划对城市发展的方向和开发时序的规定，为城市土地储备方向、储备规模提供一种基础性的依据。城市的扩展方向，即今后城市外围的农村集体土地应按照何种规模与方向转化为城市建设用地，这是土地储备最应当了解与遵循的，它对今后土地储备运作目标将产生至关重要的影响，它决定了土地储备的方向。②城市规划明确了土地开发性质和开发强度。城乡规划在总体规划中，对土地使用性质所做出的是一般性的规定；在城市规划控制性详细规划中，则对地块使用性质做出具体的、详尽的、带有指标性的规定，这样既保证了城市规划的有效实施，也对土地储备规划比较准确地核算各地块的效益提供了技术指标。③科学的城市规划可以有效提高土地使用价值，提升土地储备的资产质量，增加城市政府经营土地的经济效益。

（2）注重社会公平。从理论与技术层面以及经济的角度看，城市规划和土地利用规划是与土地储备最直接相关、相互影响最重要的因素。但由于土地同时是最重要的生产要素之一，土地储备直接剥夺了原有土地使用权人的土地或房地产权益，所以从社会角度看，土地储备规划必须分析城市的国民经济发展计划，合理储备与配置土地资源，特别强调土地储备中的"兼顾公平"问题。土地储备规划在合理安排经营性用地的同时，也应当适当安排经济适用住房或中低价商品房用地，来适当满足社会不同阶层的需要。要通过土地储备杠杆，调节社会不同阶层人群的收益分配，缓解社会矛盾，促进社会的全面、协调与可持续发展。

（3）注意时间布局与空间布局相协调。空间布局上土地储备发展方向应该与城市规划的方向相适应、相协调，以保证合理用地，依法用地，节约用地（巢福群，2003；席一凡等，2002）。至少有八类土地应该明确纳入土地储备：一是为实施城市规划批准的农地转用，特别是城市重大基础设施周边的可转用农用地；二是城市更新中的需要提高利用强度的土地；三是需要改变土地性质的土地；四是城市长远发展需要使用的土地；五是公路、铁路、机场、矿山报废的土地；六是单位破产迁移停止使用的行政划拨的土地；七是在土地有偿出让约定合同届满，土地使用者未经批准而收回的土地；八是政府依法收回的限制土地和土地使用者向政府交回的土地。反过来理解就是，不符合城市规划的土地不要储备，超过用地规模的土地不要储备，不具备开发建设条件的土地不要储备。对于能够保证城镇空间结构形态的一些区域性绿地、环境生态空间用地的，可以通过相关法规予以保留和保护，可以纳入广义储备用地范围内，在具体地块的土地储备运作中逐渐消化。

时间布局上应当"动静结合"、"远近结合"。城市规划决定了土地储备的价值量和规划方向，国民经济发展计划决定了土地储备的着力点和平衡点。由于土地用途转变的相对不可逆性，要求在编制土地储备规划时，一定要注意"动静结合"与"远近结合"。动静结合是横向空间的概念，要求在一定的时间段根据国民经济发展计划、城市规划，结合城市建设的实际需要，决定哪些储备土地可以运作，哪些储备土地运作的时机还不成熟。可以运作的土地就必须纳入当年的土地储备计划，"动"起来；暂时不宜运作的土地就先控制住，让其"静一静"。动静结合强调"因地制宜"与"合理用地"。远近结合是纵向时间的概念，要求对某一特定的区域根据当时的生产技术水平、宏观经济发展形势，结合地方经济利益需要，决定储备土地应该何时启动、应该运作到何种程度。南京河西地区在城市长远规划中是城市新的CBD，但现阶段的基础设施条件、商业繁华程度、公共配套服务设施等还不足以支撑这个新的CBD存在，可以先将该片区土地储备起来，先配套一点临时性的、低密度的商业设施，适度运作，既可收回部分投资，又有利于对该片区土地直接控制，降低长远规划实施的政策风险。远近结合强调"审时度势"与"集约用地"。

3.1.2 规划的原则

为达到储备的综合和长远效应，城市土地储备规划应遵循三个原则。

(1) 土地储备先于城市规划调整的原则。城市规划的调整必然会同时导致个体经济利益的调整。南京作为城市规划与土地管理分开设置的城市，土地储备被纳入土地管理序列，不可避免地会存在与规划衔接上的时间差。精明的开发商就会依据城市规划对具备增值潜力的区域先行圈占。为防止类似现象出现，政府就必须运用土地储备功能，先行储备城市规划拟调整地块，来削弱这样的先占原则，从而使政策面调整的经济利益更多在政府掌握控制中。因此，必须坚持规划管理与土地管理的有机统一，强调在土地储备规划方案的制订过程中，建立起城市规划的介入和参与机制，以发挥城市规划的基础性作用。

(2) 政府主导原则。城市规划和土地储备都是政府对空间发展有效调控的手段，城市规划中政府调节的作用更强一些，土地储备中市场调节的功能更优一些。城市政府担负着城市经营不可推卸的任务，同时也具备着其他经营者不可比的经营手段和收回的土地。可以说，这也是一个开发商与政府博弈的过程，但这个博弈过程中，政府无疑具有不可比拟的优势，因为决策信息对决策双方是完全不对称的，政府拥有信息的调研与发布权，开发商则完全处于被动的地位。所以土地储备规划应当充分发挥政府的主导作用，最大限度地发挥土地资产效益。

(3) 可持续发展原则。城市土地是城市存在和发展的基础，是城市人口及其社会经济发展的物质载体；城市土地还是十分稀缺和不可再生的资源。可持续发展是人类共同选择的发展道路，也是我国现代化建设的重大战略。城市在可持续发展中占有非常重要的地位，坚持可持续发展也是现代城市发展的基本战略。城市可持续发展的本质，就是以保护和合理利用自然资源、保持良好的生态环境为发展基础，实现城市经济和社会的持续发展。因此在土地储备规划中体现保护和合理利用城市土地资源是城市可持续发展的基础和重要环节，这就要求土地储备规划重新审视过去的经营方式，树立可持续发展观。城市发展适当超前是必要的，但脱离了其自身发展规律的超前，将造成社会财富的极大浪费，也将影响城市的进一步发展，欲速反不达。因此，在开展城市土地储备规划时必须量力而行，不能片面追求经济利益而忽视社会效益和环境效益，土地储备运作既要使土地资产价值实现最大化，为城市基础建设提供源源不断的资金支持，又要进一步优化城市土地利用结构，提高城市土地利用集约化水平，促进城市产业结构和经济结构的调整；同时要兼顾国家、社会和个人的利益，将土地储备运作的经济效益、社会效益、环境效益结合起来，使城市经济和社会得到可持续发展。

3.2 规划的策略

土地是一种特殊的资源，土地储备规划既包含资源配置的数量分配，还包含空间布局，它是土地储备规划的核心。土地储备规划要根据社会经济未来发展的需要，从区域位置上对土地资源进行总体优化布局，切实促进土地资源的有效利用和生态环境的保护改善。土地储备要与经济发展水平、目标、经济结构和产业结构及其规模相适应，规划布局的用地规模、用地结构要有较大的弹性余地，变"封闭型土地储备"为"开放型土地储备"，更好地适应经济建设的变化。

(1) 树立动态的土地储备规划时空布局理念。要改变过去静态地面向终极的规划模式和观念，树立动态和发展的观念。积极关注经济发展和城市建设的发展方向，并反映到土地储备规划上来，适时地调整储备规划布局结构和规模，使土地储备时空布局在发展中逐步得到合理完善。那些对城市发展有重大影响的布局因素如对外交通、内部道路结构、大的功能分区结构、城市的发展方向等要审慎地研究，规划得尽可能细致和严密，并作长远考虑和安排。对远景规划的实施年限和城市用地规模要留有一定余地，不要定得过死。而对那些对总体布局影响不太重要的局部因素，可以规划得粗一些，多创造出一些灵活性以增强土地储备规划的适应能力。

(2) 土地储备以网络化发展为目标。依附于交通网络干道，以交通引导土地储备规划，以主城区为区域城市结构的中心，以井状城市主干道、环状绕城公路以及对外辐射状的高速公路为发展主轴，沿主要交通通道进行土地储备的城市空间的线性梯度推进。通过交通网络空间分析（段杰等，2002），拟合优化交通网络与城市总体用地发展规划和土地储备规划之间的关系，以城市发展为土地储备规划依托，以交通网络为土地储备实施导向，密切城市地域间的时空联系，优化"葡萄串"式城市土地布局，突出区域内各级中心城镇的辐射与聚集作用，促进区域网络化城市布局结构的形成和土地储备的时空联系。

(3) 土地储备规划要有利于区域整体化和均衡发展。区域经济整体发展和资源的合理利用，依赖于区域内各项建设投资和产业空间布局上相互平衡与互动。土地储备规划要引导区域经济的协同发展和资源的合理利用、合理布局，使城市中心充分发挥经济中心的辐射与联动作用，以土地带动周围地区的城镇经济发展。土地储备要引导区域内城镇有序扩张、发展，缓解与区域生态环境空间保护的冲突和矛盾，促进区域可持续发展。

(4) 土地储备规划要满足城市公共利益的需要。要根据国民经济发展计划和城市总体规划，及早储备土地，保证重点项目及时用地、保证城市按计划扩展、保证经济健康快速增长；要利用城市土地的级差效应调整城市用地结构，提高土地的利用效率，优化土地利用结构和空间布局，并合理配置必要的公共设施和绿化用地。土地储备规划中，除对城市用地进行适建性评价外，还进行经济性评价，注意发挥土地的经济效益，同时也还要统筹考虑社会效益和环境效益，以利于城市的长远发展为前提和最终目的。

(5) 土地储备规划要服务于房地产业的发展，并对其进行宏观调控。土地储备在地域空间上与房地产业的空间分布、区域发展趋势息息相关。房地产的区域发展方向在一定程度上表明了今后土地储备的空间方向，但是土地储备既要做到服务于房地产业的发展，又要做到土地储备先于房产地开发，做到未雨绸缪，强化对房地产业发展的宏观调控。土地储备规划要对城市社会经济的近期发展目标、经济结构的变化趋势进行深入的研究以求得准确掌握近期内城市发展对城市用地的需求量和需求结构，分析预测每年房地产市场对各类城市用地的需求量，确定可供出让的城市土地面积和地块分布，确定土地出让的分期程序以及土地的投放量和储备量，协调好城市基础设施的建设布局，借此加强对房地产发展的宏观控制和引导，为其合理发展提供服务。政府储备一定量的土地后，可以通过控制土地供应调整土地市场供求关系，平抑或抬高地价，通过市场优化配置土地资源，缓解国民经济内部发展不平衡的矛盾。

3.3 规划的技术流程与结果

3.3.1 规划的技术流程

土地储备规划的空间选择与布局是一个极其复杂的系统工程，涉及城市地理学、城市规划学、空间分析学、信息系统学、经济学、社会学、统计学等多个学科，需多种理论方法综合应用。本研究在进行南京市土地储备规划时，首先利用统计方法分析预测南京市的社会、经济、环境、资源的承载力，进而预测土地需求总量和土地储备潜力；其次应用遥感影像判读、GIS 空间叠加分析技术，对南京市土地利用现状和发展趋势进行空间立体分析；然后对成本、收益及资金投入运作等土地储备影响因素进行测算分析；最后对南京市近远期的土地储备进行规划，并制定土地储备近远期投放时序。具体技术流程见图 3。

城市土地储备研究 51

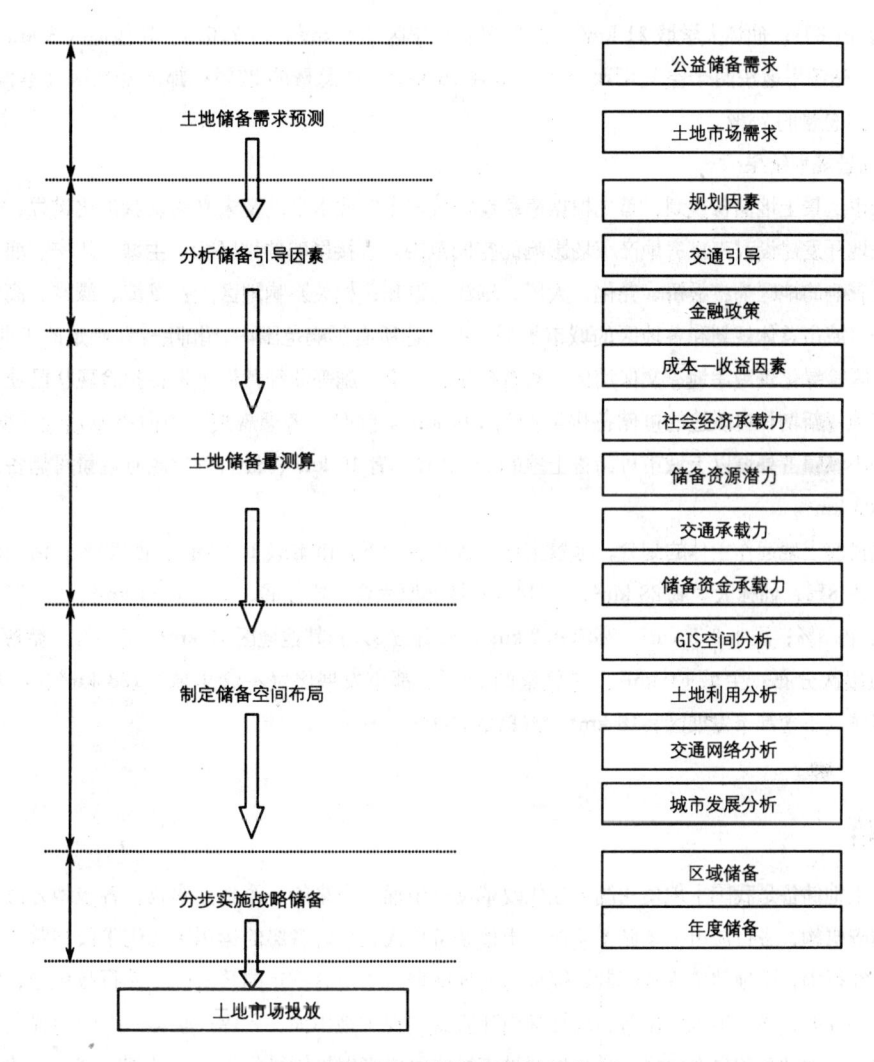

图3 南京城市土地储备规划的技术流程

3.3.2 近期规划结果

按照"宽进严出"、"先进后养"的规划原则,考虑到储备土地养地、运作需要一定周期,出让土地与土地储备量按照1:4的比例计算,年储备土地量为20 km² 左右。考虑到实际出让土地中,老城改造和环境整治等部分非盈利性项目需要,实际储备与出让土地还需要在每年的年度计划中,根据出让地块的具体情况进行进一步的分析后才能确定。根据南京城市总体规划以及未来5年城市开发建设计划,结合实际土地储备的操作可能性,规划可供未来5年储备的土地为98 km² 左右。

按照目前土地运作主体的划分,近期土地储备构成如下:市本级54 km²,占55%;河西新城区

7.7 km², 占8%; 仙林大学城21 km², 占21%; 江宁区7.4 km², 占7.6%; 其他地区8 km²左右, 占8.4%。储备用地按两个空间层次分布: 主城26 km², 占总量的27%; 都市发展区(不含主城) 72 km², 占总量的73%。

3.3.3 远景规划结果

南京市远景土地储备规划,首先根据南京现状城市化发展水平以及未来南京城市化进程,分析测算远景土地开发建设对南京房地产市场影响的空间范围。直接影响的地区为: 主城、江宁、浦口、仙林; 间接影响的地区为: 板桥、尧化、大厂、珠江、雄州; 相关影响地区为: 龙潭、溧水、高淳; 其次依据南京城市总体规划和各地区的城市规划,在上述所有影响范围内,扣除规划确定的工业用地、风景名胜区等绿化景观用地、文保用地、教育科研、军事设施等非经营性土地; 扣除现状已建成并需保留的用地,新增和可改造的可储备用地约为196 km²。同时,考虑规划范围内小城镇的开发建设,按照远景小城镇占县城以上城市可储备土地的5%计算,有10 km²; 最后确定政府远景可储备用地总量约为206 km²。

按照目前土地运作主体的划分,远景土地储备构成如下: 市本级123 km², 占60%; 河西新城区16 km², 占8%; 仙林大学城28 km², 占14%; 江北原六合、原江浦、尧化为14 km², 占7%; 江宁7.4 km², 占3%; 溧水0.5 km²、高淳0.2 km², 合计占3%; 其他地区10 km², 占5%。储备用地按三个空间层次分布: 主城61 km², 占总量的29%; 都市发展区(不含主城) 128 km², 占总量的62%; 市域(不含都市发展区) 18 km², 占总量的9%。

4 结语

(1) 土地储备是我国土地使用制度深化改革过程中涌现出来的一个新生事物,各级地方政府纷纷成立了相应机构,进行城市土地储备运作。土地储备是代表政府意愿的运用市场化手段经营土地的一种准商业性行为,土地储备规划编制、征地拆迁等前期行为带有一定的政府强制性行政色彩,它通过征地、收购等方式将土地入库储备,以挂牌出让方式实现土地出库,入库—整理—出库实现土地储备的全过程。土地储备的最主要目的是尽量通过市场的手段来促进国民经济发展计划、城市总体规划和土地利用计划的实施。

(2) 土地储备发展战略及其布局规划研究应当有助于地方政府实现两个目标: 一是要实现"地尽其用",即要通过一系列的规划、计划与用途管制来优化土地资源在国民经济各行业的配置结构,保证国民经济快速、健康和平衡有序发展; 二是要实现"地尽其利",即要充分发挥土地的资产效能,对于规划确定的经营性用地,通过分析评估、宣传策划等一系列符合市场经济规律的资本运作方式最大限度地实现土地的资产价值,为政府筹集城市建设资金。但土地储备的功能是多方面的,包括为城市可持续发展预储空间、为调控土地市场提供经济手段、为旧城改造提供原动力、为释放土地潜力构建现实通道等,一味追求土地收益或称单纯强调"以地生财"是不可取的。

（3）政府的土地储备经营活动的前提是按照一定的规则对城市规划范围内需要对现状进行更新的土地进行征收，此举同时直接造成了原有土地使用权人或房屋所有权人"流离失所"。政府应当依据国民经济发展计划、城市总体规划和土地利用规划，实事求是制订城市土地储备规划，从时间布局和空间布局上注重效率、有序安排，合理的时空布局可以有效趋利避害。

致谢

本文在"城市土地储备经营战略及空间布局研究"、"南京市土地储备规划"课题成果基础上写作而成。参加课题研究的还有周岚、臧正金、张际宁、陈晓均、叶斌、高昕建、蒋伶、范宇、陈敬雄等。

参考文献

[1] Alonso, W. 1964. *Location and Land Use: Towards a General Theory of Land Rent*. Harvard University Press.

[2] Harvey, J. 1987. *Urban Land Economics*. Macmillan Press Ltd..

[3] Lee, Y. 1989. An Allometric Analysis of the US Urban System: 1960-80. *Environment and Planning*, Vol. 21, pp. 463-476.

[4]（美）安德森著，董达生、盛剑恒译：《网络分析与综合——一种现代化系统理论研究法》，高等教育出版社，1982年。

[5] 鲍尔、倪文彦：《城市的发展过程》，中国建筑工业出版社，1981年。

[6] 巢福群："坚持规划管理中的可持续发展观"，《上海土地》，2003年第4期。

[7] 陈士银、周飞："城市土地储备制度：绩效、困境及其完善"，《城市问题》，2007年第2期。

[8] 段杰、李江："基于空间分析的城市交通网络结构特征研究"，《中山大学学报（自然科学版）》，2002年第4期。

[9] 范恒山："土地资源配置：市场、政府与产权——范恒山博士访谈录"，《中国土地科学》，1995年第4期。

[10] 费广胜、陈伟："城市经营与城市土地资源的可持续利用研究"，《重庆社会科学》，2003年第6期。

[11] 高向军、张文新："国内外土地储备研究的现状评价与展望"，《中国房地产金融》，2003年第6期。

[12] 顾朝林、陈金永："大都市伸展区：全球化时代中国大都市地区发展新特征"，《规划师》，2002年第2期。

[13] 郭小庆："'悖论'及其解决机制设计"，《中外房地产导报》，2002年第9期。

[14] 何晓玲、卫国昌："土地储备体制的探讨"，《中国房地产金融》，2000年第12期。

[15] 黄泰岩、牛飞亮："西方企业网络理论述评"，《经济学动态》，1999年第4期。

[16] 黄贤金、谢正栋等："土地储备经营与城市经济发展——以南京市为例"，《中国土地》，2001年第12期。

[17] 贾生华、张宏斌等："城市土地储备制度：模式、效果、问题和对策"，《现代城市研究》，2001年第3期。

[18] 李兵弟："关于土地储备与城市发展的相关问题"，《今日国土》，2003年第8期。

[19] 李海波、周介铭："成都市实施土地储备制后对地价及土地收益的影响探析"，《四川师范大学学报（自然科学版）》，2007年第2期。

[20] 李志明、卢吉勇："土地储备与房地产市场"，《中国房地产》，2003年第2期。

[21] 林廷钧："城市规划要贯穿土地储备始终"，《中国土地》，2006年第11期。

[22] 刘维新、张红："城市经营、土地储备与土地金融——兼论经营、储备与资金循环机制"，《中国房地产金融》，

2001年第10期。
[23] 刘正山:"关于'土地银行'的商榷",《中国土地》,2000年第4期。
[24] 陆一中、严玲:"建立土地储备机制促进城市规划的实施",《城乡建设》,2001年第7期。
[25] 潘琦:"浅论城市土地储备——以青岛市为例",《中国土地》,2000年第1期。
[26] 邵德华:"土地储备制度对城市空间结构的整合机制研究",《北京规划建设》,2003年第4期。
[27] 沈文武:"以经营土地为切入点大力推进城市化进程",《求知》,2004年第1期。
[28] 沈正超:《关于土地收购储备机制运行模式的研究报告》,地质出版社,2001年。
[29] 盛洪涛、周强:"土地资产经营机制中的城市规划管理",《城市规划》,2004年第3期。
[30] 王炳毅:"完善城市土地储备制度的思路",《发展研究》,2003年第10期。
[31] 王秀兰、董捷:"论城市土地储备制度的运作机制",《理论月刊》,2001年第1期。
[32] 吴次芳、谭永忠:"赋予新机制更大活力——对完善土地储备制度的几点看法",《中国土地》,2001年第8期。
[33] 吴良镛、吴唯佳等:"从世界与中国城市化的大趋势看江苏省城市化道路",《现代城市研究》,2003年第2期。
[34] 席一凡、董安邦等:"城市土地规划的优化方法研究",《西安科技学院学报》,2002年第3期。
[35] 杨继瑞:"城市土地经营中的政策配套与协同",《经济理论与经济管理》,2003年第5期。
[36] 杨重光:"城市经营理念与基础设施建设融资",《城市经济》,2003年第4期。
[37] 张国平:"浅议城市经营中土地使用制度的构建",《海南金融》,2002年第11期。
[38] 张文新:"城市土地储备对我国城市土地供求与地价的影响分析",《资源科学》,2005年第6期。

转型时期城中村演变的微观机制研究

李 郇 徐现祥

Land Property Right and Behavioral Incentives: The Microscopic Mechanism of the Evolvement of Urban Villages

LI Xun[1], XU Xianxiang[2]
(1. Urban and Regional Research Center of Zhongshan University, Guangzhou 510275, China; 2. Lingnan College of Zhongshan University, Guangzhou 510275, China)

Abstract Urban village is a new spatial phenomenon in the urbanization process during the transition period in China. Under the fiscal decentralization, urban governments and rural collective economic organizations have both become the microcosmic main body of urbanization. To maximize the "land rent residuals", urban governments have the incentives to minimize the costs, and rural collective economic organizations have the incentives to maximize the benefits. Thus, urban area was expanded under low costs, while the expropriated farmers got the non-agriculture income from the land. As the result, "land-remain" policy was shaped, the economical and spatial form of urban village were also established. In the process of maximizing "land rent residuals", problems of urban villages which is similar with slum districts in western countries have emerged.

Key words transition period; incentives; microscopic behavior; urban village

---

作者简介

李郇，中山大学城市与区域研究中心；
徐现祥，中山大学岭南学院。

摘 要 城中村是我国转型时期城市化过程中的一种新的空间现象。在由计划经济向市场经济转变的过程中，城市化的主体出现多样化的倾向。在财政分权下，城市政府和农村集体经济组织都成为城市化的微观主体之一，为了最大限度地获得由于城乡土地产权结构产生的"土地租金剩余"，城市政府具有成本最小化激励；农村集体经济组织具有利益最大化的行为激励。由此，城市获得低成本的扩展，同时，被征地农民获得了土地非农收益权利。留用地政策就是这两种激励的结果，城中村的经济和空间形态也随之形成。在城市化过程中，城中村实际上承担了被征地农民的公共利益和收入保障的责任，仍然是城乡二元结构的延续，在最大限度获取"土地租金剩余"的情况下，城中村出现了类似西方贫民窟的"城市问题"，也不具有外部改造的动力，自我更新可能是改造的出路。

关键词 转型期；激励；微观行为；城中村

1 前言

1990年代以后，我国进入快速城市化的过程，在城市规模不断拓展的过程中，出现一种新的城市空间——城中村。城中村是指伴随城市扩展过程中出现的城市建设用地包围原有农村聚落，在城市建成区范围内出现了城市土地和农村集体土地共存的现象①。据调查，2005年北京有城中村231个，西安有187个，广州有139个，郑州119个，南京绕城公路以内有71个，太原有83个②，城中村已经成为我国大城市的发展中较为普遍的一种现象。

到 21 世纪初，由于城中村长期存在着土地利用、建设景观、规划管理、社区文化等方面的强烈差异及矛盾，导致了城中村问题的出现。主要表现在：城中村高密度和混乱的建筑形态及其布局，再加上城中村内部基础设施和公共设施严重缺乏，导致城中村内部居住环境出现日益恶化的倾向（李立勋，2001）；大量的外来人口居住导致居住人口混杂、治安问题高发、地下非法经济猖獗等（张建明，1998；田莉，1998；敬东，1999）；同时，由于城中村的农民依赖土地出租生存而成为"二世祖"（丘海雄等，1997）。一时间，城中村仿佛已经成为影响城市发展的"毒瘤"。

但从近几年城中村发展的现实情况看，一方面是舆论和城市政府急切地推进城中村改造，制定各种城中村的改造计划；而另一方面却是城中村空间的不断形成和城中村经济的持续繁荣。

为什么会出现这种矛盾的现象呢？这正是本文所要回答的问题，可能的假设是城中村的出现是我国转型阶段城市化过程的必然结果，是城市政府和农村集体组织的理性选择。

城中村的一个基本特征是在城市建成区范围内，国家所有的城市建设用地和集体所有的农村建设用地并存，因此，在对城中村的讨论中必然会涉及两个行为主体：城市政府和农村集体组织。在我国经济转型阶段，经济体制的改革必然会对城市化主体的行为发生影响，从行为主体的角度对城中村演变的微观机制探讨，有利于揭示我国转型时期城市化过程的特征与问题，为城市管理提供依据。

2 城中村研究的综述

学术界对城中村问题的相关研究，集中在城中村问题产生的机制和改造的策略两个方面。城中村是在快速城市化过程中出现的一种现象，由于城乡二元体制和政策的长期存在，导致了社会调节系统在城中村的失灵（李立勋，2001），其中土地问题是城中村问题产生的"焦点"（张建明，1998）。在城市扩展过程中，城市政府为规避巨额的土地补偿和村民安置方面支付巨额经济成本和社会成本，而选择了"获取农村耕（土）地、绕开村落居民点"的迂回发展思路（魏立华、阎小培，2005）。同时，由于城中村建筑密度高，农村居民迁移成本大，使开发商进行城中村改造无利可图（杨培峰，2000）。因此，政府与市场的缺失导致了城中村的出现。

在这种情况下，城中村通过土地和房屋租金的收益产生了"单位制"的经济空间，进而引发各种社会问题（李培林，2002），而政府之所以容忍城中村的存在是因为在缺乏资源和远见的背景下，城市为获取发展空间而采取了妥协性的管理政策。

面对城中村改造的困难，李培林（2002）通过对广州市城中村的调查发现：城中村终结的艰难之处并不仅仅在于生活环境的改善，也不仅仅是非农化和工业化的问题，甚至也不单纯是变更城乡分割的户籍制度问题，而在于它最终要伴随产权的重新界定和社会关系网络的重组。魏立华、阎小培等（2005）根据转型期社会特征认为，城中村已经演化为"为城市流动人口提供廉租房的低收入社区"。"城中村"是有序的、自组织的"单位制"的社会经济运行系统，这不同于以非法、无序、暂时性、社会职能缺失为基本特征的贫民窟，因而不能够采取类似于处理贫民窟的改造模式。

综合以上观点可以发现，城中村是快速城市化的结果，与城市政府和农村集体组织的行为密切相关，特别是李培林（2002）强调城中村的形成与城中村居民的理性选择有关，其核心问题在于土地的成本和收益。本文在此基础上进一步提出，在财政分权的背景下，土地二元产权的土地租金剩余对城市政府和农村集体所有制组织的城市化行为产生的激励，是城中村形成及问题产生的微观机制。

3 预算外收入与土地租金剩余

3.1 财政分权、预算外收入与激励

大量的研究表明，财政分权对政府促进经济增长的行为有显著的影响（Hayek，1945；Oates，1972；Tiebout，1999；Oksenberg et al.，1991；Qian et al.，1998）。1994 年我国实施了分税制改革，分税制通过政府间对资本的竞争和硬预算约束，激励了地方政府经济发展目标的一致（Montinola et al.，1995；Qian et al.，1996），进而促进了经济的持续增长[③]。

但分税制相对应的是，事实上的支出责任下方在预算内财政紧缺的情况下，地方政府通过改进收入动员，间接支持了地方政府加倍努力寻求补充资源支持地方经济发展，其中预算外收入成为地方政府的主要资源。在我国财政体制中，预算外收入大大超出了财政部的权限，预算外收入赋予地方政府很大的实际自主权，并为地方政府促进经济增长而提供更多的服务筹集了资金，预算外收入在地方基础设施建设和其他发展支出的融资中发挥了重要的作用（黄佩华，2003）。事实上，在分税制后，开发预算外收入成为各级地方政府的一个普遍现象（吴敬琏，2004）。

在 1990 年代，预算外收入的来源大致经历了从国有企业收入到各种收费和基金的过程（吴敬琏，2004），随着 1998 年后中央对政府行政管理收费越来越规范，收费和基金在预算外收入中的地位受到抑制。相比之下，土地收入既不列入预算内收入，也不列入中央规定的预算外收入管理，同时还可以促进预算外收入的扩展和预算内收入增长，因此，成为地方政府收入的重要来源（平新乔，2006）。也就是说，财政分权激励了各级政府增加以土地收入为主的预算外收入行为，使土地成为城市政府发展经济的资产，并促进了城市的扩展，据平新乔（2006）估计，2004 年全国地方政府手中约有 6 150 亿元的"土地财政收入"。

3.2 "土地租金剩余"的概念与激励行为的差异

"土地财政收入"的来源是什么呢？本文认为来自于我国土地二元产权结构下的"土地租金剩余"。

根据我国土地法的规定，我国土地所有制形式是社会主义公有制，实施国家所有和集体所有两种产权形式。城市市区的土地属于国家所有，农村和城市郊区的土地除由法律规定属于国家所有以外，属于农民集体所有。1990 年代初，我国开始逐步实施城市土地有偿使用制度，这使得我国城市国

有土地和农村集体土地具有不同的产权束④,形成土地二元产权结构。

城市市区的土地所有权属于国家,但土地所有权和使用权分离。在城市土地有偿使用的制度下,城市中除部分政府行政划拨土地外,城镇土地的使用权可以通过土地有偿使用进行交换,形成土地使用权的产权交易市场。也就是说,城镇土地可以通过产权市场实现土地使用权的排他性、流通性和可分割性,进而实现土地产权的价值。因此,经过城镇土地市场获得的土地具有完全产权的特性。农村集体土地所有权属于农村集体组织,是集体产权,从权利的行使来看,集体产权对资源各种权利的决定就必须由一个集体做出,受到规则和规范的约束,不存在个人产权的让渡。农村集体组织不能直接通过土地市场获得土地收益,只能获取土地产出的收益⑤。因此,农村集体土地所有权是不完全产权。

完全的城镇国有土地产权和不完全的农村集体土地产权,就构成了我国城乡土地二元产权结构。在城市化的过程中,具有不完全产权特征的农村土地被转化为具有完全产权特征的城市土地后,就会产生的"土地剩余租金"。

我们采用经典的土地竞租曲线说明"土地剩余租金"的产生。如图1所示,在市场条件下,城市区域 OQ_1 的土地租金是一条向右下方倾斜的曲线 PC;而农村地区,农业耕作在各处区位的效益几乎一样,农村土地的租金曲线表现出一条水平的直线 P_1。由于完全竞争包含了个人或企业在土地市场上具有完全产权的假设,因此,竞租曲线的形成实际上是不同类型经济行为主体在市场条件下进行区位选择的结果。

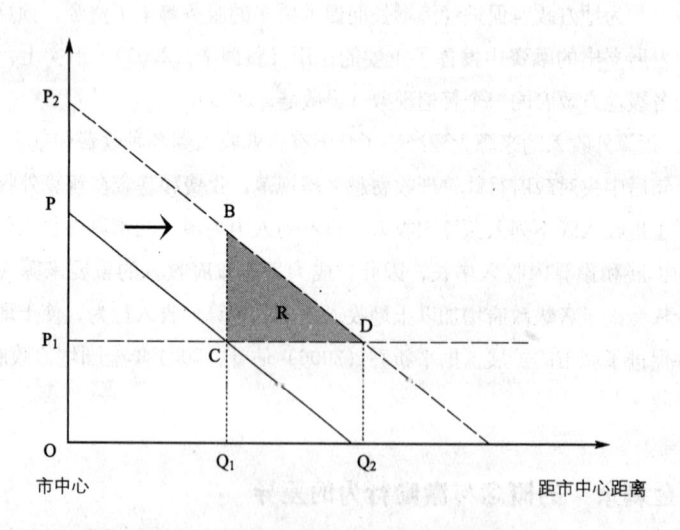

图 1 土地产权二元结构与"土地租金剩余"

随着城市化水平的提高,城市土地资源的稀缺导致土地价格上升,地租曲线向右移,形成新的城市竞租曲线 P_2BD, Q_1Q_2 区域的农业用地转化为城镇用地。如果农村土地具有完全产权的性质,农村土地所有者将获得城市化带来的土地收益 R。

但在我国土地产权二元结构下，城市政府享有 R 的土地收益。因为，Q_1Q_2 区域的农村集体土地只有转化为城市用地后才能享有城市化带来的土地增值。但是，Q_1Q_2 区域的土地要转化城市用地，必须通过国家征收的形式实现，即首先是土地产权发生转化，由农村集体所有转化为国家所有，在这个过程中，城市政府按规定的价格对农村的土地产权进行补偿；然后，城市政府可以在城市土地市场上实现该区域土地的价值 R。也就是说，在城市化的过程中，Q_1Q_2 区域的农民只能获得按国家规定设定的土地补偿，而城市政府获得城市化的收益。由于收益 R 是在土地二元产权结构下实现的，我们把城市化过程中的城市政府享有的这部分收益 R 定义为"土地租金剩余"[6]。

显然，在现有的土地制度下，农村集体组织不能够直接享有"土地租金剩余"，但并没有排除其他争取"土地租金剩余"的途径[7]，我国历次《土地管理法》都规定了农村可以在农村集体建设用地兴办企业或者与其他单位、个人以土地使用权入股、联营等形式共同举办企业[8]。如果在 Q_1Q_2 区域中存在农村集体建设用地，农村集体组织可以通过非农产业自我获取比农业用地的租金更高的"土地租金剩余"，或者通过政府对非农用地征地补偿获得更多的补偿款。

这样，在土地二元产权下的城市化出现了两类政府的不同行为：一是城市政府通过征收农用地向城市建设用地转化获取"土地租金剩余"；二是农村集体组织通过在农村集体建设用地上的非农产业化争取土地租金剩余。这两种行为都会增加这两类利益主体的财政收入，在财政分权的背景下，两类利益主体都有最大化"土地租金剩余"的激励。在城市政府与农村集体组织的共同激励下，导致了城中村的形成和城中村问题的产生。

4 一个分析的框架

4.1 城中村的形成

城中村的形成是城市政府以成本最小化为原则获得"土地租金剩余"的结果。在征地过程中，政府面临的首要问题是征地成本。征用农村用地的成本包括土地补偿费、青苗补偿费、附着物补偿费、安置补助费和因征地造成的农业剩余劳动力安置[9]。其中由于农村居民点的安置补偿不仅需要补偿建筑物的重置成本，还需要征地重新安置，这使得农村居民点的安置补偿所需要的费用较土地补偿费、青苗补偿费、农作物的补偿费要大得多。而农业剩余劳动力安置具有很强的不确定性，而且政府无法控制，这是因为在转型时期就业已经由劳动力市场所决定，政府计划安置就业既不能满足企业的用人需求，也不能满足农民的就业要求[10]。在被征地农民的安置问题上，往往需要花费政府大量的时间和精力，而且效果往往是企业不满意、农民也不满意。这实际上给征用农用地带来很大的困难，对城市快速发展的需求带来了阻碍。

面对这种情况，在快速城市化地区，政府征用农村用地往往不征用农村居民点用地，同时出现了一种新的征地副产品——"留用地"。"留用地"是城市政府在征用农村土地的同时，按征用土地的一定比例，给予农村集体组织一定量的农村集体建设用地，由农村集体组织发展非农产业，安置被征地农民的生产与生活。这种征地方法对城市政府来说成本是最小的，因为，只要还存在农用地，城市政府实际上就不用承担具有较高重置成本的农村居民点用地安置费用和不确定性较强的农业剩余劳动力安置工作，而且征地的速度加快了，征地过程的交易成本减少了。"留用地"和农村居民点的保留使城市政府征地的成本最小化，也使政府获得"土地租金剩余"最大的收益，因此是城市政府的理性选择。

"留用地"对被征地农民而言，也是理性的选择。农用地不断地被征用意味着农民发展资源的不断减少，但"留用地"的出现和农村居民点的保存，使被征地农民不仅可以生活在他们原来的熟悉环境中，而且始终留在城市发展空间中，农民可以通过在"留用地"发展非农产业获得比农业生产更高的收入[①]。

在城市政府和农村集体组织的理性选择下，城中村产生了。如图2所示，在 Q_1Q_2 农村区域存在一个农村居民点 Q_1x，随着城市建设用地的不断扩展，大量的留用地 xy 和村居民点用地被城市建设用地包围。由于农村集体用地是不完全产权，不能在城市土地市场上实现土地价值，因此，城市土地竞租曲线在 Q_1y 处形成一个缺口，其被城市土地包围，土地保留原农村地区的价值，城市政府没有获得城中村这部分的土地租金剩余。

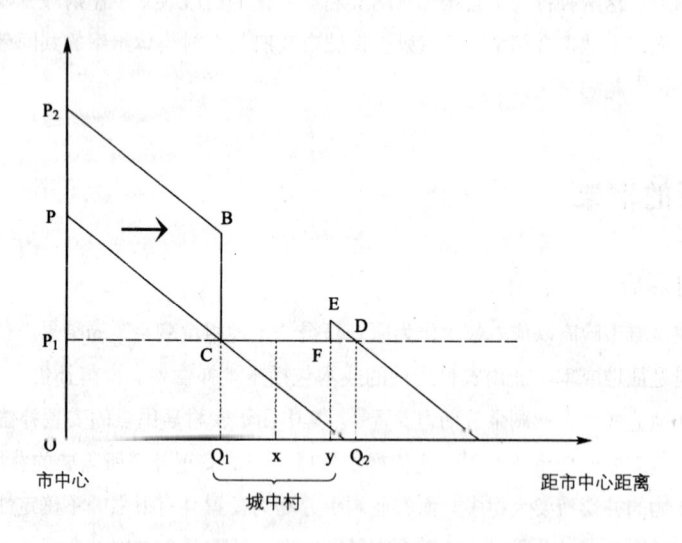

图2 城市化与城中村的形成

4.2 城中村的问题的形成

城中村的问题的形成是农村集体所有制组织最大限度获取城中村土地租金剩余的结果，其产生的原因同样与财政分权和农村集体土地产权的不完全性有关。

现有的财政分权并没有解决我国四级政府的财政划分问题,财政收入存在着从县、乡政府转移到上一级政府,同时基本事权却又下移的现象:县乡两级政府一直要提供义务教育、本区内基础设施、社会治安、环境保护、行政管理等多种地方公共品,同时还要在一定程度上支持地方经济发展。因此,县乡两级政府所需的财政支出基数大、增长快(黄佩华,2003;贾康等,2002;阎坤,2004)。

农村集体所有制组织是农村最基层的管理单位,具有三大基本职能:①政府代理人,承担政府所要求完成的所有行政工作;②集体财产法定代理人,履行包括土地资源在内的所有村庄集体财产的管理职能和保护农民财产;③公共事务管理者(陈剑波,2006)。但它不是独立的财政单位,在县乡财政紧张的情况下,其获得上一级政府的财政支持是十分有限的。农村集体所有制组织需要通过自身集体的收入获得支出的费用,这使得城中村成为一个相对独立的经济社会体。

在以农业生产为主的时期,农村集体所有制组织主要是通过征收各种费用增加集体收入。但转变为城中村以后,农村集体所有制组织发现了周边地区城市化给城中村带来了外部性:一是自己所拥有的土地的价值越来越高了;二是周边地区的城市化进程为自身的非农产业的发展带来了机会。农村集体所有制组织和个人获取城中村的土地租金剩余产生了可能性。由于农村土地不能直接进入城市土地市场,农村集体所有制组织是通过在集体建设用地上物业出租的租金、非农业产业的收入或土地使用费、工缴费和外来工的管理费等实现土地租金剩余,而农村居民个人通过出租自用的住宅享有了宅基地的收益权[12]。其结果是农村居民一定程度上可以享有周边地区城市化的外部性。

由于历次的《土地管理法》禁止土地流转的规定,实际上排除了农村集体建设用地使用权可以转让的内容,即农村集体建设用地和宅基地具有不完全产权的性质,这样城中村获得的土地租金剩余必然会小于城市获得的土地租金剩余,不可能达到BE。这使得城中村的地价低于周边城市地价,在城市土地竞租曲线中,城中村部分出现一段下凹的部分(图3)。

正是由于城中村的土地价值低于周边城市的土地价值,城中村通过办工厂、出租集体建设用地或物业、宅基地住宅等可以吸引到周边地区的非农产业,而且出租的收益比自己兴办产业稳定得多,城中村最终选择了以出租为主的获取土地租金剩余的经济形态。城中村低于周边土地的租金,吸引了城市产业中对地价特别敏感的产业和个人,如大型批发企业和外来务工人员。大量的产业需求和外来人口需求使城中村实现了由"耕地"向"耕屋"的转变,获得的土地租金剩余成为城中村建设基础设施、进一步发展物业、教育和农村居民福利的主要资金来源。

城中村中出现的违章建设是城中村最大化土地租金剩余的直接诉求。尽管城中村已经在城市建成区范围内,但仍然保留着农村的规划建设管理体制。城市快速扩展时期,城市政府对规划建设的管理主要放在城市部分,而农村基本上处于自我管理的状况。在追求土地租金剩余最大化的激励下,城中村不满足于低容积率为主的农村建设标准,加建、搭建等违章行为就成为城中村居民扩大物业面积的主要手段[13]。那么城中村的违章建设为什么屡禁不止呢?除执法不严和政策不配套外,还存在"以罚代拆"现象,由于城中村处在农村管理体制中,每一个违章建设的农村居民都与管理干部有千丝万缕的联系,当需要违章查处的时候,往往会选择罚款使违章建筑得以继续存在。实际上,村干部是有罚

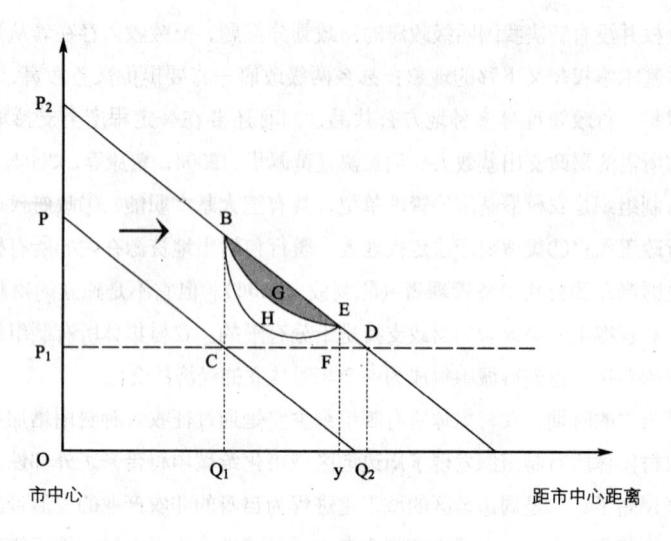

图3 城中村的演化过程

款动力的,因为罚款的收入大部分留在村集体作为预算外的收入。

在土地租金剩余最大化的驱动下,城中村的建设密度和容积率越来越高,集体和个人的物业面积越来越大,非农产业和居住的外来人口也越来越多,但城中村的环境越来越差,公共空间越来越小,人口混杂导致的社会问题越来越多,最终城中村发展到成熟阶段,并成为城市发展中的问题。

4.3 城中村的改造

当城中村问题对城市发展产生了负的外部性的时候,许多学者提出城中村的改造策略,如"拆迁—补偿—重新安置"(张建明,1998;敬东,1999;李立勋,2001)、"撤村改制"模式(房庆方等,1999;郑静,2002)、局部性改造模式(吴晓,2003)等,各城市政府也纷纷推出了城中村改造计划。按照城中村的规划,经过改造以后的城中村问题将会得到有效的解决。但为什么各城市的城中村改造总是"雷声大、雨点小"呢?

从以上分析可以看出,城中村问题的形成是城中村最大限度获取土地租金剩余的过程,如图3所示,城中村部分的竞租曲线从 BHE 达到 BGE,尽管不能达到城市土地市场的地租,但在城中村的土地租金剩余最大化的时候,两者之间的差距已经达到最小。

无论采用何种改造模式,城中村的改造成本包括城中村的土地收益补偿、拆迁补偿和开发建设成本。首先,在村民自治的情况下,只有改造后的城中村保证村民居住条件得到改善,集体和村民的土地收益至少不减少,也就是说改造后的城中村获得的土地租金剩余不能减少,村民才可能同意进行改造。对改造者来说,城中村原有的土地租金剩余就构成了改造的成本。如果城中村改造后获得完全的产权,那么改造主体将只获得图3阴影部分的土地收益,如果城中村产权性质不发生变化的话,改造主体就没有土地收益。

即使把城中村转变为具有完全产权的国有土地，对已经形成高建筑密度、高容积率的成熟的城中村而言，阴影部分的利润很难获得高于一般的房地产开发项目的利润，因为，直接征用农地的开放利润就是图1中的R。还有一点值得注意的是，如果充分尊重城中村是一个农村集体产权组织，由于集体产权具有共有产权的特性，那么，改造者需要和每一个村民进行谈判并满足村民的要求，才能实施拆迁改造，不可能出现强制拆迁情况，因此，改造者将付出高昂的谈判费用。

要使改造者具有改造的动力，就必须通过容积率的提高来降低单位改造成本。由于城中村改造的总成本比一般房地产项目要高，由村民推进或改造者提出的城中村改造方案中的容积率，往往大大高于政府的城市容积率管制要求，会对城中村周边地区的景观、交通产生负面的影响。

基于此，如果把一个成熟的城中村改造作为一个需要财务平衡的开发项目的话，缺少经济利益方面的激励。

但是，当以下两种情况出现的时候，成熟了的城中村具有自我改造的动力：①城市化进一步推进，城市土地的竞租曲线向右移动，产生进一步获得土地租金剩余的机会，但同时高密度、高容积率的建筑环境已经不能进一步扩大租金收入；②由于城中村环境质量的下降或建筑质量的下降，物业的出租收益相应也会下降，城中村的土地收益曲线会下降到BHE。这两种情况都增加了与城市竞租曲线的差距，城中村的集体组织和个人就会对局部的建筑环境进行整理和重建，以提高土地租金剩余的获取。

5 广州石牌村的案例分析[14]

石牌村位于广州市天河区，从1980年代中期开始，石牌村的农用地就不断地被城市征用。1984年天河体育中心奠基以及1985年天河区的成立，促进了天河区的城市化过程，1985～1991年年均被征地156.1亩。1990年代，天河区成为广州城市发展的重点地区，在1992～1996年年均被征地736.8亩，特别是政府提出珠江新城建设计划，天河区约6 394亩的土地被征用，其中石牌村为914.3亩。到2000年，天河区发展成为广州繁华的城市中心区，石牌村的农用地也完全被征用完毕（表1），剩下面积约660亩的村庄，其中集体建设用地（留用地）458.2亩，农村人口9 314人，整个村被城市发展用地包围，成为广州市一个典型的城中村。

留用地的出现对政府能够实现成本最小化，对被征地的农村集体可以实现利益最大化，可以通过以下两个事例进行说明。

1985～1987年，广州市政府下属的广州市城市开发公司要在石牌村征地394.8亩，按政策应安排592个农民就业，但当时只能招收百余人，征地不能继续下去，经双方协商，征地单位返回村一栋9 278 m² 建筑面积的酒店，作为不招工的补偿，由村自主经营。这样双方都获得利益，市开发公司的房地产项目顺利进行，石牌村也并拥有了价值2 550万元的物业，并吸纳了400多居民就业。

表1 广州石牌村征地情况（亩）

年份	征地面积	年均征地面积	备注
1959～1984	446.2	27.8	主要为行政事业单位划拨用地
1985～1991	936.7	156.1	其中国营房产开发公司共征地460亩
1992～1996	2 947.2	736.8	其中珠江新城征地914.3亩
1996～2000	119.0	29.7	主要为扩建道路征地

被征地合计：4 469.1，留用地：458.2（包括落实侨房政策用地）

资料来源：根据《石牌村志》第16～17页编制。

第二件事例是珠江新城的征地。珠江新城在石牌村征用914.3亩土地后，石牌村就没有耕地了，那么，为什么没有征用村民的居住用地呢？比较一下两种征地的成本，就会发现不征用居住用地可以使成本最小化。当时广州市征地补偿（含土地补偿、劳动力安置、青苗补偿等）的标准是每亩15万元，总征地费用约1.37亿，而要拆迁补偿宅基地上的房屋，按补偿费用800元/m^2，总宅基地建筑面积90万m^{2}计，需要资金7.2亿元，相当于珠江新城总征地款的75%。对于石牌村而言，在被征地过程中获得农村建设用地是最大的收益，按被征地面积的12%计，石牌村获得留用地约7.6 hm^2（114亩，不含道路分摊），在土地市场中至少值30亿元[15]。在这个过程中，政府只是改变了部分农村用地的使用性质，对珠江新城进行了开发，为留用地的使用创造了机会。

留用地成为石牌村发展集体经济的主要资源。如图4所示，石牌村集体经济的收入从1980年的240万元增加到2002年的21 421万元。村集体经济的收入主要来自于物业的租金收入，随着天河区成为广州新的商业中心，石牌村利用征地款和留用地建成多种形式高档次的物业，如太平洋电脑城、石牌渔港、龙苑大厦、科工贸大厦等一批物业，而每次物业的建成都使村集体经济的收入上一个新的台阶。从图4中可以看到，在1985年收入有一次快速增长，年增长率达91%，主要是当年岗顶饭店和

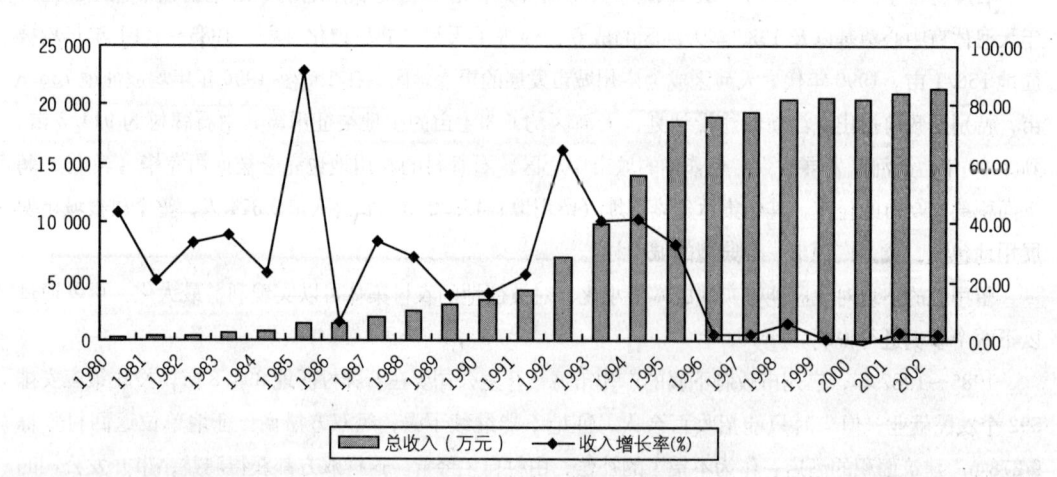

图4 石牌村集体经济收入及增长率（1980～2003）

石牌农贸市场开业所带来的租金收入增加；1993年收入的快速增长主要来自于石牌酒店和太平洋电脑城的开业；1994～1996年集体收入保持了30%以上的增长率，主要是原有物业经营收入的增加。1996年以后，珠江新城的留用地由于手续问题停止开发，收入的增长下降到年增长2%～5%，达到物业收入的一般增长率。

村集体收入被用于村民股份分红、公益性固定资产投资和社会性福利开支。表2显示了石牌村集体经济股份有限公司的经济收入的支出情况。在1997～2002年间，村民股份分红约占总支出的70%～80%，公益性固定资产投资约占5%～10%，而社会性福利支出占15%～20%。其中社会性福利支出包括村镇建设费用、医疗、卫生、计生费用、老人福利费用、行政性费用、学校幼儿园开支、文体活动费用、民兵、治安费用，也就是说，村集体经济企业需要承担石牌村大部分日常的事务性费用支出，在这种情况下，广州市政府实际上没有、也不需要对石牌村的建设、管理和村民的生活投入资金。

表2 石牌村集体经济收入的支出情况（万元）

	1997年	1998年	1999年	2000年	2001年	2002年
股份分红（社员生活费）	4 205	4 595	4 768	4 117	4 289	5 549
公益性固定资产投资	222	379	295	626	712	406
社会性福利性开支	967	1 200	1 384	857	967	1 386
村镇建设	283	408	461	146	172	224
医疗、卫生、计生	380	447	527	445	308	459
老人福利	55	77	76	29	16	10
行政性费用	30	45	49	35	134	104
学校幼儿园	116	101	69	49	77	159
文体活动	29	40	58	39	37	60
民兵、治安	74	82	144	114	223	370

资料来源：根据《城市化过程中的石牌村》中表4-3、表4-4、表4-6综合编制。

石牌村农村居民的个人收入除了集体经济的分红以外，主要是来自于宅基地的住宅出租收入。石牌村住宅出租的价格一般在10～20元/m^2，比周边商品房出租价格30～40元/m^{2}要低50%以上。较低的价格吸引了大量低收入的外来务工人员，2000年第五次人口普查显示，石牌村有4.2万外来暂住人口。他们的职业有公司文员、信息行业的业主与员工、服务业的员工、小商贩、保安队员、编外记者、短途人力运输工、村内环卫清洁工和出租屋清洁工等等。其职业遍布各行各业，已成体系，成为一个暂住在石牌村的社会群体。

村民是通过违章建设获得的建筑面积和宅基地来争取利益最大化的。石牌村现有私人住宅3 477栋，建筑面积合计79.3万m^2，全村共2 994户，也就是说按国家"一户一宅"的政策，全村有483栋住宅是违章建设的。全村住宅的建筑层数有一个不断增加的过程，1980年代多数住宅是3层，符合国家对宅基地建筑的层数要求。随着需求的增加，村民通过改建和加建不断增加层数，1990年代普遍达到4~6层,到2000年以后,新改建的房屋有的已经达到7~8层。政府对于违章建筑的处罚是"以罚代拆",而罚款又成为村和街道的额外收入,实际上这也促进了违章的不断出现。大量低收入的人群和高密度的建设,导致了类似西方低收入居住区出现的犯罪、环境恶化、火灾等城市问题。

面对城中村出现的问题,广州市政府提出了石牌村的改造设想,要求改造项目的财务要自身平衡,还要保证村民现有的利益不减少。但从可行性的分析看,改造方案很难既满足政府的要求,又满足村的要求。石牌村现有建筑面积1 019 719 m²,其中住宅面积876 579 m²,公共建筑26 130 m²,商业建筑117 010 m²,如果基本保证现有的建筑面积,按城市规划管理的要求进行重建,预计重置成本为38.9亿元,其中拆迁补偿、安置补偿、三通一平等费用为6.96亿元。如果要实现该改造项目的财务平衡,同时村保留原有的商业面积作为经济收入,那么,经计算需要增加17.46万 m² 的商场或85.91万 m² 的写字楼,若按新增商场和写字楼以1:5的面积比例组合的话至少需要增加8.46万 m² 的商业面积和43.23万 m² 的写字楼面积,总建筑面积达到157.93万,容积率达到5.35,大大高于规划局对石牌村改造提出的3.6的容积率要求[16]。

6 结束语

我国城乡土地二元产权结构,为财政分权下各级政府寻求预算外收入提供了"土地租金剩余",城市政府以成本最小化为原则,获取最大化的土地租金剩余,通过土地产权性质转化的方式赋予被征地农民一定数量的农村建设用地,导致城市扩展过程中农村居民点和农村建设用地被城市建设用地包围的城中村现象的出现。城中村的农村集体组织通过在农村建设用地上发展非农经济,争取自有土地上的土地租金剩余,并用于城中村居民收入的增加和城中村公共社会服务的支出,使城中村成为一个自我生产与服务的独立经济社会全体。农村居民最大限度地争取宅基地的数量和面积,出租经营收入成为居民重要的收入来源,并导致城中村问题的形成。从成本收益核算的角度看,要维持城中村的现有经济形态又要实现改造项目的财务平衡是不可行的,但城市地价不断提高和城中村建筑出现衰落时,城中村存在着自我改造的动力。

城中村是转型阶段城市化过程中的必然产物,保留了计划时期的二元结构特点,也有计划时期的激励机制。在现有的体制下,城中村的问题不可能在短时间内解决。对城中村形成机制与问题的探讨实际上涉及的是城市化过程中失地农民的安置与发展问题,因此需要从城市化的制度安排、农民的教育和面对城市化过程中的生存能力等多方面着手,构建城市化的和谐过程。

致谢

感谢中山大学规划设计院院长李立勋对本文提出的意见和提供的资料。

注释

① 有许多学者对城中村进行过定义。张建明（1998）把城中村定义为：位于城乡边缘带，一方面具有城市的某些特征，也享有城市的某些基础设施和生活方式；另一方面还保留着乡村的某些景观以及小农经济思想和价值观念的农村社区。李立勋（2001）对城中村进行两个方面的界定：（1）空间界定：城中村处于城市发展用地范围内，村建设用地被城市用地所包围或与城市用地互相交错；（2）区域类型界定：城中村是转型中的农村居民点，它在经济、社会、土地利用、建设景观等方面处于明显的乡—城转型过程之中，既具有较高程度的城市化特征，又保留深厚的农村社区特征。魏立华、阎小培（2005）认为城中村指伴随城市郊区化、产业分散化以及乡村城市化的迅猛发展，为城建用地所包围或纳入城建用地范围的原有农村聚落，是乡村—城市转型不完全的、具有明显城乡二元结构的地域实体。李培林（2002）把典型的城中村定义为处于繁华市区、已经完全没有农用地的村落。

② "全国部分城市城中村情况"，人民网，2006年4月6日。

③ 已有大量分税制对经济增长的促进作用的文献，本文不再赘述。

④ 产权是一个结构性的概念，是由许多权利构成的一组权利束，如产权的排他性、可让渡性、可分割性等。如果产权所有者拥有完整的产权束，可视为完全产权；如果产权束的某些权能受到限制或禁止就视为不完全产权。

⑤ 农村集体土地可以分为农用地、建设用地、未用地，国家规定农村集体范围内的农民都享有对土地的承包权，同时国家鼓励土地承包权的流转，但只限于农业用途，农村土地及土地的承包权不能抵押。建设用地是指农民集体所有的，一般是指在农村并经依法批准使用的兴办乡镇企业用地、村民建住宅用地、乡（镇）村建设公共服务设施和公益事业建设用地。按土地法规定农民集体所有土地的使用权不得出让、转让或者出租用于非农业建设。

⑥ 在计划经济的城乡二元结构时期，城市通过工农业产品的价格"剪刀差"，实现了对"农村剩余"的获取，完成了工业化的初始积累。

⑦ 李培林（2002）认为，土地在某种制度约束和管制的条件下，会出现收益率降低和"租金消失"的现象，但"租金"不会真正消失，它会以别的形式得到补偿或以政府成本的形式表现出来。

⑧ 详见《中华人民共和国土地管理法》1988版第三十七条、第三十八条；1998修订版第六十条、第六十三条、第六十七条；2004版第六十条、第六十二条。

⑨ 在2004年以前，征地是按《国家建设征用土地条例》（1982）的规定实施，到2004年国家颁布了《国务院关于深化改革严格土地管理的决定》后，被征地农民安置成本包括农业生产安置、重新择业安置、入股分红安置、异地移民安置等，政府更多的是组织和社会保障工作。

⑩ 由于受到能力的限制，被征地农民在企业安置的工作往往是一些低技术含量的工作。

⑪ 从制度变迁的角度看，留用地是诱致性制度变迁，广州最早的留用地是由农民提出，而被政府认可和推广的。

⑫ 宅基地是国家给予农村居民自用的住宅用地，历次土地法都规定了"一户一宅"的政策，同时土地法也没有排除农村居民可以出租自有住房的可能，只是禁止了多次申请宅基地的可能。1988年《土地管理法》第三十八条、1998年《土地管理法》第六十三条、2004年《土地管理法》第六十二条都规定：农村村民出卖、出租住房后，再申请宅基地的，不予批准。

⑬ 据深圳福田区组织的《福田区城中村调查研究报告》，深圳福田区的城中村经历了四次加建、抢建过程：1986～

1993年第一次抢建，出现宅基地超过农村红线范围，楼层大约在5层左右；1994~1998年，大规模抢建，由于当时关于农村建房的政策不配套、不连续，导致宅基地建房基本处于无序状态，楼层开始达7~8层，公共用地等被大量占用；1999~2001年，在严处违章建筑后续政策不到位的情况下，村民抱着搭上最后一班车的心态，以惊人的速度抢建，普遍在8层以上；2001年以后是恶性抢建，主要表现在高层（15层）、超大面积（5 000 m²）的农民住房开始出现。

⑭ 本案例的资料来源于《石牌村志》、郑孟煊主编的《城市化中的石牌村》、中山大学编制的《石牌村改造规划》和石牌村的实地调查。

⑮ 为了缓解征地中的矛盾，广州市政府对珠江新城预留地的使用给出了较优惠的条件，留用地可以和开发商合作开发房地产项目。当时较为流行的合作方式是农民出地，发展商出钱，按当时最低的村集体占30%楼面、发展商占70%楼面以及市场价格最低的商住项目、容积率为2、市场售价6 000元/m²计，村集体可以获得收益30多亿元。

⑯ 资料来源于中山大学编制的《石牌村改造规划》。

参考文献

[1] Hayek and Friedrich, A. 1945. The Use of Knowledge in Society. *American Economic Review*, Vol. 33, pp. 519-530.

[2] Montinola, Qian and Weingast 1995. Federalism, Chinese Style: The Political Basis for Economic Success in China. *World Politics*, Vol. 48, No. 1, pp. 50-81.

[3] Oates and Wallace, E. 1999. An Essay on Fiscal Federalism. *Journal of Economic Literature*, Vol. 37, No. 3, pp. 1120-1149.

[4] Oksenberg and Tong 1991. The Evolution of Central-Provincial Fiscal Relations in China, 1971-1984: The Formal System. *China Quarterly*, No. 125, pp. 1-32.

[5] Qian and Roland 1998. Federalism and the Soft Budget Constraint. *American Economic Review*, Vol. 88, No. 5, pp. 1143-1162.

[6] Qian and Weingast 1996. China's Transition to Market-Preserving Federalism, Chinese Style. *Journal of Policy Reform*, Vol. 1, pp. 149-185.

[7] Tiebout, Charles 1956. A pure Theory of Local Expenditures. *Journal of Political Economy*, Vol. 64, pp. 416-426.

[8] 陈剑波．"农地制度：所有权问题还是委托—代理问题？"《经济研究》，2006年第4期。

[9] 房庆方、马向明："城中村：我国城市化进程中遇到的政策问题"，《城市发展研究》，1999年第4期。

[10] 黄佩华：《中国：国家发展与地方财政》，中信出版社，2003年。

[11] 贾康、白景明："县乡财政解困与财政体制创新"，《经济研究》，2002年第2期。

[12] 敬东："'城市里的乡村'研究报告——经济发达地区城市中心区农村城市化进程的对策"，《城市规划》，1999年第9期。

[13] 李立勋："广州市城中村形成及改造机制研究"（博士论文），中山大学，2001年。

[14] 李培林：《巨变：村落的终结——都市里的村庄研究》，中国社会科学出版社，2002年。

[15] 平新乔："中国地方预算体制地绩效评估及指标设计"，北京大学中国经济研究中心，2006年。

[16] 丘海雄、张永宏:"城郊结合部'二世祖'——违法犯罪问题探讨",《青年研究》,1997年第3期。
[17] 田莉:"'都市里的村庄'现象评析——兼论乡村—城市转型期的矛盾和协调发展",《城市规划汇刊》,1998年第5期。
[18] 魏立华、阎小培:"'城中村':存续前提下的转型",《城市规划》,2005年第7期。
[19] 吴敬琏:《当代中国经济改革》,上海远东出版社,2004年。
[20] 吴晓:"'城中村'现状调查与整合——以珠江三角洲地区为例",《规划师》,2004年第5期。
[21] 杨培峰:"结合政府统筹与市场调控解决城市民房问题",《规划师》,2000年第6期。
[22] 阎坤:"转移支付制度与县乡财政体制构建",《财贸经济》,2004年第8期。
[23] 曾坚朋、谭媛:"珠江三角洲'二世祖'生活方式的剖析",《社会》,2002年第8期。
[24] 张建明:"广州都市村庄形成演变机制分析"(博士论文),中山大学,1998年。
[25] 郑静:"论广州城中村的形成、演变与整治对策",《规划与观察》,2002年第1期。

土地使用制度改革对城市空间结构的影响
——以汕头市为例

陈 鹏

Urban Spatial Structure under Land-use Institution Reform: A Case Study of Shantou City

CHEN Peng
(China Academy of Urban Planning and Design, Beijing 100044, China)

Abstract Through the experimental study in Shantou, this paper indicates that under current land supply institution, the compensated land-use, which will activate the pricing mechanism, is essential for optimizing the urban spatial structure. Reforms of the land-use institution can not only balance the land-use structures by compensating the municipal infrastructure, but also promote the marketization of land demand and boost the twice allocation of land resources, which is highly marketized, together with the reforms of enterprises and housing distributions. The obvious ring and layer structure and spatial differentiation will promote the efficiency of land-use and upgrade the urban function. However, the semi-marketization of land supply distorts the relationship between demand and supply of the lands and causes many problems on urban spatial structure. Therefore, deepening the marketization of land distribution based on the clear property right is an elementary direction of the further reform of urban land-use institution.

Key words land-use institution; urban spatial structure; Shantou city

摘 要 本文通过对汕头市的实证研究，表明在"双轨并存"和以协议出让为主的土地供给体制下，土地有偿使用激活价格机制是城市空间结构优化的根本动力。土地使用制度改革不仅有助于弥补市政基础设施的欠账以平衡用地比例关系，而且与企业制度和住房分配制度改革一起，推动土地需求的市场化，促进土地资源高度市场化的二次配置，更加明显的圈层结构和空间分异体现了土地利用效率和城市功能的提升。但土地供给的半市场化，扭曲了土地的供需关系，也造成城市空间结构的诸多问题。在产权明晰的基础上深化推进土地配置的市场化，将是城市土地使用制度进一步改革的基本方向。

关键词 土地使用制度；城市空间结构；汕头市

近十几年来随着市场经济体制的逐步确立，尤其是城市土地使用制度改革，使得我国传统上以工业用地布局为主导、以各项用地有计划地配置为特色的城市空间结构得以打破，地价调节作用日益强化（陈述彭，1999）。从理论上讲，在市场经济的土地价值调节作用下，城市用地应趋于紧凑型发展，并且就业位置与居住地的关联被打破，土地置换使同心圈层更趋明显，商业、居住、工业用地价值的空间分布与增长特征出现较大差异，并出现主次地价峰值等。

1 汕头市城市空间历史演变

汕头市于1861年开埠，是我国近代较早的沿海开放城

作者简介
陈鹏，中国城市规划设计研究院。

市,而且从开埠初期的弹丸之地发展到如今百万人口的大城市,其城市空间形态结构的历史演变可以清晰地见证近代以来的社会经济发展与变迁。本文利用汕头市较为完整的历史资料,选取其中 1888 年、1947 年、1969 年、1988 年和 2000 年五个具有典型意义的年份,分别代表开埠一段时间、新中国成立前夕、新中国建设 20 年、土地使用制度改革之前、土地使用制度改革 10 余年后(即近期),进行城市空间形态结构的历史比较分析。为体现一致性,尤其是消除跨海发展对城市空间形态结构产生的突变影响,本文只对汕头市的北岸主城区进行相关比较。

由图 1 可见,汕头市北岸主城区的空间形态演变具有非常明显的特征与规律。

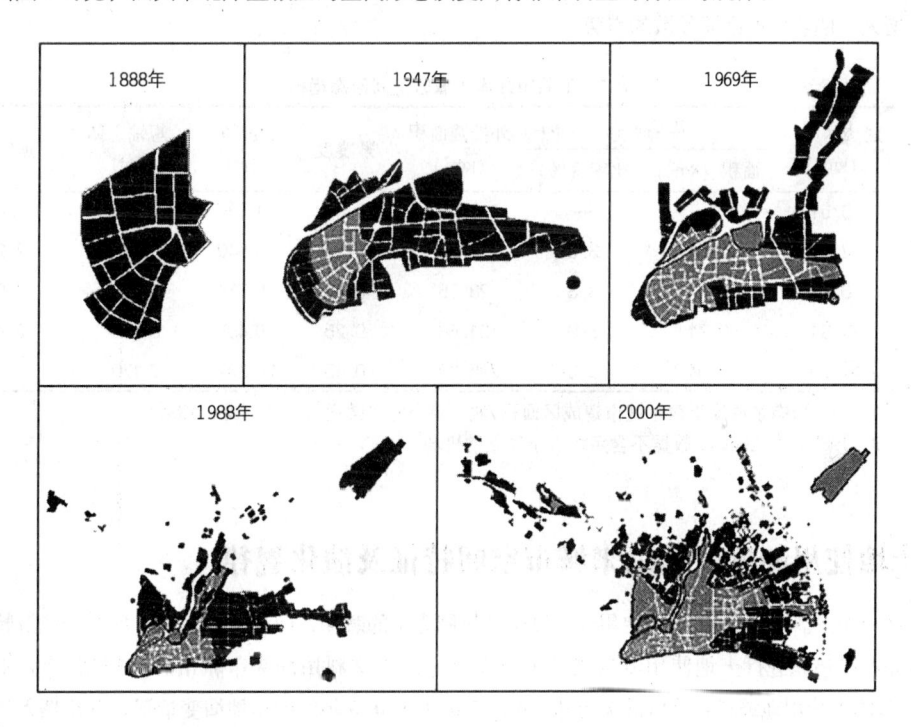

图 1 汕头市北岸主城区历史演变

其一,总是依托原有基础先轴向扩展—逐步填充—再轴向扩展,而最早的核心区则是以小公园为中心的地带,该区域成为目前的旧城中心(1888 年图)。

其二,轴向扩展的方向作为城市发展相对活跃的部分,是自然条件限制和社会经济条件诱导或引导共同作用的结果,因此在不同历史时期由于条件不一而产生的结果也不同:新中国成立以前(1947 年图)由于受西面和北面河流的阻挡,主要沿着海岸线向东部扩展,这是纯市场作用的结果;改革开放以前(1969 年图)在"先生产、后生活"的指导方针下,城市建设以生产性用地为主,而且从节约成本(便于用水和排污)的角度出发,新增工业仓储用地主要沿梅溪河两岸向东北方向延伸;改革开放以后(1988 年图)恢复重视生活,城市建设重新向适宜居住的东部拓展并沿交通干道轴向发展;土地使用制度改革后（2000年图）城市四向扩张速度都大大加快，政府的调控能力也大为增强，在开发西部的政府意愿引导下，城市建设开始向西北方向沿着交通干道轴向延伸。

其三，随着社会经济的发展，城市开发建设的速度也逐步加快，体现在面积的增大和轴线延伸的程度两个方面，但同时城市形态的紧凑度也趋于下降，而且这种下降在城市土地使用制度改革以后有骤然加速的突变迹象（表1）。这表明城市空间扩展的速度与经济发展速度相吻合；另一方面也表明土地使用制度改革在促进城市建设的同时，至少在一定时期内也使得城市空间结构更加松散。王冠贤和魏清泉（2002）对广州城市空间形态的研究也得出了相近结论，即从1990年起紧凑度愈来愈小，而离散程度增大，地域呈现逐渐分散的态势。

表1 汕头市北岸主城区空间形态指标

年份	建成区面积 (km²)	年均扩张 面积 (km²)	年均扩张 比率 (%)	外接圆面积 (km²)	紧凑度	长轴 (m)	短轴主体 (m)	延伸率
1888	0.51	—	—	1.09	0.47	1 180	756	1.55
1947	2.91	0.04	3.0	10.06	0.29	3 540	1 575	2.25
1969	6.61	0.17	3.8	28.25	0.23	5 874	2 904	2.02
1988	20.04	0.71	6.0	81.68	0.25	9 496	3 932	2.42
2000	56.50	3.04	9.0	295.58	0.19	20 832	7 170	2.91

注：(1) 城市形态紧凑度指数＝城市建成区面积／城市最小外接圆面积（林炳耀，1998）；
(2) 1988年和2000年数据不含用地过于独立的机场。

2 土地使用制度改革以来城市空间特征及演化规律

1990年代以来正是我国土地使用逐步以市场机制为主的时期，而汕头市作为首批四个经济特区之一，也是我国最先进行土地使用制度改革的城市之一。本文利用汕头市城市总体规划1992年版和2002年版的现状用地资料，分析汕头市从1991年至2000年9年间的用地演变情况，并用插入法求得1992版总规对2000年的规划预期值，再和2000年的实际值进行对比，可以比较清晰地反映该段时期土地制度演变对城市用地和空间结构的影响。

2.1 用地变化的动态比较分析

2.1.1 用地总量大幅度提高

汕头市区的城市建设用地总量（表2），1991年为3 112hm²，人均43.2m²（含暂住人口）。规划预测至2000年为9 120hm²，人均76m²（根据插入法和趋势分析大致求得）。而2000年的实际建成用地为8 293hm²，比1991年增加5 181hm²，平均每年增加575.7hm²，年均增速为11.6%；人均75.4m²，比1991年增加32.2m²，提高了74.5%，平均每年增加3.6m²，年均增速为6.4%。与预测值相比，2000年人均面积仅差0.6m²，基本持平；实际建设用地总量则减少了827hm²，主要是人口计算范围的差距（1992版规划预测包括常住的农业人口）。

表2 汕头市区城市建设用地总量增长分析

	1991年	2000年 实际值	2000年 预测值	差值	增加量	年增长率（%）
建设用地面积（hm²）	3 112	8 293	9 360	-1 067	5 181	11.5
人均用地（m²/人）	43.2	75.4	76	-0.6	32.2	6.4

由此可见，汕头市的城市建设在1992～2000年间取得了长足的进步，无论是建设总量还是人均用地都有较大幅度的提高，也趋于合理化，并且从最终的结果看都基本符合1992版总规的规划预期。

2.1.2 用地结构更趋合理

与1991年相比（表3），2000年汕头市区在对外交通、绿地和道路广场等用地方面增长明显，年均增长速度分别高达35.2%、23.9%和14.8%，这表明在总体规划的指导下，城市的基础设施和投资硬环境已大为改善。而居住用地的比例继续上升，大大超过国标的上限；工业用地则大幅萎缩，下降速度甚至远远超出规划预期；这也许能够反映汕头市区在从一个工业城市转向"第三产业繁荣"的商贸城市的过程中步伐迈得过快。由于缺乏实业支撑，第三产业并未充分全面地繁荣起来，只是房地产业和旅游业相对活跃，这从公共设施用地和居住用地的比例变化可以清晰地看出（北岸公共设施用地年均增速比居住用地低3.2个百分点，南岸主要由于新建一些大型旅游休闲设施而显得比例大幅提升）。

表3 1991～2000年汕头城市建成区主要用地增长分析（hm²、%）

项 目	北岸用地 增加值	年均增加值	年均增速	南岸用地 增加值	年均增加值	年均增速	总用地 增加值	年均增加值	年均增速
工业仓储	246.8	27.4	2.84	230.2	25.6	6.7	477.0	53.0	3.9
居住用地	1 558.9	173.2	11.7	489.7	54.4	18.5	2 048.6	227.6	12.7
公共设施	264.5	29.4	8.5	302.9	33.7	33.6	567.4	63.0	13.5
对外交通	609.7	67.7	39.1	132.3	14.7	25.6	742.0	82.4	35.2
绿　　地	113.0	12.6	12.4	319.7	35.5	43.7	432.7	48.1	23.9
道路广场	365.8	40.6	10.4	302.0	33.6	39.9	667.8	74.2	14.8
建成区	3 395.1	377.2	9.8	1 785.9	198.4	17.4	5 181.0	575.7	11.6

汕头市区现状城市建设用地结构与国家城市建设用地结构标准基本一致，除去绿地比重过低以外，其他指标均在允许的范围之内。这说明城市建设用地的各项指标经过近10年的调整，目前相对1991年现状用地结构优化了许多，用地之间互动影响达到一个相对平衡的阶段，城市各项用地比例基本协调（表4）。当然，由于汕头市的建成区人口密度过高，造成现状建成区人均用地标准很低，2000年的75.4m^{2}虽然比1991年43.2m^{2}提高了3/4，但也仅仅达到国家标准的最低限，也就是说，汕头市区用地比例的内部协调还处于一种低水平的相对平衡（图2）。

表4 汕头市区主要城市建设用地结构比较（%）

用地名称	国标	1991年现状	2000年预测	2000年现状
居住用地	20～32	34.2	32.8	37.4
工业用地	15～25	27.9	23.9	16.4
道路广场	8～15	8.6	11.7	11.3
绿　　地	8～15	2.3	8.0	6.1

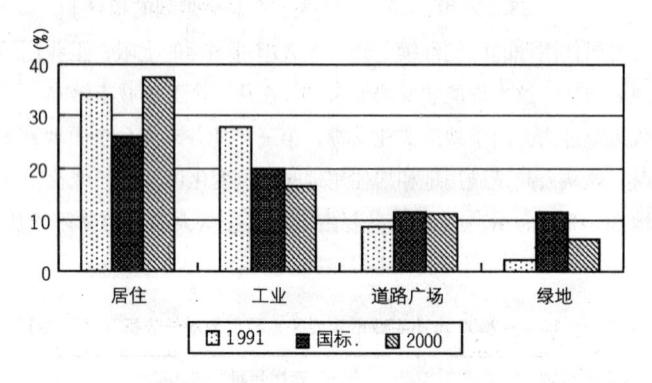

图2 国标（GBJ137-90）与汕头市区用地结构的比较

注：图中"国标"取平均值。

总而言之，土地使用制度改革一方面使城市政府获得了更多的城市建设资金，比如汕头市的城市维护建设投资从1990年的0.49亿元剧增至1995年的12.3亿元，5年之内增长了24倍，而同期GDP仅增长了2.6倍，这种超常规的增长主要源于土地使用制度改革所直接带来的土地出让金收入的大幅增加以及由于土地使用制度改革导致房地产市场的兴起而间接提高政府征收相关税费的能力；另一方面房地产市场的繁荣在提高市民居住条件的同时也大幅增加了住宅用地的比例。也就是说，土地使用制度改革能够改变城市建设长期滞缓以及弥补以前过分偏重生产所导致的生活用地不足和市政基础设施欠账等问题，使人均用地水平和城市用地比例结构逐渐趋于合理。

2.2 地价梯度及圈层结构趋于明显

2.2.1 商业地价已趋成熟

汕头市市场化程度最高的零售商业铺面,以东西向的主要商业轴线——长平路为例,其价格剖面图呈现明显的以市中心为峰值的基本对称的曲线(图3),反映汕头市商业地价的梯度结构已趋成熟。商务区则由于城市规模偏小、集聚效应不明显而尚未完全成形。

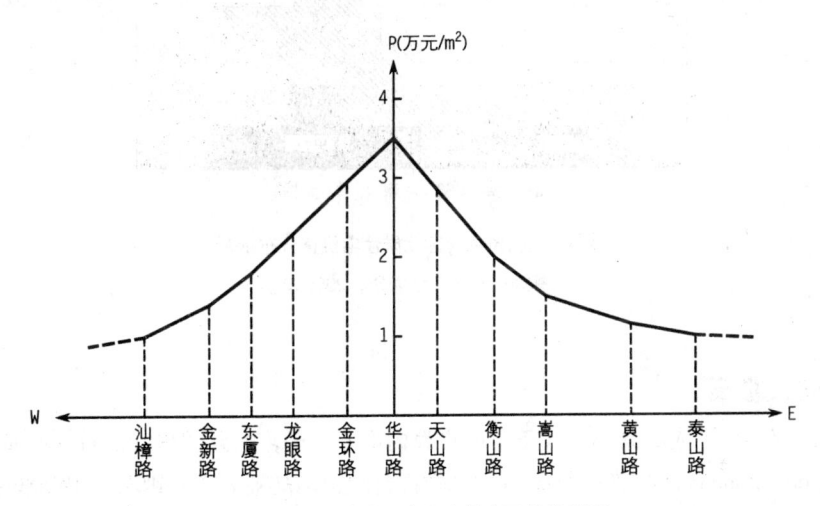

图3 汕头市主城区商业主轴店面价格剖面

资料来源:实地调研,2005年。

2.2.2 住宅地价日趋市场化

汕头市主城区北岸的住宅价格,在空间分布上也呈明显的以城市中心为圆心的圈层结构,并且从景观环境条件最佳的沿汕头湾一线向内陆递减,中高价区域有向东部新区扩张的趋势。如图4所示,图中填实部分为住宅单价每平方米超过2 500元的区域,斜线部分为2 000~2 500元,其余部分则低于2 000元。这种价格分布格局完全符合经济学理论分析的结果以及实际人们的心理预期和行为模式,表明决定汕头市住宅价格的因素已经基本市场化。

2.2.3 工业地价差别不大

汕头市工业区之间的地域差别不显著,再加上各区为招商引资而对协议出让的工业地价有过多的人为干预,因此导致工业地价之间的差别并不大。也就是说,从汕头目前的实际情况来看,工业地价的梯度和圈层结构尚不明显。尽管有市区范围较小、能反映差别的数据相对较少导致代表性不够充分等因素,但多少还是体现了一直以来工业用地政策力量强于市场力量的特点,也表明了市场化程度与价格机制效应之间的关联性。

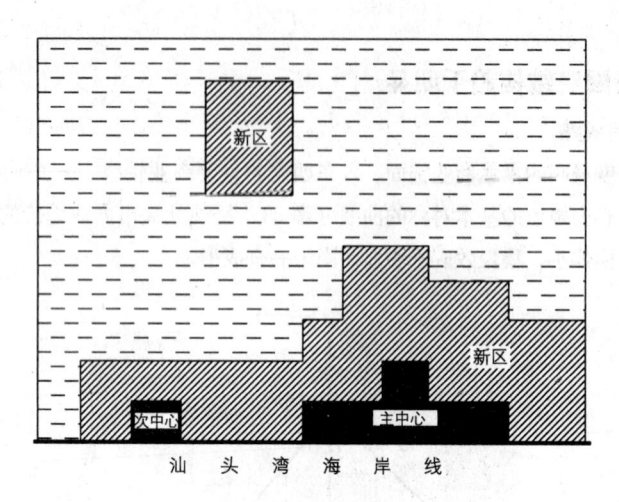

图 4　汕头市主城区北岸住宅价格分布示意

资料来源：实地调研，2005年。

2.3 "退二进三"

当城市工业空间扩散的离心力大于空间集聚的向心力时，就会产生所谓的工业郊区化（the suburbanization of industry）。西方国家早在1950年代便已出现工业郊区化现象，国内近年来对城市工业郊区化的研究也开始重视起来，郭建华（1996）认为工业发展及其内部结构调整、第三产业迅猛发展、改造旧城区等推动了工业郊区化的发展；周一星、孟延春（2000）重点针对污染企业和产业结构转换中的企业外迁等典型工业郊区化现象进行了研究。冯健（2004）则认为城市工业布局由传统的空间集聚为主转变为空间扩散为主，是转型期城市内部空间重构的一个最突出特征，并且相对于企业数量，工业用地面积更适宜衡量工业的空间变动。同时在郭建华和周一星等人的研究基础上，强调城市土地使用制度的改革，即城市土地从无偿使用到有偿使用的转变，使得在市场机制下企业可以通过土地转让获取资金，这种有别于污染企业强制性搬迁的"退二进三"式土地功能置换，是1990年代以来中国大城市工业郊区化发展最为显著的动力。

换句话说，在计划经济时代以工业用地布局为主导的基础上，"退二进三"成为我国土地使用制度改革后地价调节机制对城市空间发生作用的标志性体现。汕头市的"退二进三"在城市空间上主要表现为两个方面的特征。

一是主城区整体工业仓储用地相对面积的下降。即伴随着城市建成区的扩大，工业仓储等第二产业用地的比例大幅降低，从1991年的27.9%降至2000年的16.4%，降幅之大甚至远远超出1992年版总体规划23.9%的预期。这主要是由于随着汕头市从生产型城市向生活型城市的转变，控制制造业发展的产业调整政策导致工业仓储用地的增长速度远远低于居住、公共设施及其他用地，如表3所示，

1991~2000年,工业仓储用地的年均增幅为3.9%,仅相当于整个建成区同期年均增幅11.6%的1/3。

二是主城区核心地带工业仓储用地绝对面积的减少。据1992年版与2002年版城市总体规划现状图的量算,汕头市主城区金砂路以南、龙湖沟以西、小公园以东的核心地带,从1991年至2000年其工业仓储用地减少了近40%,其中绝大部分被置换成居住和商贸用地。

进一步深入对比分析图5~7,还可以发现总结两个重要的规律性特征。

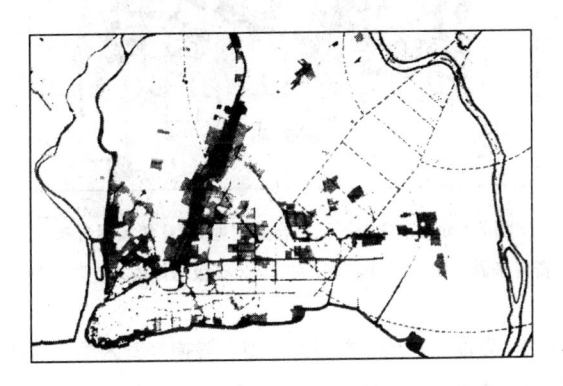

图5 汕头市主城区工业仓储用地1991年现状分布

图6 汕头市主城区工业仓储用地2010年规划布局

一是在宏观层面上,政府的产业政策调整对抑制工业仓储用地的增长速度有重大影响,而在微观层面上,尤其是存量工业仓储用地的置换却表现出强烈的市场指向。比如,越靠近中心区,工业仓储用地置换得越快越彻底,2000年就几乎已经达到规划2010年的水平;但远离中心区的地方,即使是政府主要从环境整治角度出发着力想推动的沿河工业区用地置换,因为产业的集聚效应却不减反增。

二是单位制的不利影响仍然明显。主城核心区的大部分工业仓储用地已经或正在进行置换,即使许多零星的小工厂也迅速得到了改造搬迁,但位于中心区南侧的沿海黄金地段,却有几片较大的工业仓储用地至今保留。这主要是由于一方面其土地面积较大,一次性搬迁改造所需的土地成本偏高,超

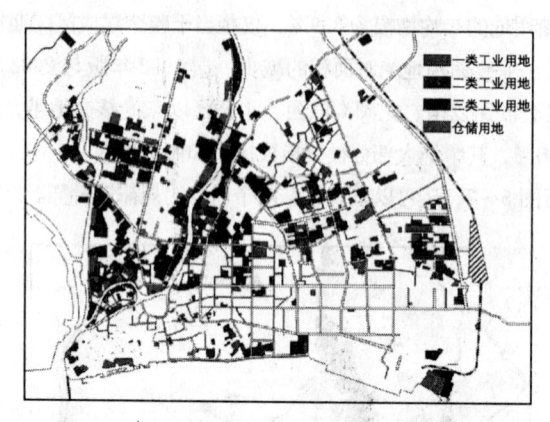

图7 汕头市主城区工业仓储用地2000年实际分布

资料来源：图5~7据1992和2002年版总体规划整理绘制。

出了现有一般房地产企业的开发能力；另一方面大型国企普遍经营困难、负债过高，都寄望于通过土地转让摆脱困境，从而加大了市场交易的难度。

3 土地使用制度改革影响城市空间结构的动力机制

汕头市尽管在全国较早推行国有土地使用制度改革，成为吸引外资的一大优势，但土地使用权的取得方式仍然以行政审批、协议出让为主，招标、拍卖的比例一直很低。据统计，汕头市1992~2003年间，累计行政划拨的土地有213宗，面积13 581亩；出让土地1 337宗，面积33 961亩，其中招标拍卖挂牌的31宗，面积666亩，仅占出让总面积的2%。但在这种"双轨并存"和协议出让为主的土地供给体制下，却形成了逐渐优化的城市空间格局，也就是说，非市场化的土地供给手段却产生了市场化的土地利用方式，其原因究竟何在？

3.1 土地供给方式从行政向市场逐渐过渡

深入剖析汕头市土地使用制度改革以来的土地供给，可以发现：土地供给的规模与方式大致可以分为三个具有代表性的时间段（图8）。

第一个是1993~1995年的出让高峰期，划拨与协议面积大致相当，招拍稀少；第二个是1997~1999年的出让高峰期，协议出让相对于划拨大幅增加，招拍略有增长；第三个是2001~2003年的出让低潮期，以协议出让为主，划拨面积骤减，招拍仍旧稀少，但有增加趋势。

可以看出，尽管进程缓慢，但汕头市的土地供给方式还是逐渐从行政划拨向协议出让再向招标拍卖过渡，土地供给的市场化程度逐渐提升。而在这一时期内，占主导地位的还是协议出让的方式。

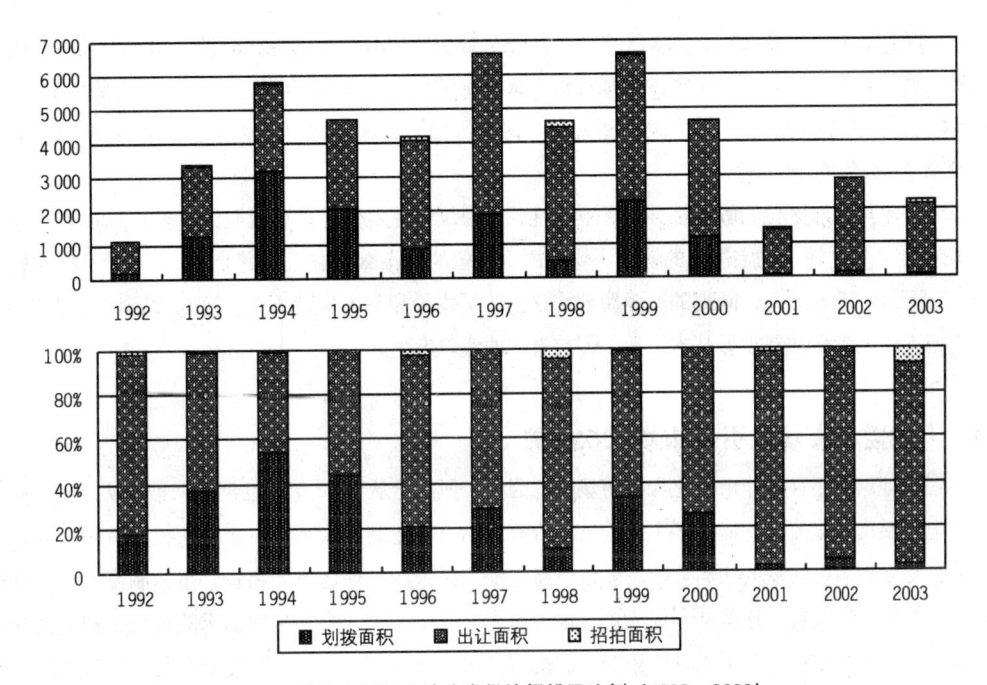

图8 汕头市历年土地分类供给规模及比例（1992～2003）

3.2 协议出让地价部分体现区位因素

汕头市的土地协议出让价格尽管一直参照1992年制定的基准地价，与现实的市场价有着较大的差距，近几年的协议出让地价，以住宅用地为例，大约只相当于相近条件市场拍卖价格的1/3左右；但不同地段之间的协议出让价格仍然相差悬殊，部分体现了土地的区位价值，也充分体现了协议出让半市场化的特征。

选取上述三个代表性时间段的中间年份1994年、1998年、2002年的汕头市主城区协议出让地价进行比较，可以发现（表5）：

表5 汕头市主城区代表年份协议出让地价情况

年份	土地用途	单位地价（万元/亩）及比值				住宅/工业
		最低	最高	高/低	平均	
1994	住宅	39.1	86.3	2.2	58.1	2.4
	工业	5.2	43.3	8.3	23.8	
1998	住宅	11.6	83.9	7.2	53.5	2.2
	工业	6.1	66.4	10.9	23.9	
2002	住宅	12.9	79.0	6.1	25.5	1.2
	工业	3.5	50.2	14.3	21.5	

(1) 随着主城区建成区的扩大，土地出让区域从集中于中心向边缘城区扩散，协议出让地价的高低比值也迅速增大。比如，住宅用地的最高价与最低价的比值从 1994 年的 2.2 倍，增大到 1998 年的 7.2 倍和 2002 年的 6.1 倍；工业用地的最高价与最低价的比值从 1994 年的 8.3 倍，增大到 1998 年的 10.9 倍和 2002 年的 14.3 倍。

(2) 住宅用地对区位的敏感性强于工业用地，在协议出让地价上也有明显的体现。1994 年、1998 年、2002 年 3 年比较，住宅用地的协议平均价由于区位的逐渐郊区化而从每亩 58.1 万元，相应递减至 53.5 万元和 25.5 万元，同期的工业用地协议出让平均价却基本保持不变。这与中国城市市场条件下住宅与工业的竞租曲线规律基本一致，即前者的曲线斜率更高。

3.3 土地需求市场化引致市场二次配置

尽管土地供给还存在非市场化和半市场化的因素，但由于从 1990 年代初期以来推行从无偿向有偿转变的土地使用制度改革，显化了土地的市场价值；加上企业制度改革使得企业有权也有动力处置土地，从福利向货币化转变的住房分配制度改革将土地的最大产品住房推向市场，金融制度改革使得开发及购房贷款得以实现，这些共同促成了土地使用需求的市场化。由于土地需求的市场化程度高于供给市场化，从而引致大量对于土地资源的二次配置，这也是所谓土地"一级市场"与"二级市场"的区别所在；而正是这种高度市场化的二次配置，促进了土地利用以及城市空间结构的调整优化。

从不同性质类别用地的地域实际分布状况来看，凡是市场二次配置更为充分即二级市场更为活跃的领域，其空间结构更趋于完善。商业用地由于量大面广且利润相对丰厚，市场的二次配置最为活跃与充分，价格反映也相对及时，因此其地价分布也最符合市场特征，比如汕头市长平路作为城市商业轴线，其店铺价格已呈标准的竞租曲线形式（图 3）。居住用地由于规模相对较大，加上用地需求的一些非市场因素影响（如相当长时期内的单位自建），市场的二次配置不如商业用地活跃，价格反映也相对滞后，因此汕头市住宅用地的价格在整体格局呈圈层分布的同时也存在局部的混杂（图 4，由于简化示意，该图并未反映局部的混杂情况）。工业用地尽管存在区位价格差异，但主要作为政府或者各工业区招商引资的手段，工业用地内部很少进行利用土地价格杠杆作基于环境保护或产业集聚目标的调整置换，市场的二次配置主要体现在存在巨大利润差的工业用地与居住或商业用地之间，因此，在城市内部"退二进三"活跃的同时，工业用地的调整优化速度却异常缓慢，工业区布局仍显得较为混乱（图 7）。

3.4 小结

由上述分析可知，土地使用制度改革及其所激活的价格机制，是我国城市空间结构趋于优化的根本动力。地租差异会促使土地密集型的产业或部门用地从高地租地段转向低地租地段，城市土地利用结构趋于优化和向高效益转化，城市不同区位土地的优势和潜能得到充分体现（顾朝林等，2000）。

这一方面是因为土地供给的方式与规模逐渐从非市场向市场过渡，并且占优势地位的协议出让作为一种半市场化方式，其价格已经部分体现了土地的区位价值，导致不同土地需求和出价能力的用地能够在地租引导下通过集聚和扩散进行空间重组。另一方面更重要的是，土地使用制度改革在活跃房地产市场的同时使城市政府直接和间接获得了更多的城市建设资金，能够加快城市建设并弥补以前过分偏重生产所导致的生活用地不足和市政基础设施欠账等问题，使人均用地水平和城市用地比例结构趋于合理；而且与企业制度和住房分配制度改革一起，推动了土地需求的市场化，促进了土地资源高度市场化的二次配置，成为我国城市当前土地利用以及城市空间结构调整优化的主导因素。

但是这种半市场化供给加上市场二次配置的土地利用模式，尽管相对于以前非市场化的土地供需，带来了城市空间结构的迅速优化，但毕竟不是理想的市场供需关系，因此不可避免带来一些弊端。

3.4.1 供给的半市场化阻碍城市空间结构优化速度

一方面人为降低了土地获取成本，使得我国城市用地规模不断扩大的趋势和城市土地大量闲置的现象不能得到有效的控制；另一方面也相应降低了地价的位势差，在一定程度上延滞了城市空间结构调整优化的速度。

3.4.2 资源二次配置存在先天缺陷

资源二次配置中的相对滞后性与交易费用增加等，提高了城市空间结构调整优化的成本门槛（包括时间成本与资金成本等），是导致空间调整优化困难与不彻底，甚至局部空间结构混乱的重要因素。

3.4.3 多种供给方式并存扰乱市场公平竞争秩序

由于土地获取成本的不一致，造成市场竞争的不公平，不利于房地产市场的健康发展；并且容易孳生寻租腐败，一方面导致国有资产大量流失，另一方面可能因此产生既得利益集团，阻碍土地配置市场化改革的进一步深化。

渐进式的城市土地制度改革，尽管在改革初期获得了足够的支持，但也造就了阻碍进一步改革的既得利益集团，即那些掌握"再分配"权力的人及其关系网。鉴于国有企业仍代替政府为职工们提供着就业和各种社会福利，渐进式的城市土地改革也被用以保护国有企业免受市场的无情制约。朱介鸣（2000）认为，在渐进式的城市土地改革的保护伞下，地方政府和地方企业间的合作得到了加强。这种合作旨在与中央政府抗衡，而把更多的资源用于地方建设。在中国特有的政治结构中，发展中的城市土地改革亦被地方政府用做对于房地产开发进行有效干预的手段。地方政府为引导市场，鼓励市场按照政府计划行动，而提供与土地相关的补贴，可能是合理的。但短期性的权宜之计可能牺牲土地的良性发展，极可能对地方经济造成长期性的消极影响。以过低价格出租的土地可观数量，说明转型中的城市土地市场缺乏经济效益。建立社会主义市场经济所不可少的平等原则被破坏了。双重土地市场的存在，冲击了土地市场的完整性破坏了房地产市场的管理。"软"预算约束、市场制约的缺乏、补贴性的土地供应，是造成房地产市场诸多弊病的主要原因。

4 结论

由上可知，汕头市自土地使用制度改革以来城市空间结构的演变特征及其规律主要是：第一，城市建设用地总量迅速提高，绿地和道路广场用地的比例明显增加，城市人均用地水平和用地比例结构趋于合理；第二，用地的地价梯度和圈层结构趋于明显，并且与市场化程度成正比，其中，市场化程度最高的商业用地其峰值曲线已非常标准而清晰，市场化程度较低的工业用地则正好相反；第三，主城区核心地带工业仓储用地面积绝对量的减少，并且越靠近中心区工业仓储用地置换得越快越彻底，这表明此类有别于污染企业强制性搬迁的"退二进三"式土地功能置换带有强烈的市场指向。

从土地使用制度影响城市空间结构的动力机制来看，由于城市空间结构是土地市场各个行为主体在效用最大化激励下各自经济活动相互影响的结果，因此，土地市场机制的形成与完善，是影响土地利用效率以及城市空间结构演变最重要和最基本的要素。市场机制包括供需机制、竞争机制和价格机制，主要是通过提高土地资源配置方式的市场化程度，显化和正常化土地的市场价格。土地使用制度改革及其所激活的市场机制，是我国城市空间结构趋于优化的根本动力。汕头市在土地使用制度改革后长期"双轨并存"和协议出让为主的土地供给体制下，却形成了逐渐优化的城市空间格局，一方面是因为土地供给的方式与规模逐渐从非市场向市场过渡，并且占优势地位的协议出让作为一种半市场化方式，其价格已部分体现了土地的区位价值；另一方面更重要的是，土地使用制度改革在增强城市政府能动力的同时，还与企业制度和住房分配制度改革一起，推动了土地需求的市场化，促进了土地资源高度市场化的二次配置，成为土地利用以及城市空间结构调整优化的主导因素。

但是这种半市场化供给加上市场二次配置的土地利用模式，使得土地的供需关系变得复杂而扭曲，不可避免会影响城市空间结构优化的速度和彻底性以及扰乱市场公平竞争的秩序，不利于城市土地的高效集约利用和社会的和谐稳定。因此，在产权明晰的基础上深化推进土地配置的市场化，将是我国土地制度进一步改革的基本方向。

参考文献

[1] 陈述彭：《城市化与城市地理信息系统》，科学出版社，1999年。
[2] 冯健：《转型期中国城市内部空间重构》，科学出版社，2004年。
[3] 顾朝林等：《集聚与扩散——城市空间结构新论》，东南大学出版社，2000年。
[4] 郭建华："对广州市工业郊区化的探讨"，《热带地理》，1996年第4期。
[5] 林炳耀："城市空间形态的计量方法及其评价"，《城市规划汇刊》，1998年第3期。
[6] 王冠贤、魏清泉："广州城市空间形态扩展中土地供应动力机制的作用"，《热带地理》，2002年第1期。
[7] 周一星、孟延春："中国大城市的郊区化趋势"，《城市规划汇刊》，2000年第3期。
[8] 朱介鸣："地方发展的合作——渐进式中国城市土地制度改革的背景和影响"，《城市规划汇刊》，2000年第2期。

关于新城开发热的冷思考

章光日

Reflections on Upsurge in New Town Development

ZHANG Guangri
(Department of Urban and Regional Planning, Nanjing University, Nanjing 210093, China)

Abstract New town is becoming the hot spot of the new round of urban and regional development and planning, and has drawn far-ranging attentions for its large numbers, diversified types, and vast occupation of land resource. The paper reviews briefly the history of new town development abroad, and focuses on the analyses of the domestic backgrounds of the new round development of new towns, as well as its main characteristics and problems. The author considers the underdevelopment of policy and institution, the flaws in the development patterns of new towns, and the gradually severe game of benefits between the central government and the local governments as the main factors hindering the healthy development of the new towns development. Moreover, he argues that according to the domestic and overseas experiences, the development of new towns should be covered by national construction strategies and policies, when putting forward related implementation suggestions.

Key words new town development; urban development; urban construction; national policy

---

作者简介
章光日，南京大学城市与区域规划系。

摘 要 新城正成为新一轮城市与区域发展和规划、建设的热点，其由于数量多、类型广、投资大且大量占用土地资源而引起人们的广泛关注。本文简要回顾了国外新城开发史，重点就我国新一轮新城开发的背景、主要特点和存在问题及其原因进行分析，认为政策与制度建设的滞后、开发模式的缺陷以及中央政府与地方政府日益加剧的利益博弈已成为影响新城开发健康发展的重要因素。借鉴国内外的经验与教训，文章提出应尽快将新城列入国家层面城市建设战略与政策的设想以及相关的实施建议。

关键词 新城开发；城市发展；城市建设；国家政策

1 引言

新城（New Town）是城市规划、建设领域一个历久而又常新的研究课题。由于新城的出现与发展不仅可改变一个区域的城镇网络与开发格局，抑制大城市的无序蔓延，同时还可作为新思想、新技术与新制度的实验基地，并可能诱发新的生产、生活方式，甚至新的城市文明，因而其长期以来就一直受到人们的广泛关注。早在20世纪五六十年代，随着工业化的强力推进，我国就曾掀起过建设新城的热潮，产业新城、卫星城等不断涌现；改革开放以来，特别是进入21世纪后，随着全球化影响的逐步加深与城市化进程的不断加快，新城开发又再次成为城市规划、建设的热点。本文将重点就我国新一轮新城开发的背景、主要特点和存在问题及其原因展开分析，并借鉴国内外的经验与教训，提出应尽快将新城列入国家层面城市建设战略与政策的设想以及相关的实施建议。

2 国外新城开发回顾与经验教训

2.1 国外新城开发历史的简要回顾

现代的新城开发无论从思想还是实践看,其根源都可追溯到发生在19、20世纪之交的田园城市建设运动(张捷等,2005)。田园城市建设运动最初起源于英国,主要由该国著名的社会活动家、后又被喻为"现代城市规划之父"的霍华德(Ebenezer Howard)所倡导与推动。他于1898年发表了影响深远的《明天——走向社会改革之路》(1902年再版时更名为《明日的田园城市》)一书,首次提出了建设融合城市与乡村特点的"田园城市"的构想,以期解决当时工业城市各种错综复杂的社会矛盾。霍华德不仅终生不遗余力地宣传他的思想,还亲自主持建设了两个田园城市:1903年的莱奇沃斯(Letchworth)与1989年的韦林(Welwyn)(沈玉麟,1989)。尽管霍华德的"田园城市"的理论具有明显的乌托邦色彩,其生前在新城建设探索中也没有取得突出的成就,但他的思想与实践无疑对此后世界范围内的新城开发产生了重要的影响,如雷蒙德·昂温(Raymond Unwin)的"卫星城市"理论就直接脱胎于"田园城市",而"卫星城市"理论则是战后世界新城开发最主要的指导理论之一(张捷等,2005)。

不过,总的来看,在"二战"之前,新城开发还主要是一些零星分散的探索与实践,如美国在两次世界大战期间曾借鉴英国田园城市的实践经验建设了一批"绿带新城"(为罗斯福"新政"的重要内容之一);"二战"后,它才逐渐演化成为一种世界性的建设潮流,其中英国又是最先全面由政府主导开发建设新城的西方工业化国家,它在第二次世界大战期间,就制定了相关的规划,在战后又由国会批准颁布了《新城法》(1946)与《城乡规划法》(1947)等,为其此后的新城开发提供了强有力的法律保障。英国的新城开发不仅起步早(从1940年代后期开始),而且历时长(共进行了三代新城的规划建设,新城开发到1970年代后期才基本结束);不仅数量类型多(共规划约有30余个,其中建成约28个,容纳了约200万人),而且成就高,影响大,为世界的新城开发与现代城市规划提供了许多经典的成功案例,尽管英国的新城开发也并没有完全实现其预期目标(郝娟,1997)。

在英国的影响下,世界各国(主要是工业发达国家)都先后开发建设了大批新城。其中北欧国家在新城规划建设方面作出了有益的探索,并形成了自己的特色;法国在新城建设方面虽然起步较晚(从1960年代才开始),数量也不多(全国由国家设立、建设了9个新城),但由于注重规划创新和新技术的探索与应用,也引起了人们的高度关注(刘健,2002);美国在新城开发方面虽然政府的干预较少,但由于有雄厚的经济基础作为支撑,一批规划理念先进,并主要由市场主导开发的新城也成为现代新城开发中的重要案例。在亚洲,日本在新城开发方面的探索实践启动相对较早。不过,与英国等西方国家的新城相比,日本的新城一般规模更大,并主要是卧城。这些新城一般也都由政府主导规划建设,它们的成功开发为缓解战后日本由高速经济发展与快速城市化而带来的严重的城市问题发挥了重要作用（王长坤，2005）。

在工业发达国家的影响下，一些发展中国家或地区也积极进行了新城开发的实践。如新加坡，早在1950～1960年代，就借鉴英国新城建设的经验，开始大规模建设新市镇，为不断增长的城市居民实现"居者有其屋"奠定了坚实基础；中国香港从1970年开始，逐渐把新城开发作为城市建设的重点，到目前已基本建成9座卫星新城，不仅容纳了香港近一半的城市居民，而且极大缓解了中心城区高度拥挤的状况，成就也十分突出（刘映芳等，2001）。

2.2 国外新城开发的基本经验教训

考察第二次世界大战后国外新城开发的发展历程与成功案例，可以得到以下基本经验。

2.2.1 政府的有效指导与积极参与

霍华德试图采用完全市场化的方式（如发行股票，成立开发公司）来建设田园城市，没有取得很大成功。而在战后，人们逐步认识到"对于新城开发这样一个影响深远并有着独特意义的事业，普通的商业企业是不合适的。除了可能产生的风险，在融资与实施上的政策一定会导致私人的垄断（Reith委员会）"（迈克尔·布鲁顿等，2003）。基于以上考虑，西方发达国家的新城开发普遍加强了政府的指导与干预，尽管各国的具体方式与程度存在着一定差别，如在英国，中央政府不仅为新城的开发提供法律、政策、资金等方面的保障，还授权成立开发公司，直接负责新城的规划、建设与经营管理；法国的新城也是在中央政府的政策与规划指导下进行开发的，并由专门授权成立的新城开发公共机构直接负责具体的建设与管理事务，其他如瑞典、芬兰、日本、新加坡等一些在新城开发方面取得斐然成绩的国家也莫不如此，政府在新城的规划、建设与管理等方面都进行了有效的指导与积极参与。即使在以市场化开发为主导的美国，政府在公共基础设施以及公共政策等方面也对一些主要由私人开发商规划建设的新城发挥了重要的作用（黄胜利等，2003）。

2.2.2 适宜的政策与可靠的制度保障

新城的开发周期长，投入资金巨大，往往具有较高的市场风险与较低的投资回报，同时还面临土地、财政、经营以及基础设施供给、即有城市的竞争等一系列复杂问题，因此，新城的开发一般离不开政府的干预，而很难由商业企业单独承担。而政府除了在资金或财政上给予直接支持外，主要是制定适宜的政策，并设计、安排相应的制度。如英国在二次世界大战刚结束不久，就专门制定了《新城法》来规范、指导新城的开发，此外，英国中央政府还依据相关法律，制定了一系列促进新城开发的公共政策，对新城的选址、开发土地的征用、建设资金的安排与筹措、基础设施的建设以及新城持续经营与管理等，都作了十分详细周到的考虑，同时还授权成立了专门的开发公司作为新城规划、建设与管理的主体（郝娟，1997）。这一系列安排，不仅为新城的长远发展奠定了坚实的法律基础，还提供了适宜、可靠的政策与制度保障。

2.2.3 科学合理的规划指导

国外的发展经验已一再证明，新城开发要取得成功，除了要有先进新颖的设计外，还必须有科学合理的规划作为指导。首先，必须要有良好的选址。新城的选址不仅直接关系到开发的成效，也是新城处理与临近城市特别是依托城市关系的重要基础，它的成功与否在一定程度上直接影响到新城的长远发展与区域协调关系的形成。其次，要保持适度的规模。尽管人们对城市究竟多大规模才是合理的这一命题历来没有统一的答案，但国外成功的新城在其开发之初就有明确的规模控制意图，以避免新城重蹈工业城市无序蔓延、盲目扩张的道路。此外，还必须要有合理的布局，并注重新技术的运用。新城的崭新面貌往往是通过其新颖独特的布局所塑造的，而新城的现代高效则需要有新技术作为支撑保障。

3 我国新一轮新城开发的主要特征和问题

近年来，随着我国经济的快速发展与城市化的迅猛推进，新城开发渐成规划建设的热点，如北京市在新一轮城市总体规划中，就明确提出今后城市建设重点将逐步向新城转移，并将建设延庆、昌平、门头沟、怀柔、密云、平谷、顺义、房山、大兴、亦庄、通州11座新城，规划总人口达570万左右，其中顺义、通州、亦庄作为"十一五"期间三个重点发展的新城，已率先启动规划建设；上海市在"十一五"规划纲要也提出未来要建设宝山、嘉定、青浦、松江、闵行、奉贤南桥、金山、临港新城、崇明城桥9个新城，规划总人口540万左右，其中松江、嘉定和临港新城三个条件较好的新城已作为近期建设的重点。国内其他大城市如天津、广州、南京、青岛、大连等在新的城市建设规划中，也大多包含有新城开发的内容。

3.1 主要特征

3.1.1 数量多、规模大且类型多样

进入21世纪后，国内新一轮的新城开发热潮可谓一浪高过一浪，大量新城不断涌现。据笔者的初步调查发现，目前国内直辖城市由政府规划建设的新城一般在10个左右，如北京与天津各有11个，上海为9个，重庆在主城区外围也规划了11个组团（实际上多为新城），而一些特大的区域性中心城市如广州、沈阳、武汉、南京等规划、建设的新城也不在少数，如南京除建设3个新市区外，另外还规划有9个新城；其他国内一般的大城市甚至某些中等城市也都在积极建设新城。从全国范围看，由各级地方政府规划建设的新城数量可能要数以百计甚至千计，这还不包括各地方政府以其他各种名义（如新区、新市区、新组团、新市镇或各种开发区等）设立的新城以及由企业开发的各类新城（某些所谓的城郊大盘开发，有的居住规模达数万人，实际上也是一种新城开发）。这些新城不仅数量多，而且一般规模都较大，多数规划人口达数万人，不少则达到中等城市的规模，少数甚至达到大城市规模，比国外战后规划建设的绝大部分新城都要大得多。与我国以往新城多为产业性质的不同，本轮开发的新城类型也更为多样，既有一般的产业新城，也有大学城、科技城等各种功能型新城，另外，还出现了以住宅开发为主的居住新城。新城的蓬勃发展实际上是我国经济快速增长、城市化不断加速发

展的一个直接缩影。

3.1.2 仍以地方城市政府推动为主

考察我国的新城开发，可以发现一个显著的特点，即我国绝大多数的新城开发具有明显的自下而上的特征，即它主要是由地方政府推动的，中央政府既没有明确制定过新城开发的相关法律与政策，也极少在财政、贷款等方面上给予新城开发直接的支持。本轮的新城开发也一样，仍以地方城市政府推动为主，即大多数新城都是由地方政府规划的（当然，部分城市的新城规划是在中央政府审查同意后批准建设的），也主要由地方政府筹集资金组织建设的，并主要由地方政府负责新城的经营与管理，中央政府仍没有或很少直接参与新城的开发。

3.1.3 土地经营成为筹措建设资金的主要手段

由于我国中央政府在财政、贷款上很少给予新城开发直接的支持或出台相关的政策，而地方政府往往又易受到财政等方面的刚性制约，因此，由地方政府推动的新城开发最大的难题是如何筹措、保障建设资金。对于这一难题，实际上霍华德在其田园城市理论中早就提出了基本解决思路：即将城市建设过程中产生的土地增殖收益用于城市的公共设施与基础设施的建设与营运，以此实现新城的滚动开发与持续发展（沈玉鳞，1989）。而要做到这一点，关键要经营好新城的土地开发。是否是受到霍华德这一思路的启发，还是由于现实的迫切需要，一个不争的事实是：土地经营正成为我国众多新城为筹措建设资金而普遍采用的最主要手段之一。

3.1.4 主要集中在都市区

本轮开发的新城还有一个不同以往的突出特点是它们主要集中在都市区内。形成这一发展局面，一方面与我国城市化的演化阶段密切相关。目前我国已进入一个以都市化为主的城市化发展阶段（章光日，2003），在这个阶段，城市化主要集中在大城市及其周边区域，新城开发是推进中心城市都市化的重要形式。另一方面与我国现阶段的经济发展格局相关。目前我国经济不平衡发展的趋势越来越明显，大城市凭借着雄厚的基础、良好的发展条件以及强大的资源整合能力，在市场竞争中已迅速占据了区域经济增长中心位置，它的极化发展有力地促使新城不断向都市区集中；此外，由于我国新城开发主要由地方推动，而地方往往也只有大城市具有规划、建设新城的实力与需求。

3.1.5 大多为规划新建

与以往新城多自发形成不同，新一轮开发的新城大多是经过规划的（当然主要是由地方城市政府规划的，通常通过城市总体规划加以确定），而且许多是完全新建的。这些新城为规划的创新与新技术的探索运用创造了条件，有的新城已成为当地城市发展的标志性新成就、新景观。

3.2 主要问题

3.2.1 新城设置无法可依，随意性大，数量明显过多

由于我国目前还尚未出台明确的规范，指导新城开发的政策法规，各地目前主要依据区域城镇体系规划或城市总体规划来规划、建设新城，有时则以各类开发区或新区的名目推进新城的开发。区域

城镇体系规划或城市总体规划尽管具有一定的法规性、指导性与约束性，但主要还是引导性与技术性的，对城市建设活动特别是地方政府的决策往往缺乏足够的权威性与强制性。由于基本上无法可依，各地在设置新城时普遍存在着较大的随意性，其突出表现是设置新城数量明显过多，如南方某大城市一市就同时规划启动了三个大学城的建设，而中原某城市，人口不到 200 万、仅有 20 所高等院校，也竟然规划新建了四座"大学新城"（叶建国，2006）。目前我国规划新设的新城从总体上看已大大超过了经济社会的承载力，更远远超过了地方城市政府的开发能力与财政承受能力，"开而不发"的新城不在少数，造成了巨大的资金与资源浪费。

3.2.2 新城建设盲目无序扩张，大量非法占用土地

新一轮开发的新城不仅数量多，而且规模一般都较大，除少数具有一定的合理性外，大多存在盲目扩张、无序建设等突出问题，非法占地、非法批地、以租代征、违反土地利用规划等违法用地现象十分普遍。如上文提到的中原某市，为推进其中一座大学新城的建设，在 2003 年到 2006 年短短 3 年内，不顾上级土地主管部门的明确反对，多次违反土地利用总体规划和城市总体规划，违法批准征收集体土地 14 877 亩，其中一般耕地 3 118 亩，基本农田 6 417 亩，由于数目惊人而受到中央的严肃查处（季谭等，2006）。究其原因，一方面由于缺乏资金保障，目前我国大多数新城开发需要通过土地生财方式来筹措建设资金；另一方面由于缺乏基础与人气，新城开发往往又不得不通过低地价的方式来增强吸引力，这两方面都直接诱使新城开发频繁出现"土地饥渴症"。另外，为追求政绩，新城极易成为某些领导的"形象工程"，片面要求做大做强、做优做美在一定程度上也对新城的盲目无序扩张与非法建设起了推波助澜的作用。

3.2.3 新城开发过度依赖土地经营，引发众多严重社会问题

我国的新城目前普遍采用"政府主导，市场化运作"的模式进行开发，这种开发模式具有动力强、效率高、反应快等优势，但也存在着明显的不足，其中最突出的问题是容易导致对土地经营的过度依赖，并使新城开发过度关注经济目标，从而极易引发各种社会问题，如大量侵占耕地，直接影响农民的生产、生活；肆意压低征地成本，损害、牺牲失地农民或拆迁居民的合法权益；利用土地垄断或通过囤积土地谋取不正当收益，加剧社会不公与贫富差距，等等。这些问题在某些新城开发中已开始影响到当地社会的和谐与稳定。

3.2.4 新城规划无章可循，违规违法建设十分普遍

我国当前各地的新城规划可谓千差万别，有的刻意求洋，脱离基本国情；有的刻意求新，与老百姓的切实需求相差深远；有的刻意求奇，迷失建设方向；有的刻意求特，丧失文化传统……但这些规划又往往具有一个共同特点，即大多刻意强调高目标、高标准、大手笔，规划指标与建设标准都大大超过现行国家相关技术规范的规定，从而形成大量明显的违规、违法事实。造成这一现象的主要原因是新城开发与一般的城市建设存在着显著的区别，它往往需要采用有针对性的规划模式，但我国目前还尚未制定专门关于新城开发的规划设计技术标准，这导致当前各地在规划新城时基本无章可循。由于缺乏统一的指导与规范，新城规划普遍出现失控现象就不难理解了。

展的一个直接缩影。

3.1.2 仍以地方城市政府推动为主

考察我国的新城开发，可以发现一个显著的特点，即我国绝大多数的新城开发具有明显的自下而上的特征，即它主要是由地方政府推动的，中央政府既没有明确制定过新城开发的相关法律与政策，也极少在财政、贷款等方面上给予新城开发直接的支持。本轮的新城开发也一样，仍以地方城市政府推动为主，即大多数新城都是由地方政府规划的（当然，部分城市的新城规划是在中央政府审查同意后批准建设的），也主要由地方政府筹集资金组织建设的，并主要由地方政府负责新城的经营与管理，中央政府仍没有或很少直接参与新城的开发。

3.1.3 土地经营成为筹措建设资金的主要手段

由于我国中央政府在财政、贷款上很少给予新城开发直接的支持或出台相关的政策，而地方政府往往又易受到财政等方面的刚性制约，因此，由地方政府推动的新城开发最大的难题是如何筹措、保障建设资金。对于这一难题，实际上霍华德在其田园城市理论中早就提出了基本解决思路：即将城市建设过程中产生的土地增殖收益用于城市的公共设施与基础设施的建设与营运，以此实现新城的滚动开发与持续发展（沈玉麟，1989）。而要做到这一点，关键要经营好新城的土地开发。是否是受到霍华德这一思路的启发，还是由于现实的迫切需要，一个不争的事实是：土地经营正成为我国众多新城为筹措建设资金而普遍采用的最主要手段之一。

3.1.4 主要集中在都市区

本轮开发的新城还有一个不同以往的突出特点是它们主要集中在都市区内。形成这一发展局面，一方面与我国城市化的演化阶段密切相关。目前我国已进入一个以都市化为主的城市化发展阶段（章光日，2003），在这个阶段，城市化主要集中在大城市及其周边区域，新城开发是推进中心城市都市化的重要形式。另一方面与我国现阶段的经济发展格局相关。目前我国经济不平衡发展的趋势越来越明显，大城市凭借着雄厚的基础、良好的发展条件以及强大的资源整合能力，在市场竞争中已迅速占据了区域经济增长中心位置，它的极化发展有力地促使新城不断向都市区集中；此外，由于我国新城开发主要由地方推动，而地方往往也只有大城市具有规划、建设新城的实力与需求。

3.1.5 大多为规划新建

与以往新城多自发形成不同，新一轮开发的新城大多是经过规划的（当然主要是由地方城市政府规划的，通常通过城市总体规划加以确定），而且许多是完全新建的。这些新城为规划的创新与新技术的探索运用创造了条件，有的新城已成为当地城市发展的标志性新成就、新景观。

3.2 主要问题

3.2.1 新城设置无法可依，随意性大，数量明显过多

由于我国目前还尚未出台明确的规范，指导新城开发的政策法规，各地目前主要依据区域城镇体系规划或城市总体规划来规划、建设新城，有时则以各类开发区或新区的名目推进新城的开发。区域

城镇体系规划或城市总体规划尽管具有一定的法规性、指导性与约束性，但主要还是引导性与技术性的，对城市建设活动特别是地方政府的决策往往缺乏足够的权威性与强制性。由于基本上无法可依，各地在设置新城时普遍存在着较大的随意性，其突出表现是设置新城数量明显过多，如南方某大城市一市就同时规划启动了三个大学城的建设，而中原某城市，人口不到200万、仅有20所高等院校，也竟然规划新建了四座"大学新城"（叶建国，2006）。目前我国规划新设的新城从总体上看已大大超过了经济社会的承载力，更远远超过了地方城市政府的开发能力与财政承受能力，"开而不发"的新城不在少数，造成了巨大的资金与资源浪费。

3.2.2 新城建设盲目无序扩张，大量非法占用土地

新一轮开发的新城不仅数量多，而且规模一般都较大，除少数具有一定的合理性外，大多存在盲目扩张、无序建设等突出问题，非法占地、非法批地、以租代征、违反土地利用规划等违法用地现象十分普遍。如上文提到的中原某市，为推进其中一座大学新城的建设，在2003年到2006年短短3年内，不顾上级土地主管部门的明确反对，多次违反土地利用总体规划和城市总体规划，违法批准征收集体土地14 877亩，其中一般耕地3 118亩，基本农田6 417亩，由于数目惊人而受到中央的严肃查处（季谭等，2006）。究其原因，一方面由于缺乏资金保障，目前我国大多数新城开发需要通过土地生财方式来筹措建设资金；另一方面由于缺乏基础与人气，新城开发往往又不得不通过低地价的方式来增强吸引力，这两方面都直接诱使新城开发频繁出现"土地饥渴症"。另外，为追求政绩，新城极易成为某些领导的"形象工程"，片面要求做大做强、做优做美在一定程度上也对新城的盲目无序扩张与非法建设起了推波助澜的作用。

3.2.3 新城开发过度依赖土地经营，引发众多严重社会问题

我国的新城目前普遍采用"政府主导，市场化运作"的模式进行开发，这种开发模式具有动力强、效率高、反应快等优势，但也存在着明显的不足，其中最突出的问题是容易导致对土地经营的过度依赖，并使新城开发过度关注经济目标，从而极易引发各种社会问题，如大量侵占耕地，直接影响农民的生产、生活；肆意压低征地成本，损害、牺牲失地农民或拆迁居民的合法权益；利用土地垄断或通过囤积土地谋取不正当收益，加剧社会不公与贫富差距，等等。这些问题在某些新城开发中已开始影响到当地社会的和谐与稳定。

3.2.4 新城规划无章可循，违规违法建设十分普遍

我国当前各地的新城规划可谓千差万别，有的刻意求洋，脱离基本国情；有的刻意求新，与老百姓的切实需求相差深远；有的刻意求奇，迷失建设方向；有的刻意求特，丧失文化传统……但这些规划又往往具有一个共同特点，即大多刻意强调高目标、高标准、大手笔，规划指标与建设标准都大大超过现行国家相关技术规范的规定，从而形成大量明显的违规、违法事实。造成这一现象的主要原因是新城开发与一般的城市建设存在着显著的区别，它往往需要采用有针对性的规划模式，但我国目前还尚未制定专门关于新城开发的规划设计技术标准，这导致当前各地在规划新城时基本无章可循。由于缺乏统一的指导与规范，新城规划普遍出现失控现象就不难理解了。

3.2.5 新城发展缺乏长远目标，社会文化远远滞后于经济物质建设

新城的开发周期一般较长，而形成一个成熟而稳定的城市社会与城市文化所需的时间可能更长，因此，新城的发展必须要有长远的规划。我国当前的新城存在着一个很大的隐忧，即多数新城开发更多关注的是短期经济、物质建设的成效，而缺乏长远的社会、文化发展目标，突出表现在重开发轻管理、重经济轻社会、重产业轻文化等方面，这也直接造成我国一般新城的社会文化发展都远远滞后于经济物质建设。这个问题如得不到有效解决，不仅无法增强新城的吸引力与竞争力，还可能直接影响到新城的持续健康发展，甚至关系到新城的存亡与开发的成败。

3.3 原因分析

造成我国新一轮新城开发问题丛生的原因是复杂的、多方面的，除了某些地方政府不能严格遵守国家法律法规或执行中央有关宏观调控政策外，更多的是涉及政策、模式、体制等方面的深层次原因。概括而言，主要原因有以下三个方面。

3.3.1 政策制度建设严重滞后

回顾国内新城开发的历史，对比国外新城开发的成功经验，政策与制度建设的严重滞后可以说是导致我国新一轮新城开发无序混乱的直接原因。新中国成立以来，我国中央政府在新城开发方面几乎没有制定过任何明确的专门法规与政策，这种状况与国外的新城开发形成了鲜明的对比。比如英国，它是战后最先全面由政府主导新城开发的西方工业化国家。早在第二次世界大战期间，它就开始制定了新城建设的相关规划，在战后又由国会批准颁布了《新城法》（1946）与《城乡规划法》（1947）等，使其新城在未开发前就有了强有力的法律保障。此外，英国中央政府还依据相关法律，制定了一系列促进新城开发的公共政策，对新城的选址、开发土地的征用、建设资金的安排与筹措、基础设施的建设以及新城持续经营与管理等，都作了十分详细周到的考虑（郝娟，1997）。没有这一系列超前而系统的政策制度设计，很难想象英国的新城开发能取得世界性的成就。

3.3.2 开发模式存在明显缺陷

我国目前的新城开发一般采用以地方政府为主导的企业化运作模式，这种模式具有许多优点，但也存在着明显的缺陷：其一，由于缺乏中央政府的干预与指导，新城开发往往没有统筹、整体的规划安排，地方政府各行其是，这一方面既容易导致盲目规划扩张、无序开发建设等突出问题，另一方面也极易引起地方政府之间的相互竞争与攀比，从而引发新城开发经常出现的过热，甚至失控的局面；其二，在我国当前以经济增长为地方领导主要政绩考核指标的制度安排下，作为地方经济发展重要载体的新城极易成为地方领导竞相追逐的"政绩工程"或"形象工程"；其三，由于财权与事权明显失衡（在我国现在的财税体制中，地方政府往往存在收入少，但经济社会管理的支出却不断增加的窘境），地方政府在财政收入的约束下，在推进新城开发的过程中不得不更多地采用市场化的经营操作手段，这极易忽视甚至侵害农民或拆迁居民等社会弱势群体的利益，其结果必然引发严重的社会矛盾，并在一定程度上损害党与国家的整体形象。此外，这种模式还难以避免开发企业囤积土地、投机

房地产的现象。实际上,在资金的压力与利益的驱动下,地方政府更多时候是与房地产企业结合成新城的开发联盟,甚至是利益联盟,他们共同推动了新城房地产价格的不断增长。房地产投机对新城开发是一把双刃剑,它可能会给新城带来一时的繁荣,但却可能造成长远的伤害。这在霍华德的经典著作中早就有论述,也一再被国外新城开发的实践所证实。

3.3.3 中央政府与地方政府的利益博弈不断加剧

在计划经济条件下,我国中央政府与地方政府实际上是一种"委托—代理"的关系,两者在利益、步调上基本一致;1980年代以来,随着以市场经济为导向的改革的不断深入,中央政府与地方政府的关系逐步被重构:首先是通过"放权让利",中央开始向地方分权,地方政府发展的积极性大大加强;其次通过1994年以分税制为基础的财税制度改革,地方政府开始拥有了一定的财政支配权。随着自主性的不断提高,地方实际上已成为具有自身经济社会发展需求与目标的利益主体,并与中央实质上形成了一定的利益博弈关系:即地方政府在利益的驱动性下,在决策的过程中更多考虑的是地方自身的发展,而中央政府则更多强调整体、协调发展,两者在利益与政策上已开始有各自的述求(郭为桂,2000)。这种博弈关系在各地的新城开发中也十分明显。在当前,新城开发主要是被地方政府作为拓展发展空间、扩张区域经济的一个重要手段,但它经常会与中央政府大力推行的保护耕地、保护环境、控制投资过热等一系列宏观政策发生偏差甚至冲突,这就造成了中国的新城开发经常会面临这样一种尴尬的发展局面:即当中央政府进行宏观调控时,新城几乎每次都会成为实施的重点对象,而当中央政府进行治理整顿时,新城又基本上毫不例外地会成为各种违法违规建设的重灾区。可以说,中央与地方不断加剧的利益博弈是造成当前新城开发中种种问题的根本原因。

4 新城开发未来政策及其实施建议

目前从整体上看,我国正处于工业化与城市化相互推动、齐头并进的发展阶段,新城开发具有广阔的前景,但其存在的问题也不容忽视。如何借鉴与吸取国内外的成功经验与失败教训,尽快引导、保证新城开发逐步走上健康发展道路,已成为当前迫切需要解决的课题。

4.1 将新城开发列为国家层面政策的必要性

如前所述,我国当前的新城开发主要是由地方城市政府推动的,也就是说它目前还尚未列入国家层面的政策考虑。正如上文所提,这种新城的开发、发展模式存在着许多问题,而这些问题又往往是在地方政府层面难以克服与避免的。随着新城开发实践由点到面的逐步大规模开展,现有相关政策与制度的设计必须重新审视,将新城上升为国家层面政策可能将成为引导其健康持续发展最为关键的举措。在当前,将新城列为国家层面政策至少具有以下三个必要性。

4.1.1 大规模新城开发实践的现实需要

我国目前的新城开发已不是个别现象。不过，一个令人尴尬的现实是当新城开发已逐步发展成为一种带有普遍性、全国性的建设内容时，我国国家层面的新城开发政策与法规包括相关技术规范、标准的制定却仍然基本处于空白阶段，远远滞后于实际具体的建设实践。这种与实践相脱节的状况实际上已成为造成我国当前新城规划混乱、管理无法可依、建设无章可循等一系列问题的重要原因。如国家再不抓紧出台专门的引导性、规范性的政策与法规等，仅靠一时的宏观调控则无法从根源上根本扭转新城开发长期无序失控的局面。

4.1.2 新城开发持续健康发展的根本保证

上文揭示的种种问题一方面表明我国当前的新城开发已面临着巨大的风险与隐患，另一方面也表明目前盛行的以地方政府为主导的企业化开发模式将难以为继。如前所述，以地方政府为主导的企业化开发模式具有明显的缺陷与不足，今后随着政策制度的逐步完善与中央政府宏观调控力度的不断加强，它还将越来越难以克服新城开发经常面临的三大发展困境。

（1）法制困境。我国是单一制国家，中央政府是法规制度的主要设计者与供给者，没有中央政府的介入与授权，很难想象权限有限的地方政府能为涉及多种利益关系调整的新城开发提供其所必需的法制保障。

（2）土地困境。从规划与经营角度看，新城开发最好预先对所需的土地进行成片征购，以克服土地投机，抑制成本的不断攀升，但在目前中国的制度框架下，这种典型的新城开发模式却几乎没有任何实施的可能，除非新城完全在国有土地上进行规划建设。这是由于我国长期以来实施的是城乡不同的二元土地管理制度，集体所有的农用地与国家所有的城市建设用地不能自由流转，地方政府更无权擅自批准大面积土地的征收与用途流转①。在中央政府不断加强耕地保护、严格土地管理的大政策背景下，农用地转向建设用地的难度将越来越大，门槛也将越来越高，这对需要大量占用农用地又高度依赖土地经营的新城来说，其今后的开发可以预见将更加步履维艰。

（3）资金困境。我国地方政府目前还不能自行制定诸如发行长期债券、发放长期低息贷款、公开发行建设股票等相关的财政、财务政策，筹措新城建设资金的渠道还十分有限。仅通过地方财政与土地经营等不仅难以满足长期巨额的资金需求，还容易引发各类问题。

以上三大困境实际上已成为制约我国今后新城可持续发展的主要因素。将新城上升为国家层面政策不仅有利于改变当前新城开发中的种种混乱无序状况，有利于将中央与地方之间的利益博弈控制在可承受的范围之内，同时也有利于克服新城开发中经常遭遇到但地方政府又无力解决的诸如法制、土地、资金等发展障碍，从而化解新城开发的高风险。因为在中国，只有中央政府才有可能设计、制定、实施全面而可行的新城开发政策与制度，也只有中央政府才有足够的权威解决长远制约新城发展的问题。换言之，如果没有中央政府的介入，我国的新城开发如何走出困境，走向健康持续发展，可能还需要进行长期的摸索。

4.1.3 国家城市化发展的战略性需要

新城开发是一个国家或地区城市化发展到一定阶段必然会出现的产物。我国目前的城市化水平接近 50%，正处于一个关键的时期。在这个时期，既是城市化快速推进、城市建设大规模开展、新城不断涌现的时期，也是城市问题日益彰显的时期。在这一阶段，国家如不进行有效的引导与控制，不仅城市化容易出现波动，还会影响到经济的持续发展和社会的顺利转型。作为国家城市化中的一个重要方面，新城开发既是国家进行城市化调控的重要内容，也是国家引导城市化健康发展的重要战略手段。

首先，新城可以作为落实国家城市发展建设政策的示范基地。由于我国大多数城市都具有较长的历史，城市格局已基本形成，城市规划、建设很难完全按照国家政策予以实施。而新城则不同，它完全可以按照新的规划理念、新的建设规范进行设计、开发，可以更好地体现国家的政策导向与目标，并为其他城市的发展建设提供示范、借鉴。

其次，新城可以成为城市发展建设新技术、新制度与新型城镇空间的实验基地。法国的新城开发在这方面已为世人提供了成功的经验。在 1960 年代规划、建设新城时，法国就已经明确提出要把新城作为新技术、新制度的实验基地，各类新城城镇空间的探索基地。在此后的发展实践中，一大批新技术首先被用于新城的开发，而新城也迅速成为各种新思想、新制度的孵化基地，并涌现出大量规划理念先进、设计新颖独特的新型城镇空间，成为展现国家现代化城市面貌的主要载体，它为法国战后的经济复兴发挥了重要的推动作用，并为法国的城市规划、建设再次赢得了世界性的声誉（沈玉麟，1989）。新城作为新技术、新制度实验基地的作用在我国实际上也有成功的探索，如经济特区深圳，它在短短的 20 多年内，不仅实现了从一个小渔村向特大城市的飞跃，创造了崭新的现代化城市面貌，还成为全国改革开放最重要的探索、实验基地之一，无数的创新思想与新制度逐步从深圳开始走向全国。通过新城的发展建设，深圳发挥了一般传统城市所不具有的优势与作用。

再次，新城可作为我国优化城镇空间布局、实现城乡统筹、区域均衡发展的重要手段。改革开放以来，随着我国经济的迅猛发展，各种城市区域如都市区、都市连绵带、城镇密集地区等快速形成。不过，这些城市区域主要是在市场力的推动下自发形成的，这种发展模式不可避免地会带来许多问题，如发展无序、建设重复、布局混乱、环境恶化、生态失衡，等等。这些问题与城乡关系失调、区域发展严重失衡一起成为近年来我国区域与城市规划急需破解的重大难题（顾朝林，1999）。但是，由于长期缺乏有效的切入途径，城乡与区域的治理成效一直不明显。实际上，新城开发可作为优化区域、城乡空间布局的一种重要手段，这在国外早已被广泛应用，并卓有成效，如英国在战后就通过卫星新城的建设，有效遏制了伦敦等大城市无限蔓延的发展趋势；北欧国家则通过建设新城，实现了都市区的优化布局与有机增长；法国则通过新城计划的实施，在一定程度上扭转了国土与区域开发中巴黎"一极独大"的不平衡发展状态；而前苏联也通过新城开发，促进了广大东部落后地区的发展（沈玉麟，1989）。这些成功的案例不仅对我国今后治理城乡与区域等问题具有重要的借鉴意义，同时也有力地证明了新城在优化区域、城乡空间布局等方面的重要价值。

最后，新城还是我国今后解决城市问题特别是大城市问题的重要空间载体。当前我国的城市特别是大城市正处于各种问题的高发、频发期，如随着城市规模政策的调整与松动，我国大城市无限膨胀与无序蔓延问题又开始重新抬头，且大有愈演愈烈之势；随着小汽车的普及，城市交通拥挤的问题也日渐突出；随着城市化的加快，城市房地产投资、投机日趋活跃，房价不断飞涨，住房问题已成为严重影响百姓民生与城市和谐稳定的重大社会问题，此外，资源、环境方面的问题也不断加剧（顾朝林，1999）。城市的问题显然不能完全通过城市自身解决，因为现在的城市问题大多已演化成区域性的问题，因此它的解决当然也必须要依靠区域的途径。新城开发完全可以作为我国今后解决城市问题特别是大城市问题的重要空间载体。实际上，新城开发在国外最早就是为解决大城市的问题应运而生的，无论是霍华德的"田园城市"，还是昂温的"卫星城市"，其初衷都莫不如此；而战后工业化发达国家的新城建设几乎都是在基本实现城市化的背景下启动推进的，其目的也主要集中在解决大城市问题、改善人居环境等方面（向俊波等，2005）。在当前我国大城市房价不断高启的背景下，新城开发无疑又可以成为抑制房地产投机与房价过快增长的一个重要而现实的措施。

4.2 将新城开发列为国家层面政策的可能性

新城开发在国际上已经有约百年的探索发展史，也有约50年辉煌的建设实践史，而新城作为国家层面政策可以说是国外成功规划、建设新城的一个主要经验。英国、法国如此，北欧国家以及前苏联等更是如此（黄胜利等，2003）。国外的成功实践无疑为我国今后将新城作为国家层面政策的操作提供了宝贵的经验。在国内，中央政府实际上对地方层面的、与新城开发有密切关系的开发区的规划、建设与管理也积累了丰富的操作经验。因此，从总体上看，新城作为国家层面政策具有较强的可操作性，不存在着明显的能力与体制障碍。

新城列为国家层面政策为诸多新城开发难题的解决创造了可能与机遇，但这也并不意味着由此就可以解决一切问题。开发区的政策实践在这方面就有深刻的教训。实际上，我国早就将开发区列为国家政策，但是经过20多年的探索，开发区无序混乱的局面至今依然没有得到彻底的根治。新城上升为国家层面政策后会不会成为下一个"开发区"，现在仍然是未知数。另外，新城列为国家层面的政策后还可能引发许多新的问题，因为中央政府介入新城开发，实际上是对中央与地方利益关系的一次重大调整，今后地方政府的地位与角色如何定位？会不会影响它们发展建设的积极性与主动性？同时，这是否有利于减缓中央政府与地方政府之间的矛盾，还是有可能进一步加剧中央政府与地方政府之间的博弈？等等，这些问题显然目前也没有明确、肯定的答案。

4.3 新城开发国家政策的实施建议

4.3.1 新城应作为国家一项长期的城市发展建设政策

新城开发周期长，多数需要数十年时间才能逐步定型，没有长期而稳定的国家政策的支持而要取得开发的成功是不可想象的。英国在开发新城时曾制定过一项政策：即规定新城发展公司从中央政府所获得的建设预付款的偿还期为60年（迈克尔·布鲁顿等，2003）。这样的安排显然非常有利于新城的长远发展。

4.3.2 新城开发应纳入中央政府调控之中

目前我国新城开发的政策制度建设还很不完善，有些方面还基本处于空白。新城列为国家层面的城市发展建设政策后，最首要的是要尽快制定规范、指导新城开发的专门法律，可借鉴英国的经验专门制定一部《新城开发法》，也可在新《城乡规划法》的指导下，由国家建设主管部门制定具体的新城开发法规，同时还应根据新城开发的特点与国家对其的发展战略定位，及时出台新城规划、建设的技术规范与标准，尽快使新城开发走上规范、有序发展的轨道。其次，国家还应根据有关法律，及早出台新城开发的专门政策，这些政策应包括新城设置的标准与程序、新城土地的征购（包括强制性征购）、新城建设资金的安排与筹措、新城的经营与管理等方面内容，为新城开发的持续健康发展创造条件。此外，中央政府还应尽快成立专门机构，以加强对新城开发的领导与管理。

除了完善政策与制度设计之外，中央政府还应当适度介入新城的具体开发。从国外的经验看，英国的新城开发主要就是由中央政府授权的开发公司承担的，这些开发公司直接对中央政府负责，并直接接受中央政府的管理；法国的新城开发往往也由中央政府委托或组建的开发公司发挥主导作用（黄胜利等，2003）；从我国开发区的管理实践看，中央政府仅制定相关法规政策而不介入具体开发，不仅带来很大的监管压力，同时也很难取得预期的效果。中央政府适度介入新城规划、建设与经营等具体事务，这一方面不仅有利于体现国家的主体地位，有利于保障新城开发不偏离国家的战略与政策意图；另一方面也有利于克服新城开发中的种种体制性、政策性障碍（如根据我国现行的《土地管理法》，只有国务院才有权批准大面积土地的征购与用途流转）。根据我国的国情与新城开发的实际特点，今后新城可采用中央政府与地方政府合作开发的模式，中央政府通过委托或授权成立开发公司，由其代表国家作为新城开发的实施主体，主要负责新城的选址与规划、土地的成片征购以及基础设施的建设等；地方政府则主要参与新城的经济、社会事务及其经营管理，并为新城提供一些必要的配套服务。新城基本建成后应逐步转交给地方政府管理。

4.3.3 新城开发不宜以经济利益为主要目标

从长远看，新城开发是能够获利的，这在国外如英国早已得到历史的证明（迈克尔·布鲁顿等，2003）。不过从实践看，国外的新城开发很少把经济利益作为主要的发展目标，而更多考虑的是解决社会问题，优化城乡布局及实现区域的均衡发展，社会目标往往被置于更加优先、突出的位置。我国目前新城的开发模式存在着明显的缺陷，主要是企业化的倾向过于明显，经济利益的目标过于突出，短期化行为过于普遍，新城开发在市场化的运作过程中经常迷失发展方向。中央政府介入新城开发，必须要有清晰的长远目标，要有远见的战略意图，努力使新城建设成为我国推进城市化的先导示范区域，使新城成为落实科学发展观、构建和谐社会等国家发展政策方针的坚实基地，使新城成为实现城乡统筹与区域协调发展的重要环节。

4.3.4 新城开发应突出创新功能

从现状看，我国城市发展建设的总体水平还相对较低，突出的表现是城市规划、设计理念陈旧、滞后，建设技术缺乏自主创新能力，城市开发崇洋媚外，城市面貌千篇一律，低水平的重复建设屡见不鲜。新城开发列入国家政策后，应突出其创新功能，以充分发挥其作为新技术、新制度以及新型城镇空间实验基地的示范、导向作用。通过思想观念的创新、政策体制的创新、发展模式机制的创新、规划设计的创新，新城开发可为提升我国城市化的质量与城市建设的水平作出应有的探索与贡献。

4.3.5 新城开发应加快实现与开发区的整合发展

我国的开发区尽管发展历史相对较长，但远未成熟，它与城市之间的关系也尚未完全理清。作为众多新城开发的重要依托与先导，开发区今后一个主要方向是尽快将其纳入新城的总体规划，使两者能作为一个整体进行经营与管理，从而实现整合发展，这样做一方面既可完善开发区的功能与设施配套，避免其"空心化"的发展；另一方面又为新城开发提供坚实的产业基础，避免其"空洞化"的发展。但更重要的是，两者的整合发展更有利于发挥它们的协同效应，可以更好地为经济社会发展服务，也更有利于提升城市化的整体水平，可以更快、更明显地改善老百姓的人居环境质量与生活状况。新城上升为国家政策，实际上也为其与开发区实现整合发展创造了必要条件。

致谢

本文是国家自然科学基金重点资助项目（40435013）"中国城市化格局、过程及其机理研究"部分成果。

注释

① 根据我国现行《土地管理法》第四十五条规定，征收基本农田或基本农田以外的耕地超过 35 hm² 的或其他土地超过 70 hm² 的必须经国务院批准。

参考文献

[1] 北京、天津、上海、重庆、南京、武汉等城市新一轮总体规划等。
[2] 顾朝林：《经济全球化与中国城市发展》，商务印书馆，1999 年。
[3] 郭为桂："中央与地方关系 50 年略考：体制变迁的视角"，《中国政治》，2000 年第 5 期。
[4] 郝娟：《西欧城市规划理论与实践》，天津大学出版社，1997 年。
[5] 黄胜利、宁越敏："国外新城建设及启示"，《现代城市研究》，2003 年第 4 期。
[6] 季谭、田毅："郑州万亩土地违规大案查处始末"，《第一财经日报》，2006 年 9 月 26 日。
[7] 刘健："马恩拉瓦莱：从新城到欧洲中心——巴黎地区新城建设回顾"，《国外城市规划》，2002 年第 1 期。
[8] 刘映芳、刘光卫："香港新城建设对上海建设新城的启示"，《上海城市规划》，2001 年第 3 期。
[9] (英) 迈克尔·布鲁顿、(英) 希拉·布鲁顿、于立著，胡伶倩译："英国的新城发展与建设"，《城市规划》，2003 年第 12 期。
[10] 沈玉麟编：《外国城市建设史》，中国建筑工业出版社，1989 年。

[11] 王长坤："日本新城建设对天津开发区空间规划的借鉴",《城市》,2005年第4期。
[12] 向俊波、谢惠芳："从巴黎、伦敦到北京——60年的同与异",《北京规划研究》,2005年第6期。
[13] 叶建国："一个郑州四座大学城 郑东新区'高校区'规模初现",《21世纪经济报道》,2006年8月8日。
[14] 张捷、赵民:《新城规划的理论与实践——田园城市思想的世纪演绎》,中国建筑工业出版社,2005年。
[15] 章光日："从大城市到都市区——全球化时代中国城市规划的挑战与机遇",《城市规划》,2003年第5期。
[16] 朱东风、吴明伟："战后中西方新城研究回顾及对国内新城发展的启示",《城市规划汇刊》,2004年第5期。

改革开放以来中国城市经济增长的空间特征

曹广忠　缪杨兵

Spatial Characteristics of China's Urban Economic Growth since Reform and Opening-up

CAO Guangzhong, MIAO Yangbing
(College of Urban and Environmental Sciences, Beijing 100871, China)

Abstract This paper illuminates the whole situation and spatial characteristics of China's urban economic growth in three phases since China's reform and opening up in 1978. The analysis is conducted through two perspectives including economic scale and development level by calculating the economic growth index of Chinese cities. The analysis shows that the speed of Chinese cities' economic growth displays the feature as a reversed 'U' in temporal dimension. From the perspective of spatial analysis, the development gap between East China, Northeast China, Central China and West China has existed all along and been enlarged after the second phase. Nevertheless, the gap between the growth speeds in different regions started to be narrowed down since the third phase. The regional development policies produced remarkable influence on the economic growth of local cities.

Key words urban economic scale; urban development level; growth index; spatial difference

---

作者简介
曹广忠，北京大学城市与环境学院；
缪杨兵，北京大学城市与环境学院。

摘　要　本文以全国地级以上城市为样本，用计算城市经济增长指数的方法，从经济规模和经济发展水平两个方面，分三个阶段考察了改革开放以来（1978～2004）我国城市经济增长的整体状况和空间特征。分析结果表明，从时间维度来看，我国城市经济增长速度存在倒"U"字形特征。从空间维度来看，东部沿海与东北、中部、西部这三个地区城市经济发展水平的差异一直存在，且从第二阶段之后绝对量一直在增大；增长速度的差异从第三阶段开始有缩小的趋势。国家宏观区域发展政策对地区城市经济增长有明显影响。

关键词　城市经济规模；城市经济发展水平；增长指数；空间差异

1　引言

改革开放以来，我国城市发展迅速，城镇化进程明显加快，人口城镇化水平由1978年的17.9%提高到2005年的43.0%以上[①]（中华人民共和国国家统计局，2006，2007），年均提高0.9个百分点。快速的城市发展一方面有力推动了我国经济总量的迅速增长[②]，另一方面，不同区域城市的增长差异也导致了城市体系空间格局的演变和区域经济差异的形成。研究城市经济增长的空间特征，对于揭示我国城镇化、城市体系和区域发展的空间格局都具有重要意义。

改革开放以来我国区域经济发展差异和城市经济增长问题都引起了众多学者的关注。区域经济发展差异及其成因是学术界自1990年代以来研究的热点问题之一，由于分析方法、统计指标和研究时空尺度等方面不同，不同学者所得出的研究结论并不一致，甚至存在较大差距。从已有文献来看，对于城市经济增长的研究主要集中在影响因素方面，包括城市规模与经济增长的关系（Sveikauskas, 1975）、人力资本与城市经济增长的关系（Henderson, 1988; Eaton et al., 1997; Black et al., 1999）、城市经济增长的多因素分析（Glaeser et al., 1995; Lin et al., 2000; Robin, 2001; Anderson et al., 2004; 曹广忠、周一星等，1999; 贾娜、周一星，2006）等。切希尔等（Cheshire and Carbonaro, 1995）研究了欧盟主要城市集聚区1980年代的经济增长现象，发现存在明显的空间差异。关于我国城市经济增长空间差异的系统性研究相对较少。徐现祥、李郇（2004）利用1990～1999年我国216个地级市人均GDP的数据，指出了1990年代我国城市经济增长趋同的现实并分析了趋同的机制；庞峰（2007）认为我国城市经济增长的地区差距在1995～2004年间有不断下降的趋势。上述相关研究考察了我国城市经济增长在短期（10年）内的空间差异变化，研究重点多侧重于解释空间差异的机制，没有对城市经济增长的时空差异进行系统分析。

　　在改革开放至今近30年的时间里，我国城乡发展和地区发展的政策都曾发生变化。城市发展投资的多元化、人口乡村向城镇迁移政策的逐步松动和城镇化战略的确立与实施对促进全国各地的城市发展产生了积极影响。改革开放至今，我国的区域政策从东部沿海开放逐步发展到目前的东部率先发展、西部大开发、中部崛起、东北等老工业基地振兴的空间格局。国家的区域政策和区域经济发展背景及其转变在促进地区经济发展的同时，对城市经济增长状况的个体差异和空间差异有无影响？城市增长状况的个体差异和空间差异在不同的发展阶段有何变化？阶段性特征是什么？为此，有必要针对城市经济增长的空间差异进行较长时期的变动考察。本文旨在通过对样本城市的可比经济增长状况分阶段比较分析，揭示不同时期城市经济增长的空间差异和阶段性变化特征。

2　研究思路与资料

2.1　基本思路

　　考察城市经济增长的空间差异，可以通过考察不同区域城市经济增长的总体状况来完成，也可以通过对城市经济增长状况的个体差异分类后，考察各种增长状况的城市的空间分布结构来展开分析。本文的基本思路是，分阶段选取样本城市以保证时间变动过程中的可比性；从城市经济总量变动和人均指标变动两个角度来考察城市经济增长状况；从各规模级城市经济增长状况的阶段性特征、不同增长状况城市的空间分布结构变动来揭示城市经济增长的空间差异和阶段性变动。

2.2　分析时段的划分

　　本文考察期的起始年份为1978年，限于已出版资料的可获得性，期末年份为2004年年底。将1978～2004年这一时期分为三个阶段，即以1988年年底和1996年年底为两个分界点考察三个阶段的城市经济增长变动特征。

第一个分界点——1988年年底。研究城市经济的增长状况，采用城市的国内生产总值（GDP）来考察其变化情况是合适的。但是，我国直到1980年代中期才开始公开出版比较系统的城市统计资料，而最早全面地给出各城市GDP资料的是1989年的《中国城市统计年鉴》，因此1988年以前缺失城市GDP数据。另外，1989年我国的经济发展出现了改革后的第一个低谷（当年GDP仅增长4.1%[3]）。出于这两方面的考虑，将1988年年底作为第一个分界点。

第二个分界点——1996年年底。1997年6月亚洲金融危机爆发，世界尤其是东亚经济受到了影响，我国也不例外。1992~1996年期间，我国国内生产总值年均增长12.4%，从1997年开始陡然降至10%以下[4]。可见1997年是我国改革之后经济发展的第二个低谷，所以本文将1996年年底作为第二个分界点。

2.3 资料与方法

城市经济增长可通过经济规模增长和城市发展水平提高来体现。因此，本文从城市经济的总体规模增长速度和人均经济指标增长速度两个角度来讨论。鉴于城市经济结构与乡村地区的差异，考虑到我国作为城市经济统计单元的城市行政地域中所包括的郊区面积大小相差悬殊，采用城市市区第二、三产业增加值作为考察指标，以尽可能保证资料的横向可比性。考虑到改革开放初期我国城市第三产业的发展水平还不太高[5]，加上缺少1998年之前的城市市区增加值统计资料，本文采用城市市区工业总产值指标来分析1978~1988年城市经济增长的空间特征。

考虑到数据的纵向可比性问题，对这三个时段的分析分别选取1978年底、1988年底和1996年底的地级以上城市为考察对象。剔除缺少资料的城市，1978~1988年、1988~1996年和1996~2004年三阶段的有效样本城市数分别为36个、179个和216个。主要数据资料来自《新中国城市50年》和相应年份的《中国城市统计年鉴》。

一般来说，由于基数不同，大城市较易获得高的增长量但较难获得高的增长率，小城市则相反，用一个标尺来衡量规模差异很大的城市往往不可比。为此，将各阶段的样本城市分为人口大于200万、100万~200万、50万~100万、20万~50万、10万~20万和10万以下六个规模级（第一阶段超大城市较少，因此将前两个规模级合并），然后分别计算出各阶段内每个城市的市区工业总产值或第二、三产业增加值以及相应市区非农业人口人均值的年均增长率（未考虑价格因素的影响，故称之为增长指数），进一步计算出各规模级样本城市增长指数的算术平均值和标准差。本文参照周一星、曹广忠(1998)分析我国城市人口可比增长速度空间差异的方法，即以各阶段各规模级为基础，增长指数大于平均值加上0.5个标准差的城市称为快速增长城市；小于平均值减去0.5个标准差的城市称为缓慢增长城市；介于二者之间的为一般增长城市。然后重点分析快速增长城市和缓慢增长城市的空间分布特征，并对各阶段的状况进行对比。

3 城市经济总量增长的空间特征

3.1 城市经济总量增长差异的总体特征

分别以1978年年底、1988年年底和1996年年底的36个、179个和216个样本城市为考察对象,计算三个阶段各规模级的城市经济规模年均增长率的算术平均值和标准差(表1)。对比不同规模级增长状况的差异和阶段性变化,可以看出城市经济规模变动速度及其差异具有较明显的阶段性特征。

表1 三个阶段各规模级城市经济规模增长速度

城市规模（万人）	1978~1988年 城市样本数（个）	年均增长率（%）平均值	标准差	1988~1996年 城市样本数（个）	年均增长率（%）平均值	标准差	1996~2004年 城市样本数（个）	年均增长率（%）平均值	标准差
>200	3	13.68	1.43	9	21.18	2.77	11	15.63	2.37
100~200				19	21.98	3.57	23	13.85	2.92
50~100	11	12.89	2.59	30	19.90	5.51	43	13.20	4.92
20~50	18	13.33	3.24	82	22.71	6.31	110	13.46	4.63
10~20	4	11.89	4.59	33	24.73	6.96	29	14.27	6.43
<10				6	25.45	3.21			
全部城市	36	13.07	3.03	179	22.55	6.02	216	13.67	4.74

资料来源：根据历年《中国城市统计年鉴》等资料整理计算得出。

注：由于三个阶段所采用的指标不同,并且未考虑价格因素影响,各阶段增长速度的纵向变化没有可比性。

3.1.1 不同规模级城市的增长差异与阶段性特征

(1) 前两个阶段较明显地反映出不同规模级城市增长速度不同,即总体来看,城市规模越大,城市经济增长指数越小。这一点不难理解,规模大的城市往往经济规模基数大,容易取得较大的经济增长量,而难于获得较高的增长率;经济规模小的城市则相反。

(2) 不同规模级城市经济总量增长速度的差异在第二阶段非常突出,第三阶段差异明显趋小。第二阶段最快的为10万人以下规模组城市,比最慢的50万~100万规模组城市快5.55个百分点,而第一和第三阶段各规模组增长均值的极差分别为1.79和2.43个百分点。

(3) 后两个阶段增长最快的规模组明显出现了由小到大的转变。第一阶段规模组大小与增长速度之间的关系不明显。第二、三阶段,增长最快的规模组分别为20万人以下200万人口以上规模组的城市。

这种现象的出现主要是由于改革开放初期至1990年代,小城市经济结构简单,企业组织形式灵活多样，比较容易抓住机遇、调整方向，促进经济迅速发展。沿海地区的一些小城市得益于优惠政策、区位条件以及与大城市相比所具有的土地和劳动力资源方面的优势，促进了城市经济的发展。这些因素拉大了城市个体之间、不同规模级城市之间经济增长的速度。而在1997年金融危机以后，一方面经济体制改革逐步深入，大城市加快了产业升级的步伐，第三产业发展加速；另一方面，乡镇企业发展势头趋缓，以牺牲资源为代价的粗放式的经济发展模式受到抑制，许多小城市前一时期爆发式的增长势头也开始趋于平缓稳定。

3.1.2 城市增长个体差异的阶段性特征

全部样本城市个体之间经济规模增长的差异在三个阶段经历了倒"U"字形转变过程。全部样本城市经济规模增长指数的标准差在第一、第二和第三阶段分别为3.03、6.02和4.74，表明城市个体之间在经济规模增长方面第二阶段最明显，第三阶段有了明显下降。需要指出的是，第一阶段相应指标虽然仅为3.03，但由于样本数太少，并不能据此证明在改革开放初期我国城市个体之间经济规模增长差异不大。

3.2 城市经济总量增长的空间差异与阶段性特征

3.2.1 不同增长状况的城市及其分布

将所有样本城市按照人口规模级、增长状况和东部沿海、东北、中部、西部四个地区⑥的分布分类，其中快速增长城市和缓慢增长城市如表2～4所示。

表2 1978～1988年经济规模快速增长和缓慢增长城市及其分布

	规模（万人）	东部沿海地区	东北地区	中部地区	西部地区
快速增长	>100	广州			
	50～100	福州	吉林		
	20～50	宁波、苏州		襄樊	柳州、呼和浩特
	10～20			阜阳	
	<10				
缓慢增长	>100		哈尔滨		
	50～100	石家庄、唐山	抚顺	郑州	包头
	20～50		大庆	株洲	宝鸡、攀枝花
	10～20	海口			
	<10				

资料来源：根据《新中国城市50年》（1999）等有关资料整理计算。

表3 1988～1996年经济规模快速增长和缓慢增长城市及其分布

	规模（万人）	东部沿海地区	东北地区	中部地区	西部地区
快速增长	>200	南京、广州、上海		武汉	
	100～200	杭州、青岛	长春	南昌、长沙、郑州	昆明
	50～100	汕头、宁波、徐州、无锡、福州、淄博		洛阳	南宁、包头
	20～50	江门、湖州、济宁、海口、泰安、中山、深圳、东莞、厦门、温州、烟台	盘锦	九江、安阳	内江、绵阳
	10～20	威海、珠海、惠州、泉州、肇庆		漯河、鄂州	北海
	<10	莆田			嘉峪关
缓慢增长	>200	天津、北京	哈尔滨		
	100～200		齐齐哈尔、鞍山、抚顺	太原	乌鲁木齐
	50～100		鹤岗、丹东、锦州、牡丹江、阜新、鸡西、伊春、吉林		西宁
	20～50	淮阴、承德、盐城、邢台、韶关	朝阳、铁岭、通化、辽源、营口、佳木斯、辽阳	安庆、十堰、景德镇、宜昌、蚌埠、开封	石嘴山、泸州、宝鸡、乐山
	10～20	衢州、河源、清远、舟山		三门峡、晋城、新余、许昌	金昌、广元、白银、德阳
	<10			鹰潭	

资料来源：根据《中国城市统计年鉴》（1989、1997）有关资料整理计算。

表4 1996～2004年经济规模快速增长和缓慢增长城市及其分布

	规模（万人）	东部沿海地区	东北地区	中部地区	西部地区
快速增长	>200	广州、北京			
	100～200	唐山、杭州、济南	长春		包头
	50～100	临沂、宁波、常州、深圳、苏州、无锡		合肥	呼和浩特
	20～50	漳州、绍兴、嘉兴、惠州、阳江、承德、淮安、盐城、江门、日照、邢台、东莞、中山、扬州、佛山、镇江、东营、温州、厦门、泰安	辽源	漯河、常德、宜昌、芜湖	克拉玛依、广元、乌海、泸州、宝鸡
	10～20	宿迁、莆田、河源、衢州、泰州、金华		张家界	防城港
	<10				

续表

规模（万人）	东部沿海地区	东北地区	中部地区	西部地区
>200		沈阳	武汉	重庆
100~200	福州	齐齐哈尔、抚顺	太原	乌鲁木齐、昆明、兰州
缓慢增长 50~100	潍坊、邯郸	丹东、鸡西、牡丹江、伊春	湘潭、焦作、株洲、淮北、开封、新乡、衡阳、平顶山、淮南	
20~50	梅州、衡水、南平、潮州、肇庆、沧州	朝阳、铁岭、四平、盘锦、双鸭山	黄冈、永州、濮阳、鄂州、邵阳、阜阳、荆门、安庆、九江、长治、阳泉、萍乡	遂宁、汉中、白银、贵港、天水、铜川、内江、绵阳、咸阳、六盘水、攀枝花
10~20	三亚、云浮、清远、三明	黑河	黄山、晋城、孝感	河池、百色、雅安、北海、渭南
<10				

资料来源：根据《中国城市统计年鉴》(1997、2005) 有关资料整理计算。

3.2.2 不同增长状况城市空间分布的阶段性特征

从不同增长状况城市在全国的空间分布上来看，具有一定的规律性。

总体而言，东部沿海地区快速增长城市多，东北和西部地区缓慢增长城市多，四个地区之间存在明显差异。由于各地区城市数量存在差异，这里采用各地区城市总量中不同增长状况的城市所占比重来表示各地区差异。从图1可以看出，各地区城市的增长状况在三个阶段既具有相似的特征，又有前后变化。

(1) 第一阶段东部沿海快速增长城市比重比其他三个地区都高出5~16个百分点，而缓慢增长城市所占比重（25.00%）高于中部（18.18%），低于东北和西部（分别为50.00%和42.86%）；中部地区城市多属于一般增长速度，快速增长和缓慢增长所占比重较小；东北和西部则是快速增长城市少而缓慢增长城市多。

(2) 第二阶段东部沿海快速增长城市所占比重又有所提高（40.58%），缓慢增长城市比重进一步下降（17.39%）；东北地区大部分城市处于缓慢增长的境地（67.86%）；中部地区快速增长城市和缓慢增长城市所占比重都有所上升；而西部地区的情况与中部地区正好相反，快速增长城市和缓慢增长城市数量比重下降而一般增速的城市比重上升。

(3) 第三阶段东部沿海快速增长城市所占比重继续提高（44.58%），缓慢增长城市比重亦稳步下降（15.66%）；东北地区情况略有好转，快速增长的城市略有增多（6.06%），缓慢增长的城市数量比重明显下降（42.42%）；中部出现了塌陷现象，快速增长城市比重下降（10.71%），缓慢增长城市比重大幅提升（46.43%）；西部快速增长城市比重与第二阶段相差不大，而缓慢增长城市的比重有所反弹。

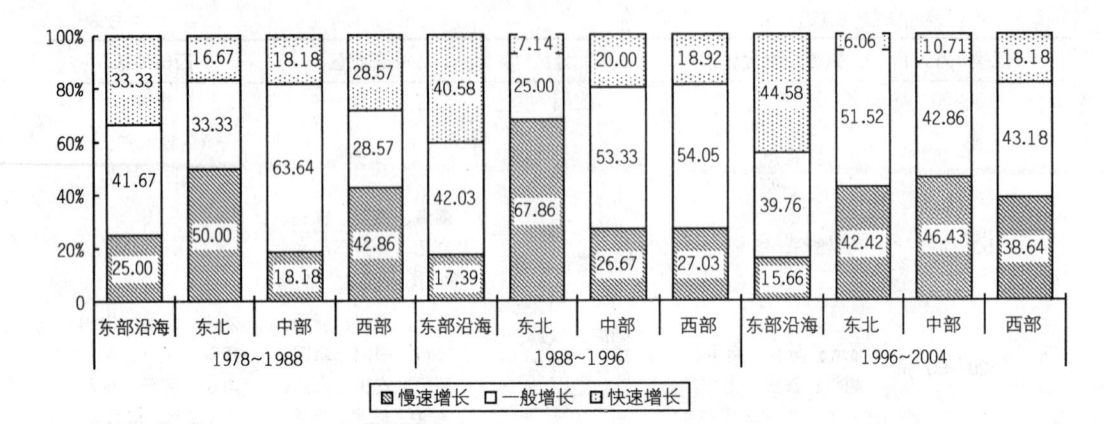

图1 三个阶段四个地区不同经济规模增长速度城市数量所占比重

这种情况的出现是与我国区域政策的转变相一致的。①东部沿海地区的城市得益于优惠政策、区位优势和良好的发展基础，改革开放后多数城市迅速步入了快速发展行列。②东北地区是我国的老工业基地，重工业在城市产业结构中比重较高，在计划体制下曾得到快速发展，却难以迅速适应市场体制，出现了经济增长缓慢的现象，1978～1988年已经有所体现，到1988～1996年间矛盾凸显；近年来增长状况开始有所好转。③中部地区区位条件虽不如东部，但由于其农业基础好，交通等基础设施相对完备，在前两个阶段总体上保持一般增长的速度；进入第三阶段以来，出现了较明显的塌陷现象。④西部地区地处内地，发展条件差，多数城市发展缓慢；第二阶段和第三阶段的增长状况有较明显的好转。

4 城市经济发展水平变化的空间特征

城市经济发展状况可以反映在两个方面，即经济总量和人均经济指标。人均经济指标的增长标志着城市经济发展水平的提高。接下来是对城市经济人均指标变化的分析。对第一阶段的分析以市区非农业人口人均工业总产值作为考察指标；后两个阶段采用市区非农业人口人均第二、三产业增加值作为考察指标。用各阶段人均值的年均增长率（未考虑价格因素的影响）来表示两个阶段的增长速度。阶段的划分和样本城市的选取与前文相同。

4.1 城市人均经济指标增长的总体特征

分阶段分规模组计算样本城市人均经济指标年均增长率的算术平均值和标准差，结果如表5所示。将表5与表1相对照，可以发现，城市经济发展水平的变化与城市经济规模变化有相似性，也有不同点。

4.1.1 不同规模级城市增长的阶段性特征

（1）从各阶段各规模级城市人均经济指标提高速度的差异来看，城市规模没有引起城市经济发展水平提高速度产生明显差异，但可以看出二者之间总体上呈正相关关系，即规模大的城市人均经济指标增速略快。这与贾娜、周一星（2006）用2003年截面数据分析的结果是吻合的。这一规律在前两个阶段表现尤其明显。

（2）就各规模级城市人均经济指标变动速度的差异来看，其在第三阶段所呈现的城市规模大、增长速度逐渐增高的特征相对明显。这从一定程度上说明了大城市的集聚效益与规模效益在1990年代后期以来得到了较明显的体现。

（3）与表1相对照可以看出，各规模级城市经济总量增长速度与人均值提高速度并不一致，小规模级城市在改革开放初期经济规模的快速增长并不是由经济发展水平的同步提高所带来的，与大规模级城市相比，在很大程度上是由外延式增长带来的。

表5　三个阶段各规模级城市经济水平发展速度

城市规模 （万人）	1978～1988年 城市样本数（个）	1978～1988年 年均增长率（%）平均值	1978～1988年 年均增长率（%）标准差	1988～1996年 城市样本数（个）	1988～1996年 年均增长率（%）平均值	1988～1996年 年均增长率（%）标准差	1996～2004年 城市样本数（个）	1996～2004年 年均增长率（%）平均值	1996～2004年 年均增长率（%）标准差
>200	3	10.17	1.35	9	19.19	2.41	11	11.42	2.70
100～200				19	19.41	2.92	22	10.79	2.92
50～100	11	9.30	2.48	30	17.18	4.66	41	9.31	4.90
20～50	18	9.37	3.02	82	18.49	5.09	109	8.85	3.85
10～20	4	6.56	4.22	33	18.79	5.51	29	7.10	5.28
<10				6	19.36	3.34			
全部城市	36	9.11	2.95	179	18.49	4.76	212	9.03	4.27

资料来源：根据历年《中国城市统计年鉴》等资料整理计算得出。

注：（1）第三阶段样本中，由于福州、襄樊、十堰、黄石的市区非农业人口指标缺失，因此将其剔除；

（2）由于三个阶段所采用的指标不同，且未考虑价格因素影响，各阶段增长速度的纵向变化没有可比性。

4.1.2 城市增长个体差异的阶段性特征

从全部样本城市人均经济指标增长速度的标准差在三个阶段的变动来看，其在三个阶段分别为2.95、4.76和4.27个百分点，经历了从扩大到缩小的过程，说明我国城市个体之间人均经济指标增长速度出现趋同的现象，不同城市间经济发展水平差异在减小，这与其他学者的研究结论基本一致（徐现祥、李郇，2004；庞峰，2007）。

此外，从第二、三阶段各规模级城市人均经济指标增长速度的标准差来看，除特大城市样本数量较少、规模级内部城市标准差明显较小外，其余各规模级城市人均经济指标增长速度的标准差均在5个百分点左右，与全部城市的标准差相近。与增长速度的均值相对照，仍可看出不同规模组城市之间存在较大差异。

4.2 城市人均经济指标增长的空间差异与阶段性特征

4.2.1 不同增长状况的城市及其分布

按照与分析城市经济规模增长相同的方法,根据三个阶段各城市市区非农人口人均工业总产值(后两阶段为非农人口人均第二、三产业增加值)的增长指数,分别对三个阶段的样本城市分规模组划分增长等级,快速增长和缓慢增长的城市及其分布如表6~8所示。

表6 1978~1988年人均经济指标快速增长和缓慢增长城市及其分布

	规模（万人）	东部沿海地区	东北地区	中部地区	西部地区
快速增长	>100	广州			
	50~100	福州	吉林		
	20~50	宁波		景德镇	呼和浩特、柳州
	10~20			阜阳	
	<10				
缓慢增长	>100	南京	哈尔滨		
	50~100	石家庄、唐山	抚顺	郑州	
	20~50	无锡	大庆	株洲	宝鸡、攀枝花
	10~20	海口			
	<10				

资料来源:根据《新中国城市50年》等有关资料整理计算。

表7 1988~1996年人均经济指标快速增长和缓慢增长城市及其分布

	规模（万人）	东部沿海地区	东北地区	中部地区	西部地区
快速增长	>200	南京、广州、上海		武汉	
	100~200	杭州、青岛	长春	南昌、长沙、郑州	昆明
	50~100	汕头、宁波、徐州、无锡、福州		洛阳	南宁、包头
	20~50	江门、湖州、济宁、海口、泰安、深圳、东莞、扬州、秦皇岛、镇江、厦门、温州	盘锦	九江、安阳、萍乡	内江、绵阳、铜川
	10~20	威海、惠州、廊坊、泉州、漳州、肇庆		鄂州	北海
	<10	莆田			嘉峪关

续表

	规模（万人）	东部沿海地区	东北地区	中部地区	西部地区
缓慢增长	>200	北京	哈尔滨		
	100~200		齐齐哈尔、鞍山、抚顺	太原	乌鲁木齐、兰州
	50~100	常州	鹤岗、丹东、牡丹江、锦州、鸡西、伊春、吉林		西宁
	20~50	淮阴、承德、盐城、东营、邢台、韶关	朝阳、铁岭、通化、辽源、营口、佳木斯、辽阳	安庆、十堰、淮北、宜昌、蚌埠、开封	石嘴山、泸州、宝鸡、乐山
	10~20	河源、舟山、茂名		三门峡、濮阳、新余、许昌	金昌、广元、德阳
	<10	汕尾		鹰潭	

资料来源：根据《中国城市统计年鉴》（1989、1997）有关资料整理计算。

表8　1996~2004年人均经济指标快速增长和缓慢增长城市及其分布

	规模（万人）	东部沿海地区	东北地区	中部地区	西部地区
快速增长	>200	天津、北京	哈尔滨		
	100~200	唐山、淄博	鞍山、长春		包头
	50~100	临沂、宁波、枣庄、常州、苏州、无锡	佳木斯		呼和浩特
	20~50	承德、淮安、日照、邢台、东莞、莱芜、连云港、镇江、东营、温州、泰安	白城、七台河、松原、通化、辽源	新余、铜陵、漯河、常德、宜昌、萍乡、芜湖	克拉玛依、广元、梧州、宜宾、乌海、石嘴山、泸州、乐山、宝鸡
	10~20	衢州、金华		鹰潭、张家界	嘉峪关、防城港、延安、金昌
	<10				
缓慢增长	>200	南京			成都、重庆
	100~200	徐州、石家庄		太原	昆明、兰州
	50~100	保定、潍坊、汕头	丹东	焦作、新乡、衡阳、平顶山	西宁
	20~50	廊坊、南平、威海、潮州、湖州、泉州、茂名、肇庆、沧州、江门、珠海、佛山、海口、南通、秦皇岛	朝阳、四平、盘锦	濮阳、鄂州、邵阳、阜阳、九江、长治	遂宁、天水、绵阳、咸阳
	10~20	宿迁、三亚、汕尾、云浮、清远、揭阳		黄山、孝感	北海
	<10				

资料来源：根据《中国城市统计年鉴》（1997、2005）有关资料整理计算。

4.2.2 不同增长状况城市空间分布的阶段性特征

计算三个阶段四个地区三种增长状况城市数量所占比重，结果如图2所示。对照各阶段各地区各种增长状况城市所占比重的差异及其变化，可以总结为以下特点。

(1) 东部沿海地区城市经济发展水平的提高经历了起伏变化。第二阶段是东部沿海发展势头最好的阶段，在四个地区中，快速增长城市比重最大 (40.58%)，慢速增长城市比重最小 (18.84%)，进入第三阶段后，发展速度略有减缓。

(2) 中部地区的变化趋势则反映为，由大多数为一般增长速度城市转变为两极分化愈来愈严重。从第一阶段到第二阶段，一般增长城市比重下降，由63.64%下降到53.33%，而快速与慢速增长城市比重逐渐上升。第三阶段一般增长状况城市比重再次上升，为58.49%。

(3) 西部地区在第一阶段尚有一些城市属于经济水平快速增长类型，如呼和浩特、柳州等，快速增长城市所占比重在各地区中最高 (28.57%)；但同时缓慢增长城市所占比重也比较高 (28.57%)。但在第二阶段，西部地区增长迅速的城市相对东部沿海来说大大减少，占该地区城市数量的比重下降到21.62%，而缓慢增长类型城市所占比重变动不大 (27.03%)。第三阶段，西部地区的情况有了很大改善，在四个地区中快速增长城市比重最高 (31.82%)，缓慢增长城市比重下降到22.73%。

(4) 东北地区的城市人均经济指标增长状况总体前两个阶段呈现下滑迹象，缓慢增长城市比重上升，在第二阶段达到64.29%，第三阶段略有好转。

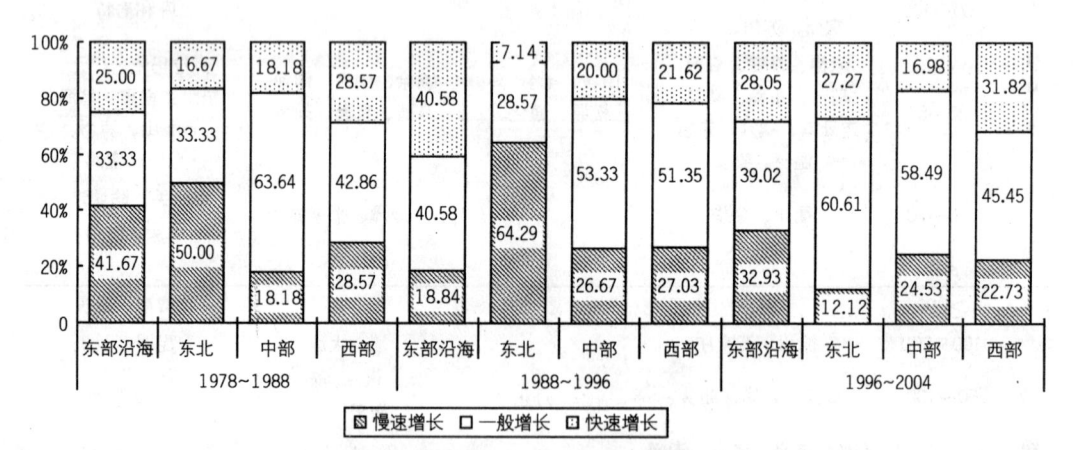

图2 三个阶段四个地区不同经济水平增长速度城市数量所占比重

5 结论与讨论

由于城市经济增长速度的这种个体差异和空间特征，改革开放以来我国城市经济发展状况所反映的城市经济增长关系和城市体系空间格局发生了巨大变化。从以上分析中，就改革开放以来我国城市经济增长及其空间差异来说，至少可以得出以下四个结论。

(1) 从城市个体之间经济增长的空间特征来看，无论是城市的经济发展水平还是经济规模，1978 年以来都是东部沿海地区快速增长城市比重大而其他地区比重小，并且 1988 年以后，东部沿海城市增长快而其他地区增长慢的趋势更加明显。

(2) 从城市经济的人均指标看，东部沿海、东北、中部和西部四个地区之间的差异表现在 1979～1988 年间有所减小，而 1988 年以后明显再度拉大，并一直持续至今，但增长速度从 1996 年之后有趋近的趋势。

(3) 东北老工业基地发展陷入困境、中部地区塌陷，这些区域发展现象是矛盾长期积累的结果，从进入 1990 年代以来就已经有比较明显的表现。国家宏观区域政策的调整与区域城市发展所呈现出来的矛盾和发展需求是相符合的。西部大开发等战略对促进区域城市经济增长取得了效果。

(4) 城市经济总量增长与人均经济指标增长由不一致向一致的转变表明：第一阶段城市尤其是中小城市依靠外延式发展推动经济增长的方式，已经逐步过渡到经济总量扩张与经济效益提高相协调的发展方式。

需要指出的是，本文的分析在数据资料采集、阶段划分和分析对比过程中，尽可能做到数据的可比性。但由于第一阶段城市 GDP 数据缺失，前后数据指标并不一致，加上没有就价格因素的影响对数据进行处理，所以，三个阶段城市经济增长速度的纵向可比性较差，文中没有对增速的变动进行深入分析。此外，由于各年份市区人口统计数据对暂住人口口径界定不一，也在一定程度上对分析结果产生了影响，但这种影响应该不会产生趋势性的变化。

致谢

作者感谢国家自然科学基金（40535026）的资助。

注释

① 2005 年 11 月 1 日零时，全国城镇人口比重为 42.99%（1% 人口抽样调查数据）。
② 2004 年，我国大陆 287 个地级以上城市的市区面积约占大陆总面积的 6.27%，而市区 GDP 占全国 GDP 总量的比重高达 66.99%。
③ 资料源自中国统计出版社《中国统计年鉴》(2005)：中国历年国内生产总值指数统计（1978～2004），2006 年。
④ 同上。
⑤ 1988 年全国城市市区第三产业增加值占 GDP 比重为 28.5%，资料源自《中国城市统计年鉴》(1989)。
⑥ 西部开发区 12 个省份（桂、渝、川、贵、滇、藏、陕、甘、青、宁、新、内蒙古）；东北地区 3 个省份（黑、吉、辽）；中部崛起区 6 个省份（晋、皖、赣、豫、湘、鄂）；东部沿海地区 10 个省份（京、津、冀、沪、苏、浙、闽、鲁、粤、琼）。

参考文献

[1] Anderson, G. and Y. Ge. 2004. Do Economic Reforms Accelerate Urban Growth? The Case of China. *Urban*

Studies, Vol. 41, No. 11, pp. 2197-2210.

[2] Black and Henderson 1999. A Theory of Urban Economic Growth. *Journal of Political Economy*, Vol. 106, pp. 1037-1044.

[3] Cheshire, P. and G. Carbonaro 1995. Convergence and Divergence in Regional Growth Rates: an Empty Black Box. In Armstrong, H., Vickerman, R. (eds.), *Convergence and Divergence among European Regions*, London, Pion, pp. 89-111.

[4] Eaton and Eckstein 1997. Cities and Growth: Theory and Evidence from France and Japan. *Regional Science and Urban Economics*, Vol. 27, pp. 443-474.

[5] Glaeser, E. and A. Shleifer 1995. Economic Growth in a Cross-section of Cities. *Journal of Monetary Economics*, Vol. 36, No. 1, pp. 117-143.

[6] Henderson 1988. *Urban Development: Theory, Fact and Illusion*. Oxford University Press. New York.

[7] Lin, S. and S. F. Song 2000. Resource Allocation and Economic Growth in China. *Economic Inquiry*, Vol. 38, pp. 515-526.

[8] Robin, M. L. 2001. Growth and Change in U. S. Cities and Suburbs. *Growth and Change*, Vol. 32, pp. 326-354.

[9] Sveikauskas, L. 1975. The Productivity of Cities. *Quarterly Journal of Economics*. Vol. 89, No. 3, pp. 393-413.

[10] 蔡昉、都阳："中国地区经济增长的趋同与差异——对西部开发战略的启示"，《经济研究》，2000年第10期。

[11] 曹广忠、周一星、杨玲："中国城市经济增长多因素分析"，《经济地理》，1999年第2期。

[12] 管卫华、林振山、顾朝林："中国区域经济发展差异及其原因的多尺度分析"，《经济研究》，2006年第7期。

[13] 国家统计局城市社会经济调查总队：《新中国城市50年》，新华出版社，1999年。

[14] 国家统计局城市社会经济调查总队：《中国城市统计年鉴》（1989、1997、2005），中国统计出版社，1990、1998、2006年。

[15] 贾娜、周一星："中国城市人均GDP差异影响因素的分析"，《中国软科学》，2006年第8期。

[16] 林毅夫、蔡昉、李周："中国经济转型时期的地区差距分析"，《经济研究》，1998年第6期。

[17] 林毅夫、刘明兴："中国的经济增长收敛与收入分配"，《世界经济》，2003年第8期。

[18] 庞峰："基于空间计量经济模型的中国城市经济增长因素分析：1995～2004"（硕士论文），北京大学，2007年。

[19] 王小鲁、樊纲："中国地区差距的变动趋势和影响因素"，《经济研究》，2004年第1期。

[20] 魏后凯："论我国区际收入差异的变动格局"，《经济研究》，1992年第4期。

[21] 魏后凯："中国地区经济增长及其收敛"，《中国工业经济》，1997年第3期。

[22] 徐建华、鲁凤、苏方林等："中国区域经济差异的时空尺度分析"，《地理研究》，2005年第1期。

[23] 徐现祥、李郇："中国城市经济增长的趋同分析"，《经济研究》，2004年第5期。

[24] 杨开忠："中国区域经济差异变动研究"，《经济研究》，1994年第12期。

[25] 杨晓光、樊杰、赵燕霞："1990年代中国区域经济增长的要素分析"，《地理学报》，2002年第6期。

[26] 周一星、曹广忠："中国城市人口可比增长速度的空间差异（1949～1995）"，《经济地理》，1998年第1期。

[27] 中华人民共和国国家统计局：《中国统计年鉴》（2005、2006），中国统计出版社，2006、2007年。

对中国城市中场所及场所营造的思考

约翰·弗里德曼

刘合林 译　顾朝林 校

摘　要　本文研究的对象为城市中的小空间,也即我们通常所讲的"场所"。场所是城市各种琐碎旧事交织上演的舞台,其形成一方面缘于生活其中的居民,另一方面缘于国家的规划、监管和法令条例等。因此,城市小空间中居民的生活方式与节奏并不是市民生活的简单映象。同时,场所的反抗和辩驳性格也显而易见,其内部常会发生被(当地)国家认定为非法的行为。文章首先对场所的概念进行了介绍,然后就中国城市中场所及场所营造(也包括场所破坏)进行了深入的分析思考。由于城市的生活方式及节奏具有历史延续性,因此采用了历史分析的方法。在分析中国城市中的场所及场所营造的过程中,大概将其分成了四个时期:帝国时期、民国时期、新中国建设时期、改革开放至今的时期。在分析各时期的历史后,继而阐述了作者自己的相关观点,并提出了一些可作进一步深入研究的主题。

作者简介

约翰·弗里德曼（John Friedmann, jrpf@interchange.ubc.ca）,加拿大英属哥伦比亚大学城市与区域规划学院教授（Centre for Human Settlements, School of Community and Regional Planning, The University of British Columbia, 225-1933 West Mall, Vancouver, British Columbia V6T 1Z2, Canada）。

刘合林,南京大学城市与区域规划系；

顾朝林,清华大学建筑学院。

生活在这个世界上的人类,没有一个还依旧保持着自己的独特性（Geertz, 1996）。

在当前权利极不平衡的条件下,让全球化在城市中占有自己的空间,俨然成理。上海浦东就是这样一个例子。无论是类似浦东的全球金融中心,还是尚存当地社会特性的重修建筑,都没有完全丧失昔日生活方式的记忆。在我们大谈全球化的同时,我们切莫忘却,像上述这样的场所,还有很多很多（Dirlik, 2005）。

1　场所的内涵及其研究的重要性

2006年春天,我在中国台湾小住了几个月。我将援用此期间的所见所闻,开始本文的论述。

下述所言均是在三峡镇的所见所闻。三峡镇是一个乡村小镇,城市居民同乡村居民在这里相互交融,因此有人将其当作大台北(Greater Taipei)的城市边缘带。当然,我们也可以认为台湾并不存在所谓的城市边缘带,原因在于岛内的城市,沿着背靠一系列山脉(有些海拔超过2 000 m)的西海岸,从北到南毫无节制地蔓延增长。

一个星期六的清晨,我们驱车向三峡镇进发。一路上,大量的联合公寓随处可见。如若让一个职业建筑师感受如此景观,必定是一场痛苦经历。然而在这里,这些公寓却被大肆宣传兜售,而顾客们则期待在这里过上他们想象中的现代生活。

到达以后,我们将车停在一个拥挤的街道旁边。街道上交通频繁,人潮涌动。特别是那些数以百计的小型摩托车,像蚊子一样发出嗡嗡声,以极快的速度在人群里穿梭。因此,我们不得不小心谨慎,以防被其撞倒。

碰巧的是,这一天正好是赶集的日子。在我们向目的地——祖师庙行走的过程中,只见道路两边皆是售货小摊,摊前货物琳琅满目。小摊周围挤满了顾客,争相购买新鲜的鱼、肉、蔬菜和水果。

在这一地区,祖师庙是极具盛名的。祖师庙始建于1769年,然前前后后共被毁、重建过三次。最近一次重建是在1947年,仍未全部完成。该庙相传为纪念陈昭应而建。陈昭应出生于河南省,后同其族人共同迁居至福建省的清溪地区(安溪县)。当地人将陈昭应视做圣人,并将其塑像祀奉于庙内,以表达对他开拓精神的敬重。在18世纪时,这批居民又从大陆迁至三峡镇,为了纪念他们心中的圣人,修建了这座祖师庙。

如今,这座庙宇已经被边缘化到了小镇的一角,其前方是一条虽宽但浅的小河。庙宇旁边,是一个不规则的小广场,广场上矗立的几株老树,洒下零星树阴,树下熙熙攘攘,小孩子们相互追逐,小型摩托车在这里也速度放慢,以融入此景。空气中充满了熏香的味道,成年人聚在一起闲聊,广场一角是一辆宣传车,正不断地鼓励居民们支持一位姓吴的先生入选市议会。漫步此景,游目骋怀,不知不觉中我似乎魔术般地从21世纪的台北传送到了北宋的城市生活场景,犹若著名的"清明上河图"所描绘的那样:人群熙攘,忙碌着各自的生活事务。在这里,生活如流水般历历在目:信男善女们鱼贯出入,熏烟中默默祈求圣人能给予他们护佑,赐予健康、金钱、丈夫或是考试中获得好的成绩等。来这里的人,有的相视而谈,有的鞠躬祈福,有的四处闲逛(同我们一样),瞻仰微妙而复杂的雕刻艺术。这些艺术雕刻遍布庙宇的每一寸方,包括其122根柱子。

一座步行小桥横跨河流之上,我们拾级而上,以获得更好的景观视野。桥头两侧的货摊前,拥挤的人群正等待购买各种食物:现做现卖的新鲜煎饼、香气扑鼻的汤羹、可口的面条和饺子、冰冻水果蔬菜酱、甜得有点过头的糖果。所有这些摊位的主厨者,十有八九是中年妇女,她们搅、舀、切、炸一气呵成，然后以十分低廉的价格卖给垂涎欲滴的顾客。在桥头一侧的不远处，一个舞台已然搭起，人们开始搬椅子就座，等待即将开始的演出。与此同时，喇叭里播放着我所谓的台式摇滚。长桌之上，摆满了浅盘，盘里装着本地农民引以为傲的可作汤料的根用蔬菜，但我对它们了解甚少。当然这些浅盘中的食物是相互竞争的，获胜者将赢得一个蓝丝带奖。看到此境况，我想这必定是在举行一个礼仪庆典。

叙述至此，我们不禁要问，为何要讲上述这个故事？原因就在于这个祖师庙已历经 200 年历史。去掉用新技术制作的产品，如塑料盘子、煤气灶、扬声器、小型摩托车、宣传车等，此刻我们所处之境，应该就是此小镇两个世纪前的风貌。而在桥上所见的一切，应该就是我所谓的超越技术的自由生活。再过半个世纪这里将会变成何种模样呢？我想其应该不会发生重大变化，应该还是和现在一样亲切美妙。

我认为，祖师庙及其周围紧邻的环境就代表了一种场所。本文要探讨的即是场所及场所营造问题，并多以中国城市为例。实际上，关于这个论题的文献是十分稀少的，其中一个重要成果是王斯福（Stephan Feuchtwang, 2004）在最近作了相关材料的收集整理。那么，为什么场所营造（包括与之相关的场所破坏）在城市领域十分重要呢？更进一步，当我们用"场所"这一含糊之词时，其真正所指又为何意？为此，我将借助日常的生活阅历[①]，间接予以回答。

当我们步入一个新的环境时，比如新办公室、新公寓等，我们通常所做的第一件事就是将其重新布置一番，以使自己感到有家一般的温馨舒适，这一空间即大卫·哈维（Harvey, 2006）所说的完美物质空间。日常生活中，我们通常会在家里反复摆设已有的家具（或者新购家具），在墙壁上布置装饰画以获得舒适感，在地板上铺上地毯以获得惬意感，如此等等。马库斯（Marcus, 1995）认为，这一布置完美空间的行为是在创造一个"自我镜像"。

当我们迁入一个业已建成的邻里街区时，类似的行为也会发生。为了融入一个已经形成的"场所"，我们会尽量去了解邻居，与本地的屠户闲聊，努力了解各街道名称，渐渐地融入社区的各种活动，如筹款活动、体育竞赛、公共庆典、参观地方圣祠以及其他各类日常活动。通过上述的努力，我们期望最终能够被社区所接受，成为"我们的社区"的一员。然而，我们知道，无论是居家，还是社区，都不会永远保持过去的状况不变。我们不断地改变着居家环境，也不断地塑造着社区。尽管这两个行为发生频度会有所不同，但其均是我所谓的"场所营造"。

每一个邻里（有时也称街区，或如在中国所称的"街坊"）通常都会有一个名称，但邻里这个词本身却是难以准确定义的。不过邻里可通过一些本地的公共建筑物加以识别，如理发店、茶馆、咖啡馆或寺庙等物质性场所，各种生活瞬间常在此上演。邻里还可能会有围墙、大门或类似"欢迎来到 Kitsilano"这样的标语来辨识，因此，邻里常在周围小镇风光的映衬下，自成完整的一景。对于居住在邻里内部的居民而言，他们主要通过各种特殊的社会关系、生活细节及周期性礼仪庆典来认识和辨别邻里。通常，一个节庆日，会激发邻里的每一位居民走上街道，庆贺一番。

亨利·列斐伏尔（Heri Lefebvre, 1991）将上述这种空间看做是"生活的空间"（les espaces

vécus)或"居住空间"(lived spaces)②。城市中那些历经沧桑的空间,正是因为有人的居住和生活,才获得了与众不同的性格特征。这些空间与一些仅存建筑躯壳的空间不同,它充满了温暖和感情。同样,他们也与刚建但仍未有人居住的空间不一样。简言之,由于人的居住和活动使城市空间逐渐变得充满人情味(humanized)。

因此,场所与地标及类似的建筑物是不同的,法国人类学家马克·奥格(Marc Augé, 1995)将这些空间称为非场所空间(non-place spaces),如机场、购物中心、大酒店等。建筑师常常声称自己可以通过设计一个特别的建筑或结构来创造一种"场所感"。这些特别设计常被认为代表了一个城市的整体形象,如吉隆坡的双塔、法兰克·盖瑞(Frank Gehry)设计的毕尔巴鄂(Bilbao)博物馆、埃罗·沙里宁(Eero Saarinen)设计的横跨密西西比河的圣路易斯门(Gateway)、伦敦的摩天轮等。这些建筑物或许可以成为地标,但并不是我所谓的场所。在当今这样一个充满竞争的世界里,这些范例式建筑只是宣传一个城市的品牌,就像经典的可口可乐的瓶子,无论在世界的哪个地方,都会被认为是某一特定的商品。

另外,我还要强调的是场所与地标不同,是无法设计出来的。有些场所世界闻名,它们经常被人谈论,甚至被写进文学作品,各地游客慕名而来,意欲一睹芳容。这些场所曾经拥有的风味气息也许尚存,但要发掘这些微妙特征,游人须有重现此地生活的构想能力。巴黎作为一个繁盛之都,有不少类似的场所:左岸地区(rive gauche)、曾经享有盛誉的蒙马特圣心堂(Montmartre)。可惜的是,这些场所的盛况不再,除非法国政府决心重视其繁华,为游客创造一个类似往昔的人工(faux)场所。

和居住在某一场所内的居民一样,场所本身也具有自己显著的特点。就像一栋房子,在居住的过程中被塑造,从而具有某种唯一性。在写下这个句子的同时,我已经承认,场所的形成需要依托一个物质形式,一个空间环境。然而形式本身并不需要十分特别,事实上,许多邻里(也包括前文的例子)从表面上看是十分平常的。相对场所而言,最重要的是其必须经历相当长一段时间的聚居生活,直到其获取内生的生活方式和生活旋律③。

叙述至此,我们对场所的内涵应该有了比较深刻的认识。那么,我们为何要对场所进行研究呢?它们又是怎样形成的呢?我想原因在于场所的存在给城市规划专家们提出了一个新的挑战。除此以外,我们研究场所的消退和重生、特征和转化,是因为场所是各种故事(世界史的瞬间部分)发生的源泉。研究场所因此也显得更为重要,原因在于当我们闲聊起这些故事时,它会给我们的生活注入新的内涵:为生活赋予新的意义,为我们的身份注入某些特定的内容。

当今世界正处于一个加速变化阶段,特别是中国,13亿人口的生活正经历激烈的变化,其中数以百万计的人口都处于"移动之中"(on the move),因此对中国而言,对场所营造作相关研究就显得更加紧迫。无论在城市还是在乡村,对生活的影响在规模上是巨大的,却又是迷茫的;已成习惯的生活方式和生活节奏在这一背景下日渐瓦解,人们在茫然中不断进入新环境,为自己寻找新的生活方向。我并不认为我们有能力弄明白怎样创造新的城市场所,但我相信尽量了解场所营造(或其反面——场所破坏)的过程,将有助于减轻中国快速的大拆大建给其人民带来的不适感。

在上述过程中，我已指出场所包括两个内涵，即物质空间及其内含的生活方式和生活节奏。但同时，需指出的是，国家（中央和地方）在塑造城市结构和生活模式上扮演着重要角色。作为一个集体参与者，国家有权拆除任何一个已存的场所（如棚户区、列于拆除名单上的某一邻里），然后在其他地方新建（或资助新建）一批住房，直到有人入住以前，这一新建的地区将是一具空壳。同时，在任何一个地方，国家威严的存在，自觉不自觉地都会对日常生活产生约束。邻里生活方式与节奏赖以存在的物理环境会受国家的控制，允许何种活动在白天或晚上的特定时间进行，允许谁在街道上活动，允许何种公共行为发生，允许何种交通工具在这里通行，允许何种结构的建筑在这里建造，如此等等许多事情，虽然有时会邀请当地市民参与讨论，但最终决策均由国家（地方）决定。孩子们早上何时上学，是国家对教育的强制性规定。如果禁止在街道上焚烧垃圾，那也是因为国家有明文规定。如果接受乞丐沿街乞讨，那也是因为国家认为这样是合适的。简言之，在世界上任何一个地方，国家都被赋予无上的权力，或民主或不民主地规范、约束着人们在城市公共空间中的日常生活。

国家的这些行为，将不可避免地造成社区的反抗、辩驳非法行为的产生。所谓的严格法律被忽视，违章建筑仍然不断出现。尽管有地方警察的干预，行乞和卖淫仍然繁荣不衰。酒馆开业超过午夜零点，宵禁令照常被打破。到最后，当场所获得了自己固有的一些特征后，政府不得不作些政策调整，以适应场所的内在需要。

接下来，本文将对中国城市中的场所营造作一个概述。由于我相信生活方式与生活节奏具有延续性，历史也会让我们看清什么会保持不变，什么会改变，因此我在这里采用历史的方法加以叙述。根据历史发展时期，主要分成四个阶段：封建王朝时期、民国时期、毛泽东领导时期和1980年以来的改革开放时期[④]。在分析各时期的历史后，我再次回到场所和场所营造的概念，并阐述了自己的相关观点，提出了一些可作进一步深入研究的主题。

2　中国城市中的场所及场所营造分析

2.1　封建王朝时期

关键词　城墙；街区；城隍；土生土长的地方；野鬼；小空间城市

直到近代，中国还是一个彻底的农业社会。当毛泽东1949年10月1日在天安门城楼宣布中华人民共和国成立时，中国的城市人口也许还不超过总人口的10%。然而，在漫长的历史过程中，在县级及其以上的各个行政等级地域里曾经出现过许多城市。这些城市作为政治中心，大部分都有围墙、城墙、大门、鼓楼和衙门。鼓楼用来规范日常生活节奏，衙门是地方当局的办公机构。

如果我们看看公元6世纪到10世纪的唐朝首都长安，就会对封建王朝时期的城市生活图景有所感悟。如果放下宫殿、宗庙和寺庙不谈，关注约占全城版图7/8的居民区，我们会看到城市由许多的街区（wards）构成，也即我们熟知的坊和里。在长安的极盛时期，整个城市有超过100个类似的街区。每个街区都有围墙，四面均开有大门，根据城市的钟鼓声，大门在黄昏和破晓这段时间内将会关闭⑤。大门关闭的这段时间里，如果居民仍然在坊里之外游荡且不幸被抓到，将会被逮捕和鞭打。在每一个街坊之内，人们因为是邻居而相互熟知。但除自己所居的街坊外，居民对整个城市所知甚少。只有在节日时期，人们才能够同城共欢，相互了解。除了那些恢宏的建筑外，长安城的布局与建筑相当统一，日常生活也十分规范。城市的两个主要市场，即东市和西市围墙高筑，监管森严。虽然市场活动十分重要，但在贵族眼里，经商之人地位下贱，不足重视。

但至10世纪末的北宋时期，普通市民已经拥有了享受开放市井生活的权利，使得城市的特征发生了根本性转变。例如，在新的首都开封，街道不仅两侧各种店铺林立，而且作为公共空间24小时开放，市民可尽情享用。而较为私密的居住邻里则背向街道，有些地方，如苏州，邻里还沿着运河发展。需要指出的是，虽然邻里生活变得较为开放，但有些地方仍旧保留着围墙和大门的传统。同乡村地区一样，城市中也广泛分布着各种纪念邻里圣人精神的祠堂庙宇⑥。

街坊围墙虽然瓦解，但城墙并没有拆除。伴随明朝1368年的建立，国家为了显示统治者的权威，开展了大规模城墙建设计划，而城墙的防御目的仅是次要的原因。除此之外，作为官方的惯例，每个建有围墙的城市至少有两个庙宇，其中一个是城隍庙⑦，城隍是自然力和鬼魂信仰的核心；另一个是夫子庙（school temple），用以表达对道德圣贤的推崇（Stephan Feuchtwang，1977）。王斯福写道："按照惯例，每个城市的行政官员，在上任前都需要到城隍庙清修，向城隍发誓：'如果我在治理此地时蛮横无理、瞒上欺下、贪得无厌、算计同僚或是鱼肉百姓，请神降罪我身，使我受刑三年'（同上）。"城隍在人们心目中，既是一块疆域的精神守护神，又是玉皇派往人间的代表而备受尊敬。在每年的城隍生日那天，城市都会组织一次庆典仪式，人们会将城隍雕像在全城展出。

尽管建有围墙的城市的存在表明了城市是一个（县级、地区级、省级、国家级）行政中心，但至少到19世纪后期现代化发生时，城市居民才有了身居城市的感受。在此之前，城市居民和乡村居民的文化信仰和生活方式基本相同。莫特（Mote，1977）指出：在过去，城市和郡县基本上是共用一个名称，郡县的治理官员和城市的治理官员是一套班子，均由中央指派任命。只有很少是将县和城市的人口分开统计的，因为当时的人口大多数还是农村人口。

那么，是哪些人居住在城市里？这难于准确回答，因为在不同的时间和地点，其结果显然会不同。但总结分析，可以发现居住在城市里的大部分人是暂住居民与旅居者——工匠、生意人、劳工、船民、投资商和游学者——他们的身份同他们的土生土长的地方紧密关联，就如施坚雅（Skinner）的阐述：

> 在城市里，居民出生地的名称常会写在门牌上（同样也会写在墓碑上），还会被作为显要人物的通用名称，用在各种漂亮的邮件、信函上。最普通的方式是很清楚的：外出挣钱的年轻人，家乡父母都望其早归，在家乡成家立业，度过余生，并为父母之死服丧，直至自己在家乡老去，退出劳动舞台……住地并非永恒不变……但在有限的几代人内，土生土长的地

方应该归为一种共有的显著特征（Skinner，1977）。

对于旅居者而言，就并不完全属于所到地方社会，他们也即我们今天所说的侨民。语言、食物、着装、风俗、宗教信仰等方面的差异，不断地提醒着这些旅居者自己正远离家乡。在这些人当中，特别是商人和工匠，常常会加入本地行会。行会不仅是行业协会，还常是同乡会。正如戈拉斯（Golas，1977）所言："在一个侨居城市里的商人与工匠，都有自己明确的经济利益。当一个行业按地域分成了若干个行会时，他们为了实现在本地对该行业的绝对控制，保证每一个成员的生计安全，会联合起来组成一个更大的行会。"

在多数情况下，行会都是十分强大的组织（Rowe，1984）。他们不仅为邻里的服务作出巨大贡献，还对整个城市的各种功能机构予以积极支持，如消防队、保安、慈善事业等。除此之外，他们还会花大笔资金为行会成员提供庙宇、庭院、小旅馆等公共设施。保持土生土长地方的感情（native-place sentiment）和尊崇家乡神（home-area deities）是行会活动的重要目标（同上）。更重要的是，如果同乡不幸去世，行会将按照传统礼俗在这个有点"土生土长的地方"义务为其举行一个庄重的葬礼。如果需要，行会会把死亡同乡的尸骨运回他的家乡，配合灵牌供奉起来，以供家人及后代瞻仰（Goodman，1995）。如果在远离家乡的地方埋葬尸骨，那么他将成为永远的孤魂"野鬼"，萦绕在桥下或路上，对路人形成威胁[⑨]。为了解决这一问题，一般城市也会在城外为这些"野鬼"修建庙宇，为他们供奉食物，以抚慰他们的心灵。同这些"野鬼"设施相对应的，是城墙外供奉土地公的土地庙。土地公是土地神，人们会围绕土地庙进行各种活动，以此为中心就形成各自"地方"的边界。

到封建王朝后期，一个突出特点是城市被划分成许多的邻里或街道，唐朝的围墙式街坊特征逐渐消失。卢汉超（Hanchao Lu）写道，在20世纪早期的上海：

> 谈到日常生活，上海可以看做由许多小蜂房构成的蜂巢——紧凑，甚至有点拥挤的多功能邻里——人们的日常生活基本都在这里进行。对多数人来说，他们的日常生活都会在其住所附近，最远不超过往外延伸几个街区……因此，整个城市就被分解成了许多的小社区，人们在社区内及其附近几个社区范围内可以获得安逸的生活，以避免外部世界的各种风险。对许多居民而言，他们住所周围的几个街区就相当于他们生活的整个城市，而城市中大多数的现代化公共设施则与他们的生活基本无关（Lu，1999）。

需要指出的是，上述叙述忽略了一点，即这些邻里当中，有许多是我们所谓的少数族群聚居地（ethnic enclaves），就像一位作家所称的"小社会区"（small social enclosure）（Goodman，1995）。类似的邻里生活在成都随处可见，流行的茶室生活方式生动地展现了成都的城市生活图景，一直延续至1930年代（Wang，2003）。在上海和成都，邻里都是由设有大门的住房群组成。在住房群范围内，任意漫步散心，都可轻易到达供奉本地守护神的庙堂。

概括起来，封建王朝时期的城市常用恢宏建筑来彰显帝王的威严。以衙门和城隍庙为中心，这些恢宏建筑代表了世俗精神的权威。用设有大门的邻里或街区进行城市的区隔，每个邻里和街区都会建有地方性的庙宇，以纪念本地民间的神祇。一年一度的庆典则不断地巩固强化邻里情感。

占城市人口大多数的暂居者，其身份确定都是依据于祖先村落而定。他们都希望死后能回归故土，以免变成孤魂"野鬼"。在封建王朝后期，虽然有不少商人精英成立了非正式的城市政府机构，但它们的城市特征依然薄弱。生活在城市里的暂居者，则多加入到用围墙区隔、一般地处城外的同乡聚居区。在这里，暂居者可参拜他们自己的地方神，用方言谈生意，建立葬礼团（burial societies），庆祝家乡的节日，建立互助关系以及树立道德模范等。

尽管地方不同，特征稍有差异，但上述这些场所营造的总特征，在整个封建王朝时期的大部分时间内一直得以延续。因此，即使在清朝灭亡以后，这些特征仍然存在，且在动荡不安的年代里能维持人际间的稳定感，并不使人感到诧异。

2.2 民国时期

关键词 城墙拆毁；建立万能型城市政府；孙科（Sun Fo）的城市规划宣言；首家百货商店和乡村落后的产生；街区型城市保存

1911年辛亥革命后，千年的围墙式城市彻底终结。清政府的下台，使墙维持下的封建王朝政权进入尘封的历史。在接下来的几十年里，由于各种世俗的原因，如扩建街道、迁移未经允许住于城门之外的居民等，大量的城墙被拆除。封建帝国曾经拥有的能够限定城市发展的权力一去不复返。

在这20年里，伴随着城墙的大规模拆除，现代化浪潮席卷了整个国家，势如大坝决堤，不可阻挡。在没有城墙限制的条件下，城市在毫无障碍的条件下，不断发展，甚至延展至乡村地区。在军阀混战的年代里，各地军阀、蒋介石的国民党、日本侵略者和内战相互交织，权威性的中央政府并不存在。因此，许多城市纷纷仿效北京和广东（广州），建立中国城市发展历史上的第一个城市政府——市政厅。

后来国民党在南京组建了国民党政府，并试图用新城市政体进行规范化管理。然而，这些努力所建立的管治体系都明显不够成熟，如1928年才建立的北京市政府，仍然采用了人们熟悉的封建时期的运作模式，市长由中央指派，市长对公共安全、社会事务、公共工作、公共卫生、财政、教育、公用设施和土地8个局进行监管。然而，政府预算都由警察等社会强势所掌控。

在广州，孙科市长是一个"科学规划"的热心倡导者。在1919年出版的一篇随笔里，孙科提出通过科学的规划可将广州建成一个充满美好未来的城市，甚至作为城市发展的楷模。

> 孙科认为，"调查"（investigation）和"勘测"（survey）是城市规划的最基本手段。孙科写道，调查的范围必须覆盖整个城市社会、经济的各个方面，必须可用统计表来填写相关事实。为了建立一个城市中心，必须对该地段的人口数量、居民职业构成、本地产品数量和质量、当前和未来的贸易数量和种类等作全面调查。此外，勘测必须有指导地进行……很显

然，孙科已经认识到了这些不同事物之间的紧密关联性。同时，孙科还指出，必须重视统计的准确性，因此须组建配有齐全设备的官方机构，进行详细而全面的调查。

这一专家技术论倡导下的城市规划宣言自此便在中国开始传播。根据孙科的观点，在1920年代早期，城市规划的三个主要目标是：为城市未来的交通需求作好准备，大力改善城市的卫生条件，为人们日常休闲提供开敞空间。城市规划的终极目标则更加宏大："目前城市居民的日常生活总按照固定的秩序进行，规划的目标就是要改变这一现状，使城市居民生活在卫生健康的环境中，使城市生活本身充满休闲娱乐感。"孙科相信，科学规划将促使人们向现代化方向发展。

对年轻的城市居民而言，变得现代和时髦是令人振奋的。在清朝政府统治时期，汉人必须留长辫子以表示臣服于清王朝，但随着清政府的瓦解，这一令人沮丧的规定立即被汉人所抛弃。在反抗传统的另一个方面——反对男权统治——城市女性不再缠足，这样她们就能像男性一样充满活力，行走自如。有些更胆大的女性甚至穿上了西方服装。在城市富裕阶层里，新的公共娱乐也开始盛行，如看电影、参加舞会等。新意识形态——科学、民主、社会主义——将传统观念推向一边，并成为茶前饭后和报纸上激烈讨论的主题。城市在物质空间上也发生了巨大变化，各种饱含西欧风格的公共空间和建筑不断涌现，如休闲公园、电影院、火车站、政府建筑、百货商店等。城市道路不断加宽，有的甚至装上轨道满足汽车和有轨电车的要求，这使黄包车夫们的生计受到极大威胁[⑨]。当城市各街区内部的那些老式道路仍然存在时，城市的主要道路均采用了新的形式和标准，实现了电气化（Lee, 1999）。

关于诚信百货商店（Sincere Department Store）的故事有必要在这里讲述一下，以描述当时社会环境下产生的各种新事物对许多城市居民的诱惑力。在"中华民国"成立的第一年，诚信公司便在中国广州建立了第一家百货商店。在此之前，中国香港已有百货公司开业，而在中国内地百货公司完全是一个新事物。正如钱曾瑗（Michael Tsin）描述的那样：

> 诚信百货商店立即成了整个大都市的地标：这里是整个城市居民想去之地，百货商店周边地块长期展览着各式各样的商品，分类明确，排列整齐。整个百货公司的管理系统直接采用了西方模式（包括日本）。公司的官僚等级体系和劳动分工都相当明确，并采用了严格的家长式管理，以保证员工对公司的绝对忠诚。大楼有五层，除了有令人难忘的商品陈列外，顶层还设置了一个开敞式娱乐公园，在这里会定期上演歌剧、杂技或播放电影等。事实证明，这个百货大楼在整个城市里最具吸引力（Tsin, 1999）。

诚信百货大楼并不仅仅是城市的地标，它还标志着民国时期的一个新尝试：创造一个中产阶级的消费性城市[⑩]。另外，诚信百货商店的出现，使得乡村的落后也开始显现出来。如钱曾瑗认为："离散的'城市'实体和特征在广东的出现，是民国时期的一个较早现象"（同上，作者强调）。她的叙述仅仅限于一个城市，然而城市的这种独特感，随后便逐渐扩展到了中国其他的大城市。知识分子对这一现象进行了激烈讨论，很显然对中产阶级式城市的反对声随处可闻。但上述的这个例子说明，事实比言语更具有说服力（Mann, 1984; Lu, 1999）。随着各式高耸入云的大楼拔地而起，乡村居民纷纷涌入城市追寻更加美好的生活（1920年代，上海人口已经达到300万，随后不久就增加到500万），这不可避免地使人们相信，乡村是一个没有多少希望的落后之地，是一个令人沮丧之地。正如许多城市居民认为的那样，乡村已陷入了落后的泥潭。

对"现代性"的强调，弱化了这样一个事实，即只有少数城市居民积极地融入了新的城市生活方式。大多数人还是一如既往生活在四合院内，如周锡瑞（Esherick，1999）所称的"邻里和内庭式的小空间"里，仍然保留了庙宇、茶室、宗教信仰的年度庆典和前现代的生活方式，也就是说他们的生活方式和乡村小镇的生活方式并没有什么差别。

到民国末年，有超过100万的上海人（大约有20%是本地人）在城市边缘、桥下、一些难以被直接发现的隐蔽空间占地居住，形成棚户区（squatter settlements）（同上）。

封建王朝时期的坊里和城墙式城市被资产阶级的消费性城市所取代。看上去，这种新的城市有各式新鲜事物、有专业的城市政府、有百货商店等现代性标志物（Yeh，2000）。但在城市的最贫穷地区，老式的邻里生活仍然存在，如保留了供奉地方神的庙宇、茶室、一年一度的敬神庆典等。由于传统的乡村则被人们认为是文化落后地区，因此城市和乡村居民的区别不再仅仅表现在衣着上。

2.3 新中国建设时期 I

关键词 建立现代化社会主义社会的艰巨任务；城市邻里的三级组织方式；反城市化；二元社会的形成；户籍制度的实施；非城市化状况下的工业化；新中国的城市图景；单位型城市

民国时期的城市并没有持续多久。1937年后，抗日战争使城市发展停滞，紧随其后的内战又使其面临灰暗厄运。在这充满血腥和动乱的12年里，整个国家没有一块地方没有受到破坏。生活仍在继续，但早期尝试的资本主义发展模式则被抛弃。当整个国家再次恢复秩序和重新统一时，政府抛弃了资产阶级城市的鸦片梦。在推动型工业化的斯巴达式政体条件下，中国开始了消费性城市向生产性城市的转变。在中国共产党领导下，个人——并不像西方社会的单一的个体，这里的个人均处在家庭和宗族的网络之中，且相互负责——被集体机构所取代，展开了一场声势浩大的全国动员工程。孙科在1920年代的梦想，即城市规划应该可以"促进人们向现代化方向发展"，在这个时期达到了整个国家的规模。在接下去的30年里，中国的整个社会都处在全面动员状态，北京总部有何指示，全国人民将随之而往。

相对来说，1950年代的10年较为关键。数以百万计的农民从破败的乡村涌向沿海城市。中央政府认为这一趋势必须得到有效控制。由于快速的工业化是当时中国的第一要务，因此必须通过国内存款来支持工业发展，而在农村地区类似的存款则需要通过共产党领导下的农村集体化劳动获得。同样，对城市进行有效控制也是必不可少的。

因此，在一个早期的决议里提出了三级式邻里管理体系。最高层为街道办事处、受其直接监管的是居民委员会（群众路线组织），每一居民委员会大约管辖100~700户。在居民委员会之下，是由相互负责的单个住户组织成的小组，这大概类似于传统的保甲监管系统。包含这一思想的类似制度在2 000多年前的秦朝就已开始，但并不完全成功[11]。

在国家发展策略上，政府作了创新性尝试，即尽量减少城市化成本以实现国家的工业化。在1949~1960年间，城市人口已接近总人口的20%。然而在接下去的10年里，这一数据下降到了17%左右，数百万计的城市青年在遏制大城市的增长、避免大量受过教育的年轻人失业的政策下开始"上山下乡"运动。

遏制城市化过快的主要方法是采用了全国城乡户籍管理制度。而在同一时期其他的发展中国家中，城市化正以自然速度的2倍甚至3倍在发展。这一制度在1955年开始实施，并取得了预期效果，但同时也导致了二元社会的形成。其中一元是占总人口83%的农业人口，另一元是占总人口17%的城市人口。城市中的工人阶级同传统社会的特权阶级一样，享有获取免费住房、粮食补助、免费教育、免费医疗及其他各种物质的或象征性特权。户口将每一个农民限制在各自的人民公社之内，户口统一由集体监管，而城市居民的户口则分发到户。事实上，这一政策将中国农民固定在公社内部，如果要想在城市里找工作无异于做梦，除非这位农民能有幸成为城市某一单位的临时工人。这一严格的户籍制度在控制城市和农村上效果明显，因为城市里既没有劳动力市场，也没有城乡间人口的流动。农村人口来到城市是无法生存的，因为他们无法获得粮票，只有拥有城市户口的人才可分配到粮食、燃料等生活必需品。对那些潜在移民来说，住房也是无法获得的，除非被允许进入单位工作。简而言之，个人命运完全是这一户籍制度的产物（Solinger, 1999；Wang, 2005）[12]。

在这一时期，单位是社会主义生产性城市的核心[13]。百货公司，如广州的诚信百货转变为国有企业，销售一些标准化的日常必需品。因此，所有的生产单位——政府、学校、医院和工厂等——均用围墙封闭，形成一个微缩型的社会主义城市，个人的居住、饮食、休闲等都通过集体方式给予满足。理论上，没有人有理由要离开单位，从生到死，人们工作在单位，生活在单位，人们的所有社会关系都被限制在围墙之内。和1 500年前唐代的街坊一样，这些围墙确定了他们的身份[14]。

单一的社会空间模式就可以确定城市发展的未来，被证明是一种国家主义的幻想。然而，在一段时间内，这一想法似乎获得成功[15]。其他形式的生产生活组织方式基本没有，即使有少量也会被国家遏制。1960年代中期的"文革"一个目标就是拆除各类民间信仰的庙宇，在"文革"中，所有的这些祠堂、庙宇、宗教信仰等都被看做是"乡村迷信"。许多红卫兵摇着红旗，到处毁坏庙宇、侮辱信奉"迷信"之人。但不可避免的是，随着红卫兵革命热潮的退去，乡村地区的庙宇得以保存，城市的街坊的信仰寄托也逐渐出现，为紧随其后的改革开放年代的到来铺开大道。

1978年，邓小平进行了一系列改革。农村公社改造成国家批准的"联产承包责任制"，城市中仍然采用了单位这一组织形式，但其对工人生活的控制力大大削弱，工人和雇员住进了单位高墙之外的高层公寓[16]。这样，民国时期的城市建设目标得以重视，开始注重城市居民的生活，开始建设消费性城市。与民国不同的是，此次建设是在共产党的领导下进行，且有大规模的资金资源。

2.4 改革开放时期 Ⅱ

关键词 社会主义市场经济；高度流动性与城市扩张；改革带来的不安经历；浙江村中的场所营造；社区建设的开始

在新的社会主义市场经济条件下，户籍制度对人口空间流动的阻碍作用逐渐消失，政府对城市迁移的态度也有所缓和。数以百万计的农村劳动力，通过合法或者不太合法的途径进入城市或城市边缘的村庄寻找工作，他们的数量有时超过本地居民数。为了给这些新来人口提供食宿——官方仍然把这些人看做是旅居者，但他们的数量一直处于增长态势——必须新建一批住房。有些住房作为职工宿舍，同一些特殊工业生产厂房一起建设；有些则是简陋的公寓用来出租，其服务设施多较为匮乏；有些是临时性平板房，这种房子大概在几分钟之内就可以轻易敲坏。抛开上述住房结构的暂存性不谈，我们还发现，城市建成区正稳步向外蔓延，吞噬着沿途的村庄和土地。不久之后，中国沿海部分地区的城市已经增长成片，出现了连续的城市化景观，如珠江三角洲地区。

城市发生的迅速变化，甚至超过人们的认知速度，邻居不断更换，社会关系不断发生改变，生活方式和节奏也日益不同，传统的要素忽然之间销声匿迹。这种变化还在不断加剧，新事物不断出现：

> 金融中心和CBD地区闪耀的办公大楼、摩天大厦；国外的直销商店和大型商场；集群式郊区别墅区和城市中心高层公寓；开发区；高科技园；大学与科学园；荒废的工人村和移民聚居区等。所有的这些空间要素都可以单独研究，同时它们共同勾勒出了改革后的城市空间状况（Wu and Ma, 2005）。

同西方资本主义国家一样，改革时期的城市成了无限积累各种资源的欲望之地，而城市的地方特征则成了城市营销与城市品牌的资本（Wu, 2000）。甚至那些遗产保护地区，如北京当前仅存的一些胡同，除产生场所感的传统作用外，还成了城市的重要旅游资源。尽管在中国最近出现了一股保护遗产的热潮，但中国正处于城市经济商品化的历史性阶段（Wu and Ma, 2005）。

尽管城市地区正经历着巨大的变化，但场所营造过程仍在继续，传统的生活方式依然存在。城市和乡村交汇处的城市边缘区便是场所营造的新地段，在北京南部边缘地区的浙江村正是研究这一现象的最好实例（Zhang, 2001; Leaf and Anderson, 2005）。

浙江村的移民来自上海南边的浙江，他们的家乡多数在温州附近，一个以民营企业著称之地。为了在首都北京做大浙江企业的影响，在1980年代改革之初，不少浙江人就来到北京，在丰台区的大红门地区借住本地农民的居所发展服装业为北京本地市场服务。这一消息传开后，不少北京市民在周末都竞相来浙江村购买他们可以讨价还价的便宜货。然而随着越来越多的温州人到北京寻求发展，新的浙江村在大众媒体里受到了非议。在社会上，这些"流动移民"被传说已经"失去控制"。随着警察对这些移民区干涉的增多，这些浙江人决定将各种活动限制在他们所谓的大院里（大庭院式住房）。

这些砖砌大院，最大的可容纳 6 000 人（Leaf and Anderson，2005）。由于有可按时关闭的大门，因此这些大院相当于围墙式移民聚居区（walled ethnic enclaves）。但这些浙江人没有想到，官方在 1995 年将其在大红门地区的店铺和住房拆除。

但事情并没有就此结束。通过浙方代言人和官方的深入磋商，这些旅居者被允许可重返大红门地区。在国家的支持下，一座现代化的京温贸易大厦得以建成，以作为北京和温州双方协议的象征。如今，该地区浙江人已达到 10 万，是本地人口的 5 倍左右。温州市政府还在大红门地区设立了办公室，就像在国外的大使馆一样，以保证浙江人的基本利益。当然，浙江人并不是真的外国人，因为他们与自己家乡千丝万缕的联系仍然存在，至少还没有消失。

随着改革而发生的各种转换变化——单位保护功能瓦解、国有企业工人大量下岗、大规模城市移民、城市不断吞噬乡村、整体生活的商品化——使党和整个国家都产生了不安心理。因此，必须努力寻找一些办法，不仅要控制各种形式——物质上、经济上、社会文化上、政治行政上的空间重构过程，还要能保证城市中的弱势群体——老人、失业者、退伍军人、残疾人等能够得到有效的社会保障。在应对这一挑战上，党和国家的一些做法可以使我们了解中国深层次的国家社会关系[⑫]。

早在 1986 年，中国共产党就发文加强建设居民委员会——继承自毛泽东时代——以助社区建设的实践。乔特（Choate，1998）写道："社区服务政策建立在社区基础之上，是继改革之后至今国家一直支持的发展策略，其基本口号是社区建设。"三年后，成立了法定的城市居民委员会组织，以强化其在社区中的服务功能，而不是主要用来维护社会秩序（同上）。"又取得了一个里程碑式的成就"，乔特继续写道：

> 1993 年的宪法修正案明确指出要同时建立村民委员会和居民委员会。同年，14 个国家部委和国务院委员会联合发表了一个重要文件，即"加快社区服务业的发展"，以实行宪法的这一规定。国家民政部希望能够在社区建设上做出更大成就，且于 1994 年开始负责实施上述文件精神，该努力奠定了社区建设的基础，并为当前中国大力推行的社区服务和社区安全建设提供了巨大动力和指导（同上）。

然而，在实践过程中，这种自上而下的"社区建设"并没有收到政府预想的效果。"由于城市居民越来越多……居民委员会的作用也变得越来越不明显……有许多城市地区的居委会截至 1998 年仅达到最低的社区建设要求"（Choate，1998）。委员会领导的民主选举实际上受到委员会及其上级干部的操纵，人们根本没有多少热情去施行委员会的职责和功能，维持委员会运转的公共基金不足导致社区服务时好时坏，邻里优先考虑的扶助对象往往和上级确定的名单不同。在许多社区的居委会里，其重点工作仍旧是防止犯罪和提供"日常生活服务"（同上）[⑬]。

与此同时，为了达到规模经济的目的，居委会的数量已经有所减少，但民政部仍然在全国范围内大力实施物质建设工程，为居委会提供更好的工作空间。到 2000 年前夕，至少在上海是这样：社区基本上变成了服务人口从 50 万～10 万不等的街道办事处，街道办事处管辖范围内的居民委员会就变成了小型社区，人数从 3 000~6 000 不等（同上）。这样一来，一些重要的服务设施都按街道和区的等级建设，而基层工作人员都越来越将精力放在邻里集体企业的经营上，以资助居委会工作。根据报道，居委会的运作资金大约 70% 来自他们的自我经营。

这次国家管理下的社区建设（或重建），未来将会如何发展仍然是个未定的问题。实际的建设经验在不同城市，甚至是同一城市也多有不同。民政部资助建设的这些办事处常常资金匮乏，地位是否合法模糊不清，政府对其运行一直严格监督，普通民众对其漠不关心（Derleth and Koldyk, 2004）。虽然比传统"自我管治"（self-governance）的保甲制度要人性化得多，但要鼓励广大城市居民在国家规定的大框架下，管理自己的社会需求，从而使居民对自己活动的管理方法更加专业，是需要付出巨大努力的。尽管自发性社区管理（如浙江村这个例子）十分盛行，但国家并不支持和鼓励此类行为。国家的各部门都希望能建立全国性的统一社区运作系统。因此，他们都大力施行国家的相关政策指令。然而，这一社区建设工程可否适应当前中国社会的快速全球化，仍然是个悬而未决的问题[19]。

总结起来，中国过去 25 年实行的社会主义市场经济，使中国面貌焕然一新，沿海城市建设如火如荼。每年有数千万计的农村移民——男人、女人甚至全家——都处于移动之中，都在快速城市化地区寻找工作，从北部的辽宁到南部的云南，直至西部的重庆。通过在建筑业、工业和家政服务等领域几年的努力工作，这些移民会重返故里，继而新一代的移民又会步他们后尘，而城市则不断吞噬周边村庄，无限扩张。在许多城市，经济以两位数百分比的速度飞速发展。移民则居住在拥挤的集体宿舍，建筑工人居住在工地临时搭建的棚屋，一家几口则在城市边缘区向本地居民租赁住房。新出现的中等收入家庭则以津贴价购置并住进了单位建设的高层住宅。富裕阶层则住进了有门卫管制甚至配备私人泳池的社区。与此同时，城市中心则出现空心化现象。老的邻里街区则被彻底拆除，建起了恢宏的办公大楼、奢华的公寓、香港式的购物中心及五星级酒店（Augé, 1995）。不断增多的立交桥负载慢如蜗牛的交通，生活变得日益不安甚至迷茫，场所的舒适感不得不让步于日益狂热的大拆大建[20]。

面对这一场"不停息的景观"（restless landscape），中央政府为规范城市发展，编制了城市总体规划。但由于中国的城市发展太快，以至于编制总体规划难以适应这一发展步伐，收效不甚理想。而国家民政部则希望重新起用新版保甲制度（通过试验且可靠的，不过仅仅具有间歇性效用）的相互监督与帮助作用，来控制数以百万计具有高度流动性的乡村移民、失业老工人、退伍军人、发现并决意维护自己权利的新房主、被迫潜入城市边缘的内城居民、首次寻找工作失利的新手等。国家不断增加街道办事处和居民委员的服务责任，但给予极少的资金资助，意欲通过自上而下的方式，在城市中建立全国性社区。然而，新城市建设所具有的热忱，就像"不停息的景观"本身一样，不太可能屈服于党和国家的控制。场所破坏日益盛行，且不可能很快停止。因此，要在中国城市的残垣断壁里创造新的场所，也许要等到遥远的未来方可实现。

3 发现与思考

通过对中国城市中 1 500 年来场所营造的快速回顾，我们对城市场所的概念基本上已有了深入了解。亨利·列斐伏尔（Henri Lefebvre）认为场所概念包括两个要点，即日常生活和"居住空间"。在此基础上，场所的内涵大概可归结为如下七个命题。

第一，在中国城市中，应该不仅仅是在中国，场所营造是国家和人民日常生活相互作用的结果。国家不仅决定城市的物质形态——布局和规划——而且决定城市生活的形式和规则。另一方面，城市居民则尽力将各种活动置于"家内"（at home），也即城市中的小空间。因此，在整个历史发展过程中，场所营造可认为是一种社会过程，总伴随着居民对当局无可奈何的顺从、贫民大众的反抗和各种社会空间的置换。

第二，那些绝对的物质空间，只有通过居住后，才会转变成为场所，获得自己的名称与特性。在城市中的小空间里——即城市中的邻里和街坊——以各种地方场所空间为舞台，各种日常生活习惯将不断上演，新的主观认识将不断产生，如此便形成了清晰可见的生活方式和生活节奏。这些地方性场所空间，多具有发生偶然事件的特征。有些是公共的，如政府办公室、露天市场和公园；有些是受地方民众支持的，如庙宇、清真寺、牧区教堂等；还有一部分是属于私人所有，如茶室、咖啡馆、酒馆及其他各种地方民众喜欢共聚之地。

第三，虽然生活方式和节奏可以保持不变，但场所并非永久不变。随着时间的流逝，场所将发生巨大变化，这些变化多由如下这些因素造成：人口迁移、老龄化、新建筑的建设、拆除、洪水、战争、新技术、新风俗等。

第四，对许多居民来说，日常生活的习惯是舒适感、安全感、稳定感的重要来源。当邻居偶然遇见时，会相互问候、播撒友谊的种子、互传闲言碎语和处理紧急事件等，这一切都是居民与场所感情联系的重要源泉。

第五，城市邻里生活表面上的自治带有虚假性。从地方层次上看，不管是可见的，还是不可见的，国家相关机构的权威通过下述方式得以表述：通行证和许可证系统、对合法与非法活动的相关规定、禁止某些行为、制定相关建设标准、控制交通流、决定公共服务的提供、警察及相关结构的监督、社会工作者的活动、巡视员和监视器等。

第六，国家影响邻里生活的行动常常受到辩驳，甚至是彻底的反抗。但是，由于国家趋向于以不同的方式影响社区成员，因此易造成邻里成员的分裂，相互反对。人口特征复杂（包括对本地感情深浅程度的不同）的邻里，其成员利益各不相同，要形成统一的利益基础十分困难。

第七，在当代生活条件下，社会网络日益扩张，已超出城市中小空间的范围，邻里间的交往逐渐冷淡，基于邻里的场所在城市居民生活中的重要性日渐消失。因此，国家希望通过建立自我约束（self-regulated）的城市小空间来恢复原有的社会秩序，恐怕将会以失败告终。

现在，本文将概览中国城市中的具体细节，提炼出其场所营造的一些显著特征，以便作更深入的评论研究。

3.1 围墙与大门

在公元 6 世纪，隋朝的第一任皇帝重建了长安城的一部分。这是一个围墙之城，四周都有城门，有些城门之上建有塔楼，城墙周长约 37 km，游人可通过其中一门入城参观。在长安城内北部，建有皇城。贵族和贫民一样，都住在"坊"或"里"之中，这些坊里间用宽大街道相隔。而由坊里组成的区域四周同样筑起高墙，配有大门，在晚上这些大门会按时关闭 (Friedmann, 2005)。

围墙和大门，在中国往往是场所的标志。就像许亦农（Yinong Xu）所解释的那样：

> 在中国人看来，一个建筑空间既要在名称上予以定义，又要在物质空间上予以定义，只有这样，各种空间才能各得其殊，相互区别，人文环境才能井然有序。而要达到上述目标，最方便、最有效的方法就是用围墙将这些空间围起来。
>
> 到处存在的各种围墙，是中国历史上（现在仍然是）的一道奇特景观……实际上，围墙在中国已经成为划分不同人群的重要工具。并且，围墙的社会和概念功能已经超过其物理分割功能。也就是说，围墙不仅限定了其所围空间，更重要的是其表示了不同社会人群的不同风俗习惯 (Xu, 2000)。

围墙定义了特殊的人际关系，许亦农写道，不同的场所需要不同的合适引导，才能使场所发挥自己应有的功用。另外，中国社会空间的蜂窝细胞式组织特征，从一个小小的庭院，到广大的区域，毫无疑问都同追求统一的秩序标准有关。当然，这一秩序标准既包括有形空间，也包括无形空间。

另外，围墙所围空间类型多种多样，如宫殿和邻里、行政机构县衙、大宅院、城墙之外的行会建筑等。在现代，工作单位不仅设有围墙，还设有大门；有些邻里到现在还保留有围墙和出入的大门，中国东部地区城市边缘区的一些豪华住宅区也同样是设有围墙大门。

3.2 上天的秩序

如果说衙门代表了帝王关于城市和乡村的秩序观念，那么供奉在庙宇中的城隍和夫子，就代表了城市赖以扎根的精神和上天的秩序。人们对城隍和夫子两神的崇拜，得到了官方的认可。这是因为，城隍来自天庭，代表了皇帝的旨意；夫子则代表了文人学者的道德品质，因此两者均被运用到了管理城市当中。人们相信，庙神（temple god）可以保护邻里生活，虽然官方认为其为庸俗的迷信，没有赋予其合法性，但还是采取了容忍态度。如果一切按照人们所愿进行，那么庙祭典礼就是邻里生活的一个重要焦点，各种地方神也会获得不同的名字，邻里组织也会为这些神准备完好的供奉之所。除此以外，邻里组织还会按周期举行祭神庆典，组织各种戏曲表演。所有这一切，都使得社区凝聚力更强，集体感更强。当然，以地方寺庙为中心的所谓市民社会，也以非正式的形式管理了邻里生活 (Fällman, 2004)，如本地神土地公，到今天在不少地方依然存在。但是，随着人口流动性的增强，无数邻里的拆除，大量高楼大厦的建立，私人地产的增多和跨国资本的累积，那些庙宇还能够继续存在多久，新建社区里的上述传统信仰能否重新成长起来，一时还无法断定。

3.3 茶室与日常生活礼俗

场所多以小为特色——唐长安封闭式的坊里是早期的实例——且通过各种日常生活习惯得以形

成。成都的茶室文化，就是日常生活习惯如何创造公众文化的典型实例。成都的茶馆文化发端于清朝晚期，在发展过程中，官方多认为其不合新世纪城市的发展需求，屡次对其进行干涉控制，但茶馆文化还是一直延续到了民国时期。

在1930年代中晚期，成都茶馆一天接待的顾客就大约有12万人。箭术爱好者、养鸟爱好者和戏曲爱好者常常会齐聚茶馆，谈论自己的观点。有些大型茶馆，除向顾客提供优质的茶饮服务，还会提供戏曲、歌剧服务。商人们会利用茶室谈判生意；各种个人服务，如快餐、理发等可随叫随到，因提供这些服务的人会在茶馆、街道周边徘徊，随时恭候。而要想招募管家、短工、苦力等，也是随时可得。

在成都，男性和女性，不论是什么阶层，都常会光临各种茶馆中心。根据"新成都"指南手册，去茶室的人，"会在茶馆讲古今故事、品评时事、下棋、赌博、讨论公众人物、侦查私事、谈论闺房风流韵事"（Wang, 2003）。"如果一个男性感觉太热，他可以袒露上身至腰间，如果他要理发，他可以召唤理发师至座位旁边……他可以脱去鞋子，让修脚师帮其修脚。如果他感觉一人无聊，可以窃听周边人群的谈话，如果喜欢则可以加入一同讨论。人们在茶馆想待多久就待多久。如果茶客暂有事务，可以将茶杯置于茶桌中央，示意服务员为其保管，直至茶客回来"（同上）。人们在茶室谈天说地，涉及口头谩骂、负债关系、财产纠纷，甚至是暴力事件等，由于对这些事情的看法不同，不免发生口角冲突，所有这些，在其他茶客看来，就好像一出"和茶饮"（drinking settlement tea）的戏，在观看过程中，他们也会对这些纠纷品头论足，各抒己见（同上）。

随着对现代化的狂热推崇，成都这些生动的市民空间遭到了人们的非议，认为这种生活方式过于懒散、行为不良、言谈淫秽。在19世纪末，即城市警队建立不久后，发布了第一个"茶馆条例"，在民国初期，大众茶馆文化遭到了直接打压（同上）。不管是遭受了实际打压，还仅仅是威胁，成都茶馆文化继续发展繁荣，直到新中国成立，这些"市民自由空间"最终不得不顺从国家要求发展[20]。

3.4 旅居者、游民和土生土长的场所

自17世纪起，大部分的城市居民都是来自外地的旅居者，本地人多认为他们是暂时性居民（他们自己也是如此认为）。因此，在前工业化时期，这些旅居者发现要融入早已建立的城市生活秩序是十分困难的，因此他们不得不依靠于同乡会或行会生活（Rowe, 1984）。在城市生活多年的影响下，有些旅居者可能会改变自己以适应城市生活的风俗习惯，但不管怎样，他们总是乡音难改，信仰难移，城市的本地人对他们也总是心存疑虑。不过行会组织为旅居者提供了避难之所，在这里，他们可以逃避城市人的冷言冷语，可以进行各种祭祀活动，可以用自家方言交谈，如果不幸仙逝还可以享受行会提供的葬礼，甚至可托付行会将尸骨运回故乡。

在当前时期，移民到城市的旅居人数大增，前所未有。然而这些人常受到城市居民的蔑视，常被看做是"流民"，意即一个过去生活无常、现在不可信任、未来一片迷茫的人群（Solinger, 1999）。只有在自己的家乡，他们才能获取自己应有的权利，才能将自己的名字永铭家族灵堂以被永远瞻仰（对

他们来说，这也许是最重要的）。而在实际的工作、生活之地，他们得到的是城市本地人根深蒂固的蔑视和敌意。渐渐地，官方会在小孩教育、基本生活上给予他们少许帮助，但这种行动仅仅是一些本地当局的自决行为，而不是一项普遍性政策。因此，他们只有获得城市户口，才能避开各种额外费用。否则，他们将永远处于"流民"状态。城市人可以忍受流民的存在，但绝不会尊重和热爱他们。

3.5 基于场所而建的社区的拆除与重建

场所的毁灭——整个城市、邻里、城中村——已不鲜见。洪水、地震、火灾、战争等对场所的毁灭都功不可没，而当今的一些毁灭手段则更具隐蔽性。在民国早期，各种围墙的拆除，为城市无限制地累积扩张铺平了道路，一系列代表新秩序的建筑陆续建立。我想援引广东诚信百货大楼作为一个例子，但必须指出，虽然其是当时的城市地标，但绝不是我所谓的场所。同在其顶部的电影院一样，其完全出于纯粹的商业目的：电影来自遥远的影音工作室，并没有考虑观众的特别要求；商场则是使出各种手段，怂恿小康阶层购买各种外国珠宝货物。可以说，诚信百货是即将来临的跨国销售的先驱，是"非场所感的场所"（non-place place）（Augé, 1995）。

在1950~1960年代，城市发展被强加上了新的空间秩序，这不仅使城市初期的累积效应受到限制，而且使消费性城市的建设停滞不前。来自乡村的移民受到遏制，甚至是遣返；乡村地区人口经过集体化分成了生产小组、生产队和公社等；城市则通过重组，变成了由自给自足的单位细胞组成的城市。单位虽然形成了明显的工作场所的特征，但单位内居民的生活方式和节奏受到了控制，这同早期的市民空间是大相径庭的。

关于社会主义消费性城市的乌托邦幻想，仅仅持续了25年左右。1980年代改革开放以来，单位虽然得以存在，但随着工人在单位之外购置住房的增多，其控制作用大为降低。随后，老城中心在推土机的轰鸣声中灰飞烟灭。而在东部沿海的城市边缘地区，无数的乡镇企业如雨后春笋般迅速发展起来，中国香港、韩国、中国台湾等地的投资者纷至沓来。数以千万计的农村人口再次涌入这些企业寻找生计。在2000年前的10年里，上海市政府决定越过黄浦江，在浦东建立一个城市新区，即我们所熟悉的浦东新区。但实际上，浦东地区当时已经是百万农民的家园，他们以农业为主，为城市提供了大量新鲜食物。而规划师们对此漠不关心，大笔挥就建设蓝图，规划了出口加工区、国际机场、"金色"金融中心、技术开发区、高速公路等，似乎浦东就是一块绘图板（Yeh, 1996）。

因此，老的场所丧失殆尽，而新的场所则无从形成。乡村移民大量涌入此地工厂工作，充塞整个边缘区的村庄；城市中心的富裕阶层则住进此地新建的豪宅，这些豪宅通常都有吉利的名称，如贝弗利山庄（Beverly Hill）；中等收入的知识分子则住进了此地的高层公寓，希望体验左边为地、右边为田的梦幻式生活。在这些新开发的城市边缘区，虽然土地仍以集体方式掌握在日益衰老的本地居民手里，但这里所出现的一切并不符合任何一个总体规划，这些城市新区仅仅是城市自由发展的结果。

面对这一混乱局面，国家采取了双管齐下的战略。在空间秩序上，以强制性总体规划予以规范控制，许多城市，如上海、北京甚至是地方小镇，常会花一小笔钱，请模型公司为本市制作精致的规划三维模型，这些模型常常会在城市规划展览馆展出，以供市民观摩。在社会秩序上，采用了"社区建设"的方法。为此，国家向全国各地提供了邻里服务中心的建设基金，希望通过这些服务中心的建设，加强社区场所感的建立。

3.6 国家与市民社会的关系

在中国历史上，国家对场所营造的影响控制是显而易见的，围墙式的行政城市和允许对官方神灵的尊崇是经典的例证。而目前由国家牵头进行的全国性社区建设，则是生动的现时案例。但同样重要的还包括社会的自组织力量，特别是来自城市邻里这一层次的力量。如成都的茶馆文化、社区庙宇协会所倡导的灵活生活习惯等。

在中国城市里，国家同市民社会的关系复杂难懂。文人学者和党政干部一样，虽然都认为大众信仰是一种迷信活动，但都可以容忍其存在与发展。成都的警察对茶馆文化进行规范，但并不能做到绝对严格；在城市再开发过程中进行的大规模拆迁，往往会遭到市民激烈抵抗。以一位西方学者于尔根·哈伯马斯（Jürgen Habermas）的观点来看，用"市民社会"来描述中国社会自组织的形式是值得怀疑的（Brook and Frolic，1997）。

通俗来讲，在整个封建王朝的历史过程中，国家赋予贫民的义务远远大于他们所得到的权利。特别是在农村地区，广大人民不得不承受繁重的课税、兵役和劳役等，他们只是封建王朝的奴仆，而不是现代的市民。另外，如果国家不进行强力干预，城市很大程度上都依靠各种民间组织（如行会、庙宇协会等）的自行管理。

有人也许会推测，到民国时期，上述情况应该不再存在，但事实是这些习俗已经融入生活文化，难以褪去。而认为中国国民已经不再只是背负责任，还获取了各种特定的权利且已经成为国家的市民的新看法，在我看来是难以接受的（Bergère，2002）。

然而，通过各种方式，上述这些控制措施在1960年代后被抛弃，国家再次引入传统自我管理中的某些元素，希望借此在邻里层次上建立"市民社会"，以利用其自我管理的能力。但这只是中央政府关于社区建设计划的美好希望，不久以后，国家感到改革正逐步脱离控制，如果不立即采取控制措施，建设混乱将会发生。基于此种原因，国务院于1984年颁布了第一部城市规划法，明确规定各城市要严格制定城市总体规划。国家希望通过制定总体规划，可以保证混乱得到控制，空间秩序得到合理维持。20年后，规划法依然如故，总体规划的编制仍然一如既往，完全不顾城市发展的混乱。

大约在同一时期，国家民政部也开始实行了"社区建设"计划。民政部认为，通过社区建设，不仅可以保证扶贫物资安全到达所需的弱势人群，还可以加强新社区中社会生活的稳定性。在早期社区建设实践的基础上，国务院总结并通过了一系列社区建设的规章条例，到现在为止这些规章条例仍在实施。这一社区建设工程将会取得怎样的成绩，我们将拭目以待。尽管各街道办事处并没有得到国家的足够资金资助，但毫无疑问，民政部在控制和建设社会秩序上可能取得的成果，将大于总体规划在控制城市空间秩序上可能取得的成果。

4 结语

　　场所营造一个矛盾对抗的过程。如今的城市，就像一个容器，正被不断填装各种巨大的、毫无场所感的、由建筑师设计的空间，如飞机场、地铁、豪华宾馆、办公大楼、郊区购物中心等。不过，就像人类学家克利福德·格尔茨（Clifford Geertz）所写，"生活在这个世界上的人类，没有一个还依旧保持着自己的独特性"，除了居住在人文纽带和熟悉景观依然存在地区的居民。这里的一切，激发了人们对场所感情的升华，抵抗了生活的变迁衰亡。在几年前，我就表达了保护城市小空间的思想（Friedmann, 2002），但时代思潮总是将其拒之门外：在全球化背景下，各种巨型工程总能战胜充满人文情怀的小空间[②]。

　　与此同时，中国城市中场所营造和场所破坏的真正过程与机制，都是十分丰富的课题，有待更深、更广的研究。国家民政部当前正在实施的社区建设计划就是其中之一。另一个主题是民众对场所拆除的反抗研究。第三个是在城市外围地区新建的城市邻里中，各种大众信仰正在重获生机，而我们对其发展情况所知甚少。第四个就是在邻里管治过程中，无论是在正式的，还是非正式的磋商中，正在出现的市民社会（civil society）在其中到底扮演怎样的角色的问题。上述所列及相关课题，足以让一两代后生学者花十年左右的时间去钻研。

致谢

　　本文根据 John Friedmann 2007. Reflections on Place and Place-making in the Cities of China. *International Journal of Urban and Regional Research*, Vol. 31, No. 2, pp. 257-279 译出。作者感谢马润潮（Laurence Ma）、丹尼尔·艾布拉姆森（Daniel Abramson）和参加 UBC 中国研究圆桌会议的学者及一些匿名评论者，感谢他们的有益评价与建议。和通常情况一样，本文的一切责任、可能的错误均由作者本人负责。

注释

① 近年来，场所问题引起了人们新的兴趣。网络社会中普遍存在的"流动空间"，可能造成场所的消失（Castells, 1996），这也许是场所问题引起重视的原因之一。在场所问题上论述较为出色的文献，可参阅段义孚（Tuan, 1977）、费尔德等（Feld et al., 1996）、戴维等（David et al., 2002）、洛等（Low et al., 2003）、克雷斯韦尔（Cresswell, 2004）的文章。

② 索加（Soja, 1996）在其权威著作——《第三空间》（*Thirdspace*）的脚注中指出：列斐伏尔在其作品中基本没有使用"场所"的概念，原因在于列斐伏尔同时采用了"日常生活"（everyday life）和"居住空间"两个词，使得场所丰富的含义得以有效表达。

③ 关于日常生活的旋律，请参阅列斐伏尔（Lefebvre, 2004）的文章。

④ 有一位评论家希望我在此文中不要全面论述中国的各个时期，应该集中论述某一时期。这里我没有采纳这个建议。就像我一贯主张的那样，研究中国的城市需要谨记其自己过去的历史（Friedmann, 2006）。因此，这里我

将有选择地论述各个时期场所营造的情况。
⑤ 这些将平民百姓限制在四面高墙围起的街坊里的严厉制度,不可避免地会引起居民的公然违抗。人们不定期地会私自在围墙上打开进出口。一项767CE法令也试图禁止围墙和类似的隔离建筑在居住区街坊和市场周围建设。渐渐地,官方的法令就失去了其合法性,最后整个坊里体系都发生崩离。至北宋时期,街坊变成了一个行政单元,这同唐朝的街坊是截然不同的(Xiong, 2000)。
⑥ 要想对唐长安和宋开封有更深入了解,请参阅王才强(Heng, 2006)、熊存瑞(Xiong, 2000)的文章。
⑦ 译者注:城隍,起源于古代的水(隍)庸(城)的祭祀,为《周宫》八神之一。"城"原指挖土筑的高墙,"隍"原指没有水的护城壕。古人造城是为了保护城内百姓的安全,所以修了高大的城墙、城楼、城门以及壕城、护城河。他们认为与人们的生活、生产安全密切相关的事物,都有神在,于是城和隍被神化为城市的保护神。道教把它纳入自己的神系,称它是剪除凶恶、保国护邦之神,并管领阴间的亡魂。
⑧ 实际上,流浪者通常被认为同这些鬼一样的角色。他们是封建王朝监管和命令的反抗者,是盗贼和骚乱的根源所在(Stephan Feuchtwang, 1992)。没有得到尊奉的鬼魂,与他们的家乡或出生地剥离后,将同盗贼和骚乱者一样脱离社会监管。于是,人们常常认为他们是国家稳定的一大威胁,这和我们今天对待流动人口的心态是一样的。这些流动人口的四处游荡被认为是盲目的,是各种潜在犯罪活动的来源之一。
⑨ 根据斯特兰德(Strand, 1989),在1920年代,大约有20%的北京市人口靠拉黄包车维持生计。
⑩ 译者调整:在不到40年之后,新中国根据对城市的构想,淡化了这一城市特征,并开始建立社会主义城市。
⑪ 理想的保甲制度是10户邻居为一组,由一个大家信得过的人担任头目,并对上一级负责。上一级的则由10个小组组成(通常包括100户,约500人口),如此往上,直到达到最低的政府机构,即我们今天所称的街道办事处,在乡村,就大概相当于一个镇区。有关保甲制度的起源和户口制度,请参阅王飞凌(Wang, 2005)的文章。
⑫ 户口制度利用了中国文化中"土生土长的场所"特征,这可能是该制度实施后并未引起太多反抗的一个原因。
⑬ 在农村地区,与之类似的是公社。
⑭ 要详细了解单位制度的来历,请参阅布瑞(Bray, 2005)。布瑞的叙述方法采用了福柯(Foucault)"政府主导"的概念。
⑮ 在1975年时,单一体制的实行达到最高峰,接近80%的城市劳动力注册进入单位(Bray, 2005)。
⑯ 在中国,城市中私房拥有率在2000年初已达到80%。
⑰ 下文的叙述主要根据来自14个城市的研究成果。该研究由亚洲基金会(Asia Foundation)的乔特为福特基金会(Ford Foundation)花3年时间才完成(Choate, 1998)。要了解最近的情况,可参阅德尔利斯等(Derleth and Koldyk, 2004)的文章。另还可参阅冯叙(Feng Xu, 2005)的一篇理论性文章,不过该理论缺乏实证。要对社区建设实践的目的和成就作一个公正判断,应该还为时过早(Choate, 1998)。
⑱ 包括如下服务:(1)邻里外卖、快餐服务;(2)公用电话服务……;(3)暂时性家庭互助;(4)各种形式的运输服务;(5)自行车、汽车的停车场地;(6)各种邻里小店,如理发、修自行车、电工修理、管道修理、小商品及其他各种居民要求的服务(Choate, 1998)。
⑲ 根据布瑞(Bray, 2005)的研究,民政部希望通过社区建设,使人们用"社区"来界定身份,就像当年用"单位"来界定身份。这次社区建设将为蔓延中的城市,甚至是农村地区创立新的空间和道德秩序。

⑳ 要了解改革时期城市建设的具体情况，可参阅吴缚龙等（Wu et al.，2007）的文章。
㉑ 改革 25 年后，成都的茶文化再次繁荣。现在成都有上百家茶室（个人亲身经历，Laurence J. C. Ma）。
㉒ 对这一被惯性结论，有人作了修正平衡，可参阅索伦森等（Sorensen and Funck，2007）的文章。此文介绍了日本动员市民社会进行邻里管制建设的努力过程。在日本这样一个高度中央集权的国家，花了几十年的时间才迎来了参与式管制方式的出现。通过多次削弱中央集权的周期性争斗危机，日本中央当局最终推行了改革，最终形成了更加分权的、基于邻里的城市规划体系。但在中国，相关机构的运作是不相同的，其结果也必然不会相同。

参考文献

[1] Augé, M. 1995. *Non-places: Introduction to an Anthropology of Super Modernity*. Verso, London.

[2] Bergère, M. C. 2000. Civil Society and Urban Change in Republican China. In F. Wakeman Jr and R. L. Edmonds (eds.), *Reappraising Republican China*, Oxford University Press, Oxford.

[3] Bray, D. 2005. *Social Space and Governance in Urban China: the Danwei System from Origins to Reform*. Stanford university Press, Stanford, CA, chapter7, p. 144.

[4] Brook, T. and B. M. Frolic (eds.) 1997. *Civil Society in China*. M. E. Sharp, Armonc, NY.

[5] Castells, M. 1996. *The Rise of the Network Society*. Blackwell Publishers, Oxford.

[6] Choate, A. C. 1998. Local Governance in China, Part II: An Assessment of Urban Residents Committees and Municipal Community Development. Working Paper No. 10, The Asia Foundation.

[7] Cresswell, T. 2004. *Place: A Short Introduction*. Blackwell, Oxford.

[8] David, B. and M. Wilson (eds.) 2002. *Inscribed Landscapes: Marking and Making Place*. University of Hawaii Press, Honolulu.

[9] Derleth, J. and D. R. Koldyk 2004. The Shequ Experiment: Grassroots Political Reform in Urban China. *Journal of Contemporary China*, Vol. 13, No. 41, pp. 747-477, 766-768.

[10] Dirlik, A. 2005. Architecture of Global Modernity, Colonialism and Places. Unpublished paper.

[11] Esherick, J. W. 1999. *Modernity and National Identity, 1900-1950*, University of Hawaii Press, Honolulu.

[12] Fällman, F. 2004. *Salvation and Modernity: Intellectuals and Faith in Contemporary China*. Department of Oriental Languages, Stockholm University, Stockholm.

[13] Feld, S. and K. H. Basso (eds.) 1996. *Senses of Place*. School of American Research Press, Santa Fe, NM.

[14] Feuchtwang, S. 1977. School-temple and City God. In G. William Skinner (ed.), *The City in Late Imperial China*. Stanford University Press, Stanford.

[15] Feuchtwang, S. 1992. *The Imperial Metaphor: Popular Religion in China*. Routledge, London.

[16] Feuchtwang, S. (ed.) 2004. *Making Place: State Projects, Globalization and Local Responses in China*. UCL Press, London.

[17] Friedmann, J. 2002. *The Prospect of Cities*. University of Minnesota Press, Minneapolis.

[18] Friedmann, J. 2005. *China's Urban Transition*. University of Minnesota Press, Minneapolis.

[19] Friedmann, J. 2006. Four Theses in the Study of China's Urbanization. *International Journal of Urban and Regional Research*, Vol. 30, No. 2, pp. 440-451.

[20] Geertz, C. 1996. Afterward. In S. Feld and K. H. Basso (eds.) *Senses of place*, School of American Research Press, Santa Fe, NM.

[21] Golas, P. J. 1977. Early Ch'ing Guilds. In G. William Skinner (ed.), *The City in Late Lmperial China*. Stanford University Press, Stanford, CA.

[22] Goodman, B. 1995. *Native Place, City, and Nation: Regional Networks and Identities in Shanghai, 1853-1937*. University of California Press, Berkeley, CA.

[23] Harvey, D. 2006. *Spaces of Global Capitalism*. Verso, London.

[24] Heng, C. K. 2006. *A Digital Reconstruction of Tang Chang'an*. China Architecture and Building Press, Beijing.

[25] Leaf, M. and S. Anderson 2005. Civic Space and Integration in Chinese Peri-urban Villages. Paper Presented at a Roundtable Discussion, University of British Columbia, Institute of Asian Research.

[26] Lee, L. O. F. 1999. *Shanghai Modern: the Flowering of a New Urban Culture in China, 1930-1945*. Harvard University Press, Cambridge, MA.

[27] Lefebvre, H. 1991. *The Production of Space*. Translated by Donald Nicholson-Smith. Blackwell, Oxford.

[28] Lefebvre, H. 2004. *Rhythmanalysis: Space, Time, and Everyday Life*. Translated by S. Elden and G. Moore. Continuum, London and New York.

[29] Low, S. M. and D. Lawrence-Zúñiga (eds.) 2003. *Space and Place: Locating Culture*. Blackwell, Oxford.

[30] Lu, H. 1999. *Beyond the Neon Lights: Everyday Shanghai in the early twentieth century*. University of California Press, Berkeley, CA.

[31] Mann, S. 1984. Urbanization and historical change in China. *Modern China*, Vol. 10, No. 1, pp. 79-113.

[32] Marcus, C. C. 1995. *House as a Mirror of Self*. Conari Press, Berkeley, CA.

[33] Mote, F. W. 1999. *Imperial China, 900-1800*. Harvard University Press, Cambridge, MA.

[34] Rowe, W. T. 1984. *Hankow: Commerce and Society in Chinese City, 1796-1889*. Stanford University Press, Stanford, CA.

[35] Skinner, G. W. 1977. Introduction: Urban Social Structure in Ch'ing China. In G. W. Skinner (ed.), *The City in Late Lmperial China*, Stanford University Press, Stanford, CA.

[36] Soja, E. W. 1996. *Thirdspace: Journeys to Los Angeles and Other Real-and-Imagined Places*. Blackwell, Malden, MA..

[37] Solinger, D. 1999. *Contesting Citizenship in Urban China: Peasant Migrants, the State, and the Logic of the Market*. University of California Press, Berkeley, CA.

[38] Sorensen, A. and C. Funck (eds.) 2007. *Living Cities in Japan: Citizen's Movements, Machizukuri and Local environments*. Routledge, London.

[39] Strand, D. 1989. *Rickshaw Beijing: City People and Politics in the 1920s*. University of California Press, Berkeley, CA.

[40] Tsin, M. 1999. Canton remapped. In J. W. Esherick (ed.), *Remarking the Chinese city: Modernity and National Identity, 1900-1950*. University of Hawaii Press, Honolulu.

[41] Tuan, Y. -F. 1977. *Space and Place: the Perspective of Experience*. University of Minnesota Press, Minneapolis.

[42] Wang, D. 2003. *Street Culture in Chengdu: Public Space, Urban Commoners, and Local Politics, 1870-1930*. Stanford University Press, Stanford, CA.

[43] Wang, F. L. 2005. *Organizing Through Division and Exclusion: China's Hukou system*. Stanford University Press, Stanford, CA.

[44] Wu, F. 2000. Place Promotion in Shanghai, PRC. *Cities*, Vol. 17, No. 5, pp. 349-361.

[45] Wu, F. and L. J. C. Ma 2005. *The Chinese City in Transition: Towards Theorizing China's Urban Restructuring the Chinese City: Changing Society, Economy, and Space*. Routledge, London.

[46] Wu, F. L., J. Xu and A. Gar-On Yeh 2007. *Urban Development in the Post-reform China: State, Market, and Space*. Routledge, London.

[47] Xiong, V. C. 2000. *Sui-Tang Chang'an: A Study in the Urban History of Medieval China*. Centre for Chinese Studies, University of Michigan, Ann Arbor.

[48] Xu, F. 2005. Building Community in Post-socialist China: Towards Local Democratic Governance? Draft Paper Prepared for the China Colloquium, University of Washington, Seattle, 8 December.

[49] Xu, Y. N. 2000. *The Chinese City in Space and Time: the Development of Urban Form in Suzhou*. University of Hawaii Press, Honolulu.

[50] Yeh, A. G. O. 1996. Pudong: Remaking Shanghai as a World city. In Y. M. Yeung and Sung Yun-wing (eds.), *Shanghai: Transformation and Modernization under China's Open Policy*. The Chinese University Press, Hong Kong.

[51] Yeh, W. H. 2000. Shanghai Modernity: Commerce and Culture in a Republican City. In F. Wakeman Jr and R. L. Edmond (eds.), *Reappraising Republican China*. Oxford University Press, Oxford.

[52] Zhang, L. 2001. *Strangers in the City: Reconfiguration of Space, Power, and Social Networks within China's Floating Population*. Stanford University, Stanford, CA.

评《规划 20 世纪的城市：发达资本主义世界》

曹 康

Planning the Twentieth-Century City: The
Advanced Capitalist World

Stephen V. Ward, 2002
Chichester: John Wiley & Sons
470 pages, US$40 (paperback)
ISBN: 0-471-49098-9

《规划 20 世纪的城市：发达资本主义世界》一书，是英国著名城市规划史学家史蒂芬·V. 沃德（Stephen V. Ward）的最新力作。沃德教授于 1996～2002 年间任国际规划史协会的主席，还曾担任《规划史》（Planning History）期刊的主编，目前是《规划观察》（Planning Perspective）的主编。

本书共分 12 章，首末两章分别为前言及结论，中间 10 章为主体内容，从 19 世纪的规划先驱写起，时间跨度近两个世纪，空间范围涵盖所有发达资本主义国家：西欧（主要国家为英国、德国、法国，次要国家为瑞典、奥地利、荷兰、比利时等）、北美（美国与加拿大）、澳大利亚及日本。这近两百年的时间被分为六个阶段，分别是：19 世纪的先驱（19 世纪）；现代规划的出现（19 世纪末 20 世纪初）；战争、重建与大萧条（1914～1939 年，即"一战"至"二战"前）；重建与现代化（"二战"至 1950 年代重建）；现代化的顶峰与之后（1960 与 1970 年代）；全球化、竞争与可持续发展（1980 年代至今）。其中后四个时期是分析的中心，首先按照对城市规划发展的贡献力将所有国家分为"主要传统"（the major traditions）和"其他传统"（the other traditions）两大派系，然后分国别探讨各国的城市规划思想及实践的发展情况。这样，就组成了一个时空矩阵，在其中可以找到发达资本主义世界每一个国家在每一个时间段内的规划思想、制度、立法及实践情况。之所以有主要、次要传统之分，是因为在西方世界，英、美、德、法四国既在经济与政治上占据优势，在城市规划的发展上也是自开始就一直以领跑者的身份出现，它们形成了

作者简介

曹康，浙江大学建筑工程学院。

西方城市规划从思想体系到立法制度的几种主要传统,而其他国家则多是这四个国家各自所缔造的传统的支脉,与主脉之间属于传承与发扬兼而有之的关系。

作者在第一章前言部分首先讨论了规划史的书写方式,并指出了"宏大叙事"这种历史记述手段的不足。为了弥补这种缺陷,作者将创新及传播作为串联规划史实的线索。接下来作者简述了整本书的章节结构以及作此划分的依据。从第二章开始进入正文,将现代城市规划的起点定在了20世纪初(虽然它的根源可追溯至几千年前的西亚与南亚古文明时期),但前期探索活动已于19世纪中叶开始。第三章的论述核心是从20世纪起始到"一战"爆发前,沃德教授认为这是一段极富创见的迅速发展时期,不仅产生了一些深具影响的规划思想,"城市规划"这一最新的概念也从几个发源地逐渐扩散开来,集中体现了作者想要表述的两个核心概念——创新与传播。接下来的两章表明,战争延缓了这一前进的步伐,但"二战"以后影响整个西方世界的一些规划思想却是在之后的大萧条及极权主义盛行时期萌芽的,并且"创新"的接力棒已由空想家转交到实践者手中。第六章与第七章主要描述战后重建,战争的毁灭性力量虽然终止了国际的规划活动与交流,但却加强了政府的权力,并给战后的大规模重建创造了契机,反而使规划得到了大显身手的机会。经过一个世纪的积累——其后两章作者以批判的手法写道,到1960年代,在经济恢复与高速发展时期,以现代化为特征的城市规划达到了自己的顶峰——虽然是一种折中现代主义;但盛极而衰,也孕育了衰落的种子。正文部分最后两章,以全球化和可持续发展的广泛意识为特征,描述了一个全新时代的开端,或者是新旧两个时代的过渡,现代城市规划遭遇危机,但也未尝不是一种转变的机遇。结论部分总结了20世纪中城市规划在发达资本主义国家的创新与传播方面的主要问题——创新的根源以及传播的源头与方式。最后,对21世纪的规划进行了展望与预测。

整本著作线索异常清晰,作者采取了三级标题体系分章分节分点进行论述,读者可轻易找到特定时间及地点的内容。用词洗练,句式简洁,没有浮华的辞藻和复杂的结构。

"创新"(innovation)是作者关注的焦点之一,是城市规划向前发展的推动力量。他在此借用了经济学家熊彼得的观点,认为发明(invention)与创新是两种概念,前者多在思想领域,后者多在实践层面。而传播,作为另一个焦点,一方面是创新的必然结果,另一方面会削弱创新源的竞争优势,从而刺激它产生新的创新。创新与传播这条线索是本书的一大特征。第二个特征是作者非常重视政治、社会、经济、文化背景对城市规划的影响,并将此作为一种必然联系来探讨。第三个特征是作者在国际、国家与地方三个层面就城市规划的发展展开了讨论,并在国际交流、传播与相互影响方面加了重墨,这也是该书与其他同类著作立意不同之处。

在西方现代城市规划通史方面,彼得·霍尔(Peter Hall)的《明日之城》是经典之作。该书通过13个主题来组织材料,每一主题都有其主要发生的时间段及场所。因此,如果说《明日之城》是首长篇叙事诗,那么《规划20世纪的城市:发达资本主义世界》就是一本结构严谨的章回体小说。此外,由于《明日之城》的副标题为"20世纪城市规划与设计思想史","思想史"的定性,使其带有更多的社会学与哲学色彩;而《规划20世纪的城市:发达资本主义世界》更像一本专门史,它的全部精力都聚焦在"城市规划"上，一切内容——无论是思想还是行动，都是围绕这一中心议题展开的。

不过，本书的不足之处在于，虽然作者已经意识到"宏大叙事"存在一定问题，并力图对其进行修正，并在主要传统与次要传统之间建立了一个平衡——在他之前不常有著作对除英、美、德、法以外的西方国家的规划史作系统记述，遑论与主流史并置；但很可能在更为激进的规划史学者如萨德尔考克（Sandercock）看来，这本著作还是忽略了历史上"黑暗的一面"。所谓的黑暗，指的是被传统史学论著忽略及遗忘的那部分真实（无论是无意还是刻意），也即"官方历史"之外的历史。这包括对种族、阶级、性别与性等问题的关注，它们构成了自20世纪末以来西方城市规划史研究的核心内容之一，但在本书中未得到体现。

评《贫困街道：邻里衰落和更新的动因》

刘玉亭

Poverty Street: The Dynamics of Neighbourhood Decline and Renewal

Ruth Lupton, 2003

Bristol: Policy Press

256 pages

US $22.99 (paperback)

US $60.00 (hardcover)

ISBN-10: 1861345356;
1861345364 (paperback)

ISBN-13: 978-1861345356;
978-1861345363 (hardcover)

作者简介

刘玉亭，华南理工大学建筑学院。

无论是处于发展中的第三世界城市，还是在发达市场经济下的西方城市，贫困始终是一个广受关注而又难于有效解决的世界性难题。不同的国家背景、不同的发展阶段，城市贫困所呈现的特征以及应对措施存在不同，对此问题的关注重点和研究视角因而存在差异。在许多第三世界城市，城市贫困与过度城市化以及农村移民对城市空间的非法侵占现象紧密联系；在北美，贫困往往与种族问题不可分割；而在欧洲，社会排斥被视为社会团结的破裂和城市贫困问题产生的动因。在西欧和北美，对城市贫困问题的研究，尤其关注城市贫困的空间性，即贫困人口的空间聚居及其后果，相关研究成果颇为丰富。露特·勒普顿(Ruth Lupton)的《贫困街道：邻里衰落和更新的动因》(Poverty Street: The Dynamics of Neighbourhood Decline and Renewal)一书，即是此类研究中的优秀成果之一。该书围绕城市邻里的衰落和复兴，采用纵向追踪研究方法，以英格兰和威尔士的12个城市贫困邻里为研究案例，全面检查了这些邻里的发展历史、衰落原因及其政策背景，并对相关的问题、争议和困境进行了系统分析，对邻里更新的政策和实践展开讨论。

露特·勒普顿的写作，开始于对案例邻里之一的桥头(bridge fields)的实地调查印象。自从1974年该社会住房邻里建成以来，它的发展几乎就是一部衰退史。邻里的持续衰落引发作者对英国邻里发展及其政策背景的反思并提出问题。到底是什么造成贫困邻里本身的持续衰落以及同其他邻里的差别不断增加？邻里衰落到底是自身因素造成的还是反映了在城市范围或区域层次上的更为广泛的经济和社会问题？不同类型的贫困邻里之间是否存在较大差别且如何解释？此外，城市更新政策到底有没有在一些邻里取得成效？私人投资、政府、地方当局和当地居民是否已经能够阻止或者改变邻里的衰退局面？带着这些问题，作者选择了12个贫困邻里进行追踪调查。案例邻里的选择充分考虑典型性和代表性，既有内城邻里，也有外城和郊区邻里；既涉及白人社区，也包括种族混合居住社区；既考虑到社会住房邻里，也注意到住房性质混合型邻里；既有沿路连排式住宅社区，也兼顾到公寓式住宅社区。结合统计数据和贫困邻里的实地访谈数据，本书提供了丰富的证据和信息。

研究利用两章的篇幅，首先阐述了案例邻里的发展历史，并从宏观分析视角，即经济变化、人口趋势和住房政策等，分析了邻里在1970年代、1980年代和1990年代逐步衰落以及与其他邻里之间差距逐步扩大的现象。随后，作者回到邻里本身，从微观视角展开讨论并指出：面对邻里的持续衰落，公共服务并没有对邻里实施有效的管理。尽管某些公共服务确实存在，但其标准和水平很低，并不能有效处理邻里问题，进而导致居民的不信任以及公众参与的积极性下降。邻里衰落和相应管理上的失败，造成内部居民社会网络的收缩以及社会互动的下降。与此同时，贫困邻里的声誉逐步败坏，并在很大程度上受到来自邻里之外的歧视。为此，一系列更新项目和政策被贯彻实施，包括英格兰的贫困社区改善计划和威尔士的社区参与行动计划等。然而，贫困邻里问题的产生不仅取决于邻里的内部性、地方性因素，还受到更广泛的社会和经济发展背景因素的影响。因此，政策的考虑不应局限于邻里本身，而应该扩展到超出邻里之上的更广泛的、长期的发展策略。本书作者敏锐地观察到这一点，并对这些以邻里为基础的地方性更新政策提出质疑，这种质疑也被贫困邻里持续衰落的事实所印证。研究表明，邻里基础上的更新项目对贫困邻里的改善，其结果只是邻里的美化而不是邻里的转型，邻里环境的改善并不代表邻里的复兴。邻里复兴需要一个长期的、更具战略性的策略方法，在更为广泛的政策背景下，来认识和解决邻里衰落和社会极化的问题。

本书的第二部分即是对1999年之后英国新的邻里更新政策和实践的分析总结。研究指出，1997年上台的新工党政府，不仅重视对之前的以邻里为基础的政策的改善，更重要的是将贫困邻里问题提高到国家政治议程的高度，通过制定邻里更新的国家战略，从广泛的城市、区域和住房政策方面来认识和解决英国的社会排斥和社会极化问题。采取一个更为综合的、长期的发展方法，将邻里基础上的具体项目和国家政策相结合，在邻里物质和社会环境改善等多方面加大投资，让社区作为推动自身复兴的舵手，而不单单作为被动接受者。

此外，依据经济、人口移动和住房市场的发展趋势，作者采取广泛的视角，分析了这些新政策的影响。分析指出，新的政策和项目，一方面在宏观上对住房政策、就业政策不断加以改善，另一方面在邻里层次上则更加重视社区参与和公众参与以及加强邻里服务供应主体之间的合作，并支持邻里管理机构的建设，从而对邻里更新产生积极作用，最终推动邻里本身发生积极变化。然而，由于本书的写作完成于2001年普查数据结果公布之前，新政策的实施，除在邻里层次上取得积极效果外，是否使得导致社会排斥的更为广泛的社会不平等问题得到充分解决，并不能得到确认。而这一点，恰恰是决定邻里兴衰的根本因素。我们只能期望在作者今后的相关研究成果中提供解释。

尽管本书在一定程度上缺乏对理论层次问题的深入探讨，其对案例邻里的追踪研究，提供给读者对英国这样一个发达国家的贫困空间性的客观认识；对邻里衰落和更新的经济和社会背景的系统分析以及对相关政策及其影响的客观评价，给相关研究和决策者提供很好的研究和政策借鉴。本书具有以下几方面特点。首先，研究采用纵向追踪研究方法，通过深入的实地调查，获得第一手的时间序列数据，使研究分析更为具体而透彻。中国的城市问题研究者们经常是在邻里层次统计数据缺乏的情况下开展研究，本书则提供了很好的方法借鉴。其次，研究超出对邻里衰落和复兴现象的简单描述，重视对广泛的经济和社会背景的综合考虑，尤其重视邻里兴衰和城市更新政策之间互动的分析，并强调不同类型贫困邻里之间的差别。此外，研究并不拘泥于对传统理论认识的单纯验证（如贫困邻里的"社会病理学解释"以及邻里贫困的"区域效应"机制等），而试图从微观和宏观两种视角，对邻里贫困的地方因素以及宏观的社会和经济背景因素进行综合分析，从而客观地指出，以邻里为基础的地方性政策和项目因缺乏对宏观背景因素的强调和把握，在实施时存在明显的局限性。认识邻里兴衰并制定相应政策，需要一个超出邻里本身的更为广泛而综合的战略视野。

总之，本书是对英国这样一个发达国家，其贫困邻里衰落和复兴动因及其政策反应的系统总结，对处于快速城市化发展阶段的中国制定可行的城市和社区发展政策，并开展实践，不失为一个很好的研究借鉴。

评《多中心都市区：欧洲的巨型城市区》

于涛方

The Polycentric Metropolis: Learning from Mega-City Regions in Europe

Peter Hall and Kathy Pain, 2006
London & Sterling VA: Earthscan
228 pages, £ 89.10
ISBN-13: 978-1-84407-329-0 (hardcover)

作者简介
于涛方，清华大学建筑学院建筑与城市研究所。

在欧盟委员会（EC）的资助下，POLYNET研究小组对欧洲的8个巨型城市区（Mega-city Region, MCR）进行了分析。这8个MCR分别是英格兰东南部地区、荷兰的兰斯塔德地区、中部比利时地区、德国的莱茵-鲁尔地区和莱因-梅尔地区、北瑞士欧洲都市地区、大巴黎地区和大都灵地区等。在此基础上，2006年《多中心都市区：欧洲的巨型城市区》问世。作者是英国伦敦大学巴特列特规划学院院长彼得·霍尔（Peter Hall）爵士与英国拉夫堡大学的全球化和世界城市研究小组（Globalization and World Cities Group, GWC）的凯西·佩因（Kathy Pain）博士。该书的出版有如下两个方面的背景。

第一，从世界城市、全球城市到大都市带、全球城市区域和巨型城市区的研究焦点转向。在世界高度城市化地区，一种新现象悄然而生：从都市区（metropolis）向多中心区（polyopolis），或者向多中心巨型城市区（polycentric mega-city region）的转变。这种新现象的发生经历了大型中心城市向紧邻较小新或旧城市多方面分散发展的长期过程。戈特曼（Gottmann）在1961年出版的 *Megalopolis: the Urbanized Northeaster Seaboard of the US* 中最早将此称之为"大都市带"（megalopolis）。这种大都市带在东亚地区也出现，在美国有人界定出10个这样的巨型城市区。而2001年，斯科特（Scott）教授也在世界城市、全球城市的基础上提出了"全球城市区"（Global City-Region）概念（Scott, 2001）。

第二，多中心城市区（Polycentric or Polynuclear Urban-Regions, PURs）研究成为热点。该研究可追溯到中

心地理论和弗里德曼的区域空间结构演变理论。2000年左右以来,安德鲁(Andrew,2001)等从不同角度对多中心城市区进行了阐释,还对兰斯塔德、佛兰德和莱茵-鲁尔三个典型地区进行了实证研究,通过对交通流的定量分析表明其空间发展模式已达到多中心的形态。1999年2月在阿姆斯特丹举行了"多中心城市区"会议,引起了广泛的关注。2001年《城市研究》(*Urban Studies*)杂志特出版了"多中心城市区"专辑,此后该杂志继续围绕"多中心城市区"主题出版了一系列学术论文。2004年,《欧洲规划研究》(*European Planning Studies*)杂志也出版了"多中心城市区"专辑,包括"从'核心—边缘'到多中心发展"、"从兰斯塔德到三角洲大都市区"、"多核心城市区理论以及在中苏格兰地区的应用"、"莱茵-鲁尔地区的协作性的空间远瞻"等方面的内容。

本书共包括五个部分。第一部分(多中心都市区:萌芽中的巨型城市区)阐释了多中心都市区研究中的基本假设前提、概念和理论。认为,每个MCR包含一系列10~50个左右的城市和集镇,这些城镇在空间形态上彼此分离,但功能上却高度网络化地集聚在一个或更多大型中心城市周边。第二部分包括四个章节,定量分析了8个巨型城市区。除了综述外,案例分析了公司结构和网络、连接度以及信息流等。第三部分则着重分析行为主体、网络和区域,特别在区域的内部结构、任何场所之间的关系和联系以及流动空间和物质形体空间等方面。第四部分含有八个章节,分别对8个区域就可识别性和政策方面作了阐述。第五部分,即最后一章,包含编者对欧洲城市区(Europolis,包括伦敦、汉堡、慕尼黑、米兰和巴黎拥有7 200个居民的五角形区域)在政策有效性方面的一些建议。归纳起来,本书阐述了公司结构和网络、欧洲腹地之间的关系、欧洲城市区的信息地理(对信息流的图示)、巨型城市区内部企业和场所、内部和外部联系、流动空间和场所空间的关系以及区域的识别性和政治性。

POLYNET小组研究最重要的结论是:每个MCR"首要城市"(first city)独一无二,全球化或国际化连接程度高,集聚了顶端技术人才;第二等级中心城市角色重要,其全球化进程对巩固和专门化方面产生显著促进作用;电子通信日益增长,但面对面的交流依然非常关键,MCR内外从中心办公区的出行以及便捷的交通都至关重要;MCR概念对交通基础设施、教育、住房和城市规划方面具有重要的政策意义。

综观全书,作者对当前欧洲的巨型城市区进行了多中心分析采用多维视角、多元方法论并依据多元理论基础。

第一,POLYNET的研究建立在当代城市研究多元思想和概念的基础上。本书所要研究的主题是全球城市区或书中所提及的巨型城市区、格特曼所提及的大都市带(megalopolis):全球城市区域是全球城市的扩展,被认为是世界其他地方发展蓝图的新型空间形态。比如世界城市等级和网络的内容(Taylor,2004)、全球城市区域的内容、卡斯特(Castells)的网络社会中流动空间的概念等。从历史时序来看,该研究与格特曼的大都市带以及多中心逻辑紧密关联。

第二,POLYNET小组研究的主要假设是:高级生产者服务业在全球城市网络之外促进了城市间的联络,进而促进了全球城市区域的萌发。另外一个假设强调了所研究区域多中心城市发展模式中知识密集型贸易的运行和流动。因此，本书既关注格局又强调过程。在方法论层面，本书研究是建立在广泛认可的 GWC 在模拟流动和评价与之相关联的空间场所等方面的技术方法。但是该书又进一步在城市内部层面有所扩展。其数据来源包括了近期几乎所有的关于交通流、通勤流和通信流等方面的数据。这些数据又与商务服务业运行和主要研究与跨界金融流相互补充，特别强调了信息的实际流动。此外，在 8 个多中心城市地区的研究中，几百个专家的问卷数据被用来进一步弥补了纯粹数据分析的不足。也就是说定量与定性的分析方法在该书中得到了充分的体现和运用。

第三，对于本书内容的深度和广度，再怎么评价都不为过，可以说对理解新城市时代，作者做出了大量实质性和创造性的论断。除了全球化进程、技术变迁和固有的内在动力，区域表现出令人出奇的稳定性（通过问卷调查或访问进一步强化该结论），无论是城市等级体系，还是首要城市在每个区域中的地位强势，或是集聚和连接度对于城市区域发展都具有重要的意义。

如果要细究起来，书中还是能够发现有个别值得商榷的地方。特别是在案例比较方面。在这 8 个案例中，既包括了两个第一层级的世界城市——伦敦和巴黎，也包含一些非常小的区域，如都柏林地区、北部瑞士地区和莱茵-梅尔地区。这些差别悬殊的、具有不同国家背景的区域放在一起比较，不免有些问题。更重要的是，如同作者所承认的，对于多中心结构的测定标准、方法等若干方面还有待于未来进一步探讨。

参考文献

[1] Andrew, K. C. 2001. From Core-periphery to Polycentric Development: Concepts of Spatial and Aspatial Peripherality. *European Planning Studies*. Vol. 9, No. 4, pp. 539 – 551.

[2] Gottman, J. 1961. *Megalopolis: the Urbanization of the Northeastern Seaboard of the United States*. Cambridge: The M. I. T Press.

[3] Markus, Hesse 2007. Book Reviews: The Polycentric Metropolis: Learning from Mega-City Regions in Europe. *International Journal of Urban and Regional Research*. Vol. 31, No. 2, pp. 496 – 498.

[4] Scott, A. 2001. *Global City Regions: Trends, Theory, Policy*. New York: Oxford University Press.

[5] Taylor, P. J. 2004. *World City Network: A Global Urban Analysis*. London, New York, Rutledge.

[6] (美) 曼纽尔·卡斯特：《网络社会的崛起》，中国社会科学出版社，2000 年。

"纵得价钱，何处买地"
——浅谈城市规划中的节约用地问题

吴良镛

Editor's Comments

This article is from the speech on the foundation of Urban Planning Committee of the Architectural Society of China, which was held in the city of Lanzhou in 1978, and later was published in the journal of *City Planning Review*.

The article introduced the development rules of other countries, predicted the trend of increasing population and expanded scale of urban land-use of China, calculated the development and investment of land, and pointed out the land-use efficiency should be enhanced, which was quite forward-looking at that time. The land-saving solution and methods which was put forward at the end of the article, is still basic principles of urban planning professionals today.

The study of urban planning should be quite foresighted. The prediction and concern of land by Mr. WU Liangyong 30 years ago has become the reality today, which remind us again that we should treat the law of urban development objectively and scientifically. With the land-use problem as the key issue, we hope the republication of this article could evoke more attention and deeper thinking.

作者简介
吴良镛，清华大学建筑学院。

编者按

　　本文为1978年在兰州举行的中国建筑学会城市规划学术委员会成立时所作的学术报告，后刊于《城市规划》杂志。

　　文中引介国外城市的发展规律，预测中国人口增长、城市用地规模扩大的趋势，计算土地开发投资，提出提高土地利用效率，在当时计划经济的条件下，颇具前瞻性。文章最后提出节约土地的对策和途径，在今天仍然是城市规划工作者应当遵循的基本原则。

　　城市规划是一个具有前瞻性的学科，吴良镛先生将近30年前对于土地问题的预见和忧虑今天竟然成为现实，这再次提醒我们，应当以科学的态度对待城市发展的客观规律。本期借土地问题的主题，将这篇文章再次刊出以飨读者，也期望引起读者更多的思考。

　　在城市规划和建设中，节约用地问题，并非新课题，早在第一个五年计划期间，中央就曾多强调这个问题的极端重要性，并对浪费土地的种种现象一再提出批评。但在实践中，这个问题并没有得到真正解决，特别是近年来，规划工作由于林彪、"四人帮"极度破坏，滥用和浪费土地的现象更为严重。今后在实现新时期总任务的过程中，我国的基本建设和城市建设将会以前所未有的规模发展起来，因此，节约用地问题更加显得突出，有必要进一步研究和宣传。

1 我国的城市用地规模不断扩大，每人的平均耕地面积在日益缩小

由于我国政治经济文化事业的发展，城市规模扩大，城市建设占用一定数量的土地是完全必须的，也是必然的。例如北京市城市人口比解放初期多1.7倍，占地扩大了将近3倍。兰州市区人口比解放初期增加4.8倍，面积扩大了将近3倍。南京自新中国成立以来，建成区用地由38 km² 扩至104 km²，扩大了将近2倍。武汉建成区自33.5 km² 扩至153 km²，扩大将至3.7倍。广州建成区自36 km² 扩至143 km²，增加了3倍，宜昌由解放初期34 km² 发展到156 km²，增长4.6倍……。不少城市由于控制不严，摊子摆得很大，架子拉得很散，致使城市生产和生活活动、市内交通等都难以合理组织，市政建设造价增加，造成极大浪费，城市面貌也不完整紧凑。有些情况很像资本主义城市早期发展沿交通运输线凌乱无规划发展的现象。

新中国成立以来，我国每人平均的耕地在日益缩小，其中一个重要原因，就是城市用地规模的不断扩大。根据统计资料，新中国成立之初我国耕地约有16亿亩，当时为6亿人口，平均每人不到3亩。1949年以来，我国开荒造田约增加耕地1亿3千多万亩。但这些年基本建设、农田水利和城市发展所用土地占去了同等数目，因此我国目前耕地总面积并没有增加多少，而每人平均耕地反而缩小到1.77亩。

北京市耕地情况可以作为全国的一个缩影，整个城市（在300 km² 范围内）28年来造田41万多亩，建设占地45万多亩，49年每人耕地约3.36亩，60年则降至2.32亩，现在每人仅合1.69亩了。

事实上有些省的耕地面积还少于此数。例如浙江省平均每人有7分多地，所谓"三山一水二分田"，"天府之国"的四川，每人约耕地8分……。耕地紧张的情况在一些大城市近郊更显得突出。北京西郊有的社队每人2～3分地，有的地方平均每人仅占耕地0.16亩，广州几个大队只有1.5分地。有些社队，征1亩地要吸收7个新的城市人口，广州近郊菜地平均亩产可达15 000斤，40天一茬，占了菜地影响城市的蔬菜供应，工农业用地矛盾日益显著，这种例子还可以举出很多。

2 在实现四个现代化过程中，城市人口还要增多，城市还要发展，基本建设还要继续占用一些土地

从城市发展史看，西方资本主义国家工业化过程中，城市人口急遽发展，城市人口占总人口的百分比不断在增大（表1）。

表1 部分西方资本主义国家城市人口占总人口百分比（%）

国家	1801年	1851年	1881年	1901年	1921年
英国英格兰和威尔士	32.0	50.1	67.9	78.0	79.3
法国	20.5	25.5	34.8	40.1	46.7
德国	—	—	41.4	54.3	32.4
美国	4.0	12.5	28.6	40.3	51.4

日本 1920 年城市人口仅占 1.8%，1969 年遽增到 71%，根据一些资料综合看来，这些年来的百分比还在增长。

美国 1976 年 74.0%　　比利时 1973 年 86.8%
苏联 1976 年 60.0%　　荷兰 1962 年 80.0%
日本 1976 年 72.0%　　瑞典 1973 年 81.4%
西德 1976 年 88.0%　　法国 1974 年 70.0%
英国 1976 年 76.0%　　加拿大 1973 年 73.6%
东德 1975 年 70.4%

城市发展了，人口从乡村移居到城市来，这种现象称之为"城市化"，这是历史发展的必然趋势，是生产的一种进步表现。南斯拉夫第二次世界大战前城乡人口比例为 3∶7，现在为 7∶3，反映了国民经济的迅速发展。

每多增加一个城市人口，将要占用多少土地？从下列数字中可得到一些概念（表2）。

表2　英国每一居民占用城市土地分析

	大工业城市		大港口城市		小城市		新城		发展中城市	
	m^2	%	m^2	%	m^2	%	m^2	%	m^2	%
住宅（净面积）	89	43	86	36	111	35	120	47	103	40
工业（工作岗位）	23	11	17	7	39	12	29	11	27	10
办公、商业、文化	14	7	16	7	13	4	15	5	15	6
教　育	13	6	13	5	17	5	23	9	17	7
绿地、游憩	42	20	49	20	68	21	53	19	53	20
铁路、水路	10	5	19	8	70	6	7	3	14	5
其他（包括大型设施）	17	8	41	17	54	17	18	6	32	12
总　计	208	100	241	100	322	100	274	100	261	100

在美国，城市每人平均占地为 500 m^2（总数）；据我国五十几个城市现状统计，在目前低水平情况下一般城市每人占有建成区用地亦达 76～125 m^2。

近年来，对于城市的发展占用农田的现象，已开始逐渐被重视起来了。据报道，美国的耕地以每年 240 万英亩（约 1 440 万市亩）的速率改作城市发展，加拿大多伦多市四周的沃土更以每小时 26 英亩的速度被吞噬[①]。

西方国家注意研究城市用地和全国土地比例问题，下面是一些国家城市化百分比的情况(表3)。

表3 部分西方国家城市化百分比(%)

城市	城市化土地百分比	资料来源
英国英格兰和威尔士	11.9	R. Best
西德	10.9	Bet and Mandale
荷兰	13.8	Bet and Mandale
丹麦	5.0	UN/ECE
美国	3.0	Clawson
法国	少于4.0	J. C. Guigon

但是，也有的西方学者并不把问题看得过于严重，他们的理由是荷兰作为人口最密和高度"城市化"的国家，但城市占有少于15%的土地，英国近20年来（1945~1965）每年仅15 000 hm² 农田转为城市化（约占总用地0.1%）。当然他们可能由于农业科学的发达抑或给其他国家粮食输入等等，这还有待于进一步分析。我们一方面要看到资本主义国家城市的形成和发展，由于受到生产力和生产关系之间根本矛盾的影响，带有极大的盲目性，城乡对立、工农差别、阶级对立，也由于生产力进一步发展而深化了。但也要看到，从总的趋向说来，城市的发展，本身是生产力和科学技术发展的产物，是社会发展必然的过程。

我国现有的城镇，按照行政建制，包括设市的城市和县镇两大类，总数有3 400多个（其中城市190个），城镇人口总计仅1亿稍多一点，占全国人口的12%左右。分析比例甚低的原因：第一，我国工农业发展水平还不够高；第二，我国在社会主义工业化过程中注意控制城市人口的增长，但是城市集中了较高的生产力和先进的科学技术水平，因此我国社会主义工业化过程中，农村、村镇建设也要相应地发展提高，城市人口比例还将继续增高，这是肯定无疑的。问题只是国民经济发展各时期城乡人口比例关系，多少才比较合适，这是应当加以研究的新课题。

我国到2000年人口将增至多少？城市人口比例将增至多少？如要探讨比较准确的数字，还有待于做许多工作，目前手头没有这方面的资料，姑且参考联合国1972~1974年《住宅统计概要》的推算：

到2000年我国人口总计将为11.48亿，届时城市人口比例将占36.1%。

按这个推算到2000年我国城市人口将为414 428 000人，即比现有城市人口108 900 000人增加305 528 000人，假定这个数字接近正确的话，那就是说要有2亿左右的人口要进城。城市人口增加是实现四个现代化必然的结果，这有一系列的问题须待我们去研究，土地问题就是其中之一。新城镇的兴起，旧城市的扩建，必将占用一定数量的土地，如以一般建成区总面积约100 m²/人计算，则新发展城市将占用地4 580万亩。假设全占了耕地，而这时我国每人平均耕地要从现在的1.77亩/人降至1.34亩/人，即降低为解放初期45%，当然这只是在假定条件下推算。对比美国平均每人耕地16亩，法国平均每人耕地7亩[②]，我国耕地面积显然是嫌少了，随着城市的发展不可避免地还要继续占用一些耕地，其他基本建设如铁路、公路、矿山、港湾、军事设施等的建设也还要继续占用更多的土地（并且原有城市发展的近郊土地常常是高产良田）。进行这样的建设当然可以有其他的受益，并且人们还可以继续造田，农田基本建设也还可以多节约出一些土地等（例如：山东兖州结合农田基本建设，全县增加面积约 13 613 亩），对此没有必要"杞人忧天"。但土地的总量无论如何是有限度的，并且在现有的技术和生产力水平下，开荒造田毕竟需要耗费巨大的劳动力。河北遵化县沙石峪，有"万里千担一亩田"的故事，去参观的人无不对当地农民"愚公移山改造中国"的革命精神所感动，但也说明开山造田的艰难性，无论如何节约土地仍然是极为重要的问题，必须正确对待。

3 "地价"、"土地开发投资"和"土地利用效率"

资本主义国家有"地价"，要盖房子，先得花钱买地，例如纽约市中心，每平方米土地高达 3 万美元以上，东京每平方米土地高达 2 万美元。其他资本主义国家大城市地价也高得惊人。这当然也由于资本主义经济所不可缺少的"土地投机"造成的。列宁就说过，"用发展得很快的大城市近郊土地来做投机生意，也是财政资本的一种特别有利的业务……"③。根据这种资本主义经济法则，于是在城市建设中控制种种城市用地的一系列措施产生了。这也是造成资本主义大城市畸形发展的原因之一。

在社会主义制度下，没有土地买卖，没有"地价"这回事，这就给人一种错误概念，要盖房子只要向主管部门伸手要地就行了。似乎用地是不要钱的，当然不是！我们没有资本主义世界那种土地投机，没有资本家在土地上进行剥削，但把一块一般土地用来作城市用地或将旧城市用地改造为现代化城市用地，还是要付出各种项目的投资的，其中包括：

- 给农民的征地费用——这些年来愈来愈高，有的每亩高达几千元至万元不等；
- 安排被征用土地上农民的就业费用——包括将农民转化为工业人口等投资费用；
- 城市旧有房屋的拆迁费用——例如北京市 1973 年统计，城市占 1 m² 建筑用地需拆迁费 227 元，如果沿街占 1 m² 市政用地需拆迁费 330 元④；
- 城市的市政工程投资——由于城市越大，城市现代化程度的不断提高，市政工程的内容也更为复杂，市政工程投资也越来越大。新中国成立初期，当时仅要求"五福临门"（指房屋必须有道路、自来水、污水管道、电灯、电话相配套），到今天还需要有煤气管道、热力管道、电力线路（架空或直埋）、电信管线（架空或直埋），有些地区还要有环境保护工程及土地整理工程如防洪、排涝、填挖土石方等，大城市还包括地下铁道等等。市政设施与技术要求越来越复杂，投资越来越大，并且这些设施的本身还有征地、拆迁等项目，这样每平方米土地的开发投资就更大了。

市政工程投资在大、中、小城市中均摊在城市每平方米土地上的造价究竟合多少？过去未注意这方面的统计资料，根据东德的资料⑤，他们采用了一些估计数是：

农业用地	26 马克/m²
城市居住区	50 马克/m²
城市中心居住区	100 马克/m²
大城市市中心	200 马克/m²

"纵得价钱，何处买地"——浅谈城市规划中的节约用地问题　149

（即大城市市中心约为农业用地的 8 倍。）

根据有关同志计算，在北京市城区 300 km² 范围内，从 1949～1977 年市政投资约合 575 元/人（据估计至 1985 年市政投资约合 1 300 元/人），如按每公顷 800 个居民计算，则现状每平方米土地的市政投资将达 46 元（远景每平方米 104 元）⑥。以上项目只是红线范围内，不包括生活居住区内部的市政设施费用。生活居住区内的市政费用，如以北京龙潭四区为例，平均 24.6 元/m²，因此仅就北京拆迁、市政投资费用的总和估计约 400 元/m²，在市中心区可能远远超过此数，远景的费用无疑更高。

当然这笔账仅是初步的核算，还有待于进一步精确统计，但是可以说明一个概念：在我国的城市建设中，搞建设虽然不像在资本主义国家一样要去花钱买地，但仍然是需要"花钱用地"（一是征地费用，更重要的是开发费用等等）并且用地的费用常常较住房投资为大，住宅房屋粗计平均每人约需 10 m² 建筑面积，以每平方米 100 元计算，则每人需用 1 000 元，但在北京城的土地上所需的土地投资费以 2 m² 用地建 1 m² 的建筑计算，每人约合用地费即为房屋投资的 1.4 倍。

在资本主义国家，19 世纪后期，城市人口密集，大银行、大保险公司、大百货公司、大旅馆又都争先恐后地在最繁华的市中心占取立足之地，用以提高它的商业地位，由于地价急遽上涨，建房者又希望在昂贵的地皮上能够建造尽可能多的建筑物，于是超高层建筑相继兴起，纽约的华尔街、时代广场等地区，处处都是高入云霄的摩天楼，就是在这种时代和背景下的产物。

在我国社会主义国家中，没有土地投机和商业竞争问题，当然不容许我们的新城市发展成纽约时代广场式的"建筑峡谷"，但是不同位置的土地是否就没有区分？在市中心位置显要的地段，或者某些特殊的地段（如风景优美的海滨港湾等）这些具有特殊优越地理位置、高水平市政设施的地段，应当不应当更加珍视，更加严格而审慎加以利用？答案是肯定的，不过我们没有用"地价"作为衡量的指标而已。

当年后周和北宋京城的汴梁，由于商业经济的繁荣，市街十分拥挤，北宋的奏章中曾有两句很形象的话说"纵得价钱，何处买地？"今天不妨借用，今后的城市用地越来越难得，特别像这类地段的土地，如果无辜浪费了，更不是金钱所能偿得的。例如有些海港城市的岸线，一些非必要的工厂就不应当随便占用，岸线完全应当合理分配（例如烟台港就有此必要）。首都北京，气势浩阔的天安门广场，宽广的长安街，作为我们社会主义祖国的伟大首都市中心是非常必要的，我们一定要绝对避免像资本主义国家那样，为了土地珍贵而尽量建造高层从而破坏了整个街道的"体形秩序"（西方建筑师有称之为 form order），破坏了与天安门广场故宫建筑群的有机联系。但是即使在这种情况下，有没有其他的途径更充分地节约用地呢？例如地下街、地下车库的设计方式，尽管是造价很高，为了提高"土地利用效率"，必要时是否可以参用呢？像类似长安街上的建筑物是单独建一幢汽车楼？还是造地下车库更为合理经济，更有利于节约土地呢？地下建筑物可能需要较大的投资额，是否能与人防工程配合，平战结合加以综合地规划建设呢？这些如果目前由于建设投资过大，实现有困难，但新的市政管纲的设计，是否可以利用各种地下工程综合加以考虑，而避免以后重复翻工浪费呢？……总之，在不同的地段发挥"土地利用效率"，这是在我们没有"地价"指标下的所要研究的新课题。

4 掌握用地发展规律，研究节约城市用地的对策

研究用地发展规律是使规划切合实际的必要条件。

4.1 紧凑布局，预留空地

我国是一个人口众多的国家，我们办事情想问题，必须要从这一点出发，城市建设也不能例外。在大中小城市和农村居民点中尽管条件不同，都必须牢牢建立节约用地的观点，这是二十多年来城市规划中最大的一个经验教训，特别在大中城市，更需争取合理的高密度；否则，规划就不符合实际，方案也难于完全实现。

例如，解放初期的一些建设中，由于当时缺乏对节约用地的认识，住宅区布局松散。后来该地区进一步发展以后，土地不够用了，有的地区又见缝插针，乱建一气，不仅原有规划格局保持不了，还造成"无规划"的混乱现象。

设想，如果从规划开始就预计以合理的密度，集中紧凑，不仅内部生活方便，市政集中投资，有限的土地得到充分的利用，建一片就形成完整的一片，节约出一定的空地，或者作为永久绿地，或者作为某些建筑的未来发展余地等。这样建筑群相对集中，空地（绿地）也相对集中，不仅使城市避免拥挤沉闷之感，还能使景象开阔，城市面貌也有变化。如松散布置，失去了建筑的空间感，到处有建筑，有空地，但到处显得拥挤凌乱，零星空地无法充分利用。如果在同样的面积里建筑相对集中，空间相对集中，同大的土地内取得不同的建筑与自然空间。

4.2 关于生活居住区用地问题，固然要节约，其他类型用地常常"占地"更多

由于城市发展，这些年来一般对生活居住区的用地节约问题，还是有了一定程度的重视，这是完全必要的，因为一般说来，生活居住区约占整个城市40%的土地。但是我国的城市用地密度大，一般住宅区每公顷近1 000人（毛密度）。目前有两个倾向值得商榷：第一，以为加高建筑层数就能节约用地。从荷兰的经验指出，建造住宅高楼，增加层数只能节约有限的土地，如从局部相邻的几个点来看，这种节约面积的办法，相对还很重要的，从几个街区（或几个城区 quarters）来看，这种节约就显得小了。而从城市整体来看，这种节约效果越来越小。这是由于住宅层数高，日照间距相应也要加大，密度大，人口多，城市各种功能要求增加了（例如需要更多公共绿地及其他设施等）。还有一种倾向是在居住区内片面地加大建筑密度，当然合理地增高密度完全必要的，但有的地方拥挤到见缝插针的地步，甚至必要的日照间距、绿地面积都不能保证了（北京的日照间距已从1：1.8降至1：1.5，上海、南京的日照间距应该1：1.36，而现在仅1：1或1：1.1）。有人讽刺称："这楼开灯，对面的楼可以借光了。"这虽然属于个别现象，但对居民生活实在不便，片面地节约居住用地，必然导致城市

的发展更不合理。

必须指出，节约用地不能仅仅着眼于住宅区用地。就整个城市来说，其他类型用地也必须力求节约。有些工矿企业（特别是大企业）往往贪大求全，自成体系，企图万事不求人，实际上又往往办不到，却占用了大量土地，长期闲置不用，有些地方领导机关（如各种"大院"等）圈占相当数量的土地，大楼深院非常脱离群众，个别军事单位不合理地圈占了大量土地，而且常常是位置显要、环境幽美的宝地（这里不包括必须使用的国防用地）。现在还有一种新情况，有的地方把一些风景最好的地段，大片挖给外宾宾馆，当作特殊旅游用地，一般中国人只能在围墙外望洋兴叹。有的单位"跑马圈地"封建割据，俨然独立王国！这种现象就其本质来说，是我国几千年来小农经济基础上的封建意识形态的反映，是建设社会主义城市所不能容许的，我们必须制止这种用地浪费、苦乐不均现象，要千方百计地挖掘土地潜力！

我们的城市一方面土地有浪费，但对有些必需的用地例如交通运输发展所需要的大量土地（包括停车场）却又往往重视不够，预留土地不足。

另外，还有一个现象也值得我们重视，即对于城市占用耕地的问题，一般或多或少还有所注意，但对于农村占用耕地的现象，往往注意不够。以北京市为例，全市最高耕地数目约为912万多亩，1962年以后到现在只保存661万多亩，在这被占用土地中，其中300 km² 范围内为城市占地，约45万多亩，与28年来北京全城市扩大耕地数目41万多亩大体相当。其他的土地到哪里去了呢？相当数目为农村所占有了。农村随意占地现象是很严重的。据称除了农村的小工业、养鸡厂等生产性建筑占地外（这方面也有浪费），居住占地的数量相当惊人，所谓"一间房七厘地"，并且农村人口比城市自然增长率高（北京市区约6‰，而农村按20‰发展）。就我们从其他地区所观察到的一些印象，大致与这个分析是相符的，这是一个值得注意的问题。

4.3 对城市的空地还应当加以合理规划

节约用地还涉及规划工作，不能仅仅注意建筑用地规划（即要盖房子的那部分地区的规划），同时还要注视城市空地的规划。

城市空地有下列作用：
- 为居住建筑群特别是市中心地区居住大楼提供空气和采光；
- 可以控制城市的发展，以限制城市空间由于集中建设带来过密情况；
- 提供休憩地带；
- 对重要的自然资源提供生态保护，如供水区、自然泄洪区等；
- 保护重要的风景区或古建筑、纪念性建筑物的隔离地带；
- 避免城市的单调性和连续性，使各个地区在城市范围内彼此保持一定的距离；
- 为今后更紧迫的公共需求（如学校医院等）保留一定的土地储备；
- 保留农业用地，等等。

城市的空地既然有这些重要的作用，但是我们对于城市空地往往缺乏细致的研究和合理的规划，随便占用城市空地，吞噬绿地和农田的现象，在有些城市甚至很严重。还有的城市往往在古建筑或风景地区邻近设工厂，建高层建筑，这不是节约城市土地而是对文物和风景环境的破坏，是对有最高价值的地区的极度浪费！

还有一个问题，现在西方城市规划学者已经提出来，他们认为"面积和其他福利一样，空间的消费量是和个人的收入有联系的"（例如瑞典人 Godlund 研究，根据每个居民收入，对空间的要求是随空闲的时间和文化基础而变化），随着国民收入的增多，对城市空地的各种要求也在增长。他们还认为居民的空间拥挤和对土地的不满足，从而引起一些更昂贵和不可控制的替代现象（指营造别墅或每周末必须远离市区游憩等等）。

我们规划工作者对西方经济制度和生活方式，当然要有所分析，但应当预见到随着我们国民经济生活水平的高涨，不可避免地兴起文化建设的高潮，居民对室内的建筑面积需要固然会增长，对室外空间的要求必然也要相应有所提高，这一规律还有待于结合我国国情加以分析研究，不能忽视这个问题。

4.4 控制和保存城市邻近的农业用地

城市附近优良的农田虽然生产价值很大，却常常成为"城市化"最直接的土地，随着城市的扩展而被占用。这一点，中国城市似乎都如此！在现代工业发达的国家中，为了对抗这种现象，设法将农业变成"工业性的生产"，但是由于大面积地采用化肥与农药，却又产生了严重的公害问题，面对这种威胁，西方城市规划学者提出建立《生态保护农业区》（Z. A. P. E）的建议，即利用行政机关的权力和经营方法，以抵制侵占农田的活动，应提倡在城市核心附近发展"不污染"农田地带（排除使用化肥与农药），而把"集中的污染"的农业区域离城市越远越好。这不一定完全符合我国国情，但应当看到，这种趋向和我国已经发生的问题，例如北京近郊有的地区农田使用农药已经污染水源！

如何利用近郊农业地带发展为游憩地区，这是国外城市建设又一趋向。例如荷兰（阿姆斯特丹、鹿特丹与海牙地区）三角地区每平方公里居住密度为 1 600 人，却仍能保持一个很显著的农村环境气氛，它在田边留有可以进出的水路、小道和环行小路，这种乡土风光，不仅是本国人游憩场地，也吸引不少旅游客人。事实上，像兰州市附近保存大片果林只要稍加布置，即可成为很好的游憩地区，他们已经在进行这方面规划实践了。

5 探讨节约用地的新途径

5.1 挖掘土地潜力，开拓城市用地

土地挖潜工作应该是重新修改城市总体规划（或局部地区的详细规划）的一项重要内容，从审查

城市的土地利用、功能分区、道路系统、绿化系统、建筑群布局等工作综合地加以考虑。在挖潜的工作中不仅应批判本位主义思想，还必须与种种习惯势力作斗争。

例如工业企业用地就必须与工业企业的现代化改造相结合，有的企业本来是无计划逐步发展的，工艺流程不尽合理，为什么不能配合工艺的改革和改善厂区的布置，提高生产能力以节约用地面积？有些工业企业为什么不能采取"工业小区"的布局方式统一考虑公用建筑物和工程设施？一般重型工业企业当然要求更多的底层面积，但有些厂房为什么不能向多层发展？仓库区占用土地面积很大，有些仓库常常是用最原始的办法，露天堆集或者用苇箔加以垫盖，年年更新，浪费很大，更不能保证堆放物品的质量，为什么不能努力创造条件建造多层仓库？又如工业企业废料的堆放，矿区煤矸石的堆放，年长日久占用了大量的土地，黏土砖地也不断地吞噬着耕地，为什么不能充分利用工业废料替代黏土砖？又如市政工程管线零乱，造成土地的浪费，为什么有的城市能够做到管线综合设计集中铺设以千方百计地节约用地，而有些城市就不能做到呢？

有些地区，常常因为地基土质不好，地形破碎，遇到河湾沙地、丘陵地、洼地时，常常将土地轻易废弃不用，另觅平坦易于建设的地段。如果算城市造价的大账，这也是一种浪费。在这方面也有做得很好的例子，根据资料，如厦门由于充分利用旧城的山坡地、空杂地和海滩地，避免征用了大量农田，新中国成立后市区扩展 4.5 km²，其中征用农田 0.75 km²，仅占 17%。厦门节约城市用地的另一条经验是与海争地，例如向员当港海滩扩展新市区，员当港新区规划 8 km²，其中海滩地 5 km²，山坡地 2.84 km²，只占农田 0.16 km²。利用海滩山坡，当然增加了一些工业投资，但从全局观点和长远利益看是符合国民经济发展总方针的。

从区域规划着眼，将治水、改土、整地、造田与城乡新居民点的建设相结合，利用和开拓城市用地，如能有全面规划，可以获得更大的节约。例如在挖湖开河的地段，在工程不紧迫的情况下不妨先建窑厂，有计划地利用黏土烧砖而节约运土费用。又如战前德国某城市修筑道路时，遇到一处石质甚好的山包，曾有计划地将街道从山包中穿过，将开山的石头作为建设沿街房屋的建筑材料，这颇类似沈括《梦溪笔谈》中所列举"一举三得"。

5.2 从规划和建筑设计角度探讨节约用地

应该进一步探讨城市规模多少合适以更有利于节约用地？苏联资料曾认为合理的城市规模在 20 万~25 万人以下，从英国的资料中有人认为大城市可以节约用地。这些问题都有待于做细致的分析工作。

在城市结构和布局形式上也有值得探讨之处。例如第四节中所说的建筑群相对集中、绿地相对集中的布局设想，推而广之，在整个城市中，建筑群居住区相对集中，争取在有限地段内达到合理的高密度，就可以"挤"出空地兼作他用，作为农田、林地、公园、游憩、绿地、交通干道地带以及未来必要的发展余地等，这就从布局形式上掌握了规划发展的部分主动权。

扩大街坊建设小区，可以较分散的小型街坊更有利于节约用地，并可降低工程设施造价。

用自由式布局，街道随地形变化灵活布局，如采用枝状道路等，可能从一般占街坊面积26%减少到16%左右，近年来国外有将分散成幢的建筑加以组合，进行整体设计，高低房屋混合修建，点式板式建筑混合修建可以增加居住面积而不提高建筑密度更有利于节约用地。

选择向阳坡地，争取减少日照间距，可以比阴坡更有利于提高建筑密度。

在居住建筑设计布局上，如能适当加大房屋进深，降低建筑面宽，采用天井布局形式等就能争取更高密度。现在有些建筑师已开始做这方面的探讨，很有启发。笔者认为循着从规划布局的角度来探讨新的住宅布局形式，是大有文章可做的。

大寨的居住区建筑布局方式也还可以进一步研究提高，此外窑洞形式河南一带地下穴居形式，陕西窑洞形式也可能利用近代先进技术加以总结提高，国外近年来阶梯住宅形式以运用在高密度下又尽可能争取室外空地的布局形式，值得结合我国国情加以研究。

5.3 研究和制定科学合理的土地使用定额标准

现在沿用的一般土地定额的计算方法，有的已嫌陈旧，不够缜密。科学的土地使用定额标准，是规划工作必不可少的设计依据，也是规划管理单位审定规划设计的必要依据。城市规划科学研究单位有必要在广泛调查研究的基础上参考国内外的建设实践，运用先进的计算数学、系统的工程学等理论加以制定。计算方法要统一，以利于规划工作的比较研究。它必须既能提供合理的用地依据，又有一定灵活性，不束缚设计工作的创造性；既具体而又不烦琐；既有基本控制指标，又要有其他项目的细致参考数据；既对城市建筑用地要有具体的指标，又要对包括郊区的空地有所控制等等[7]。

6 小结

(1) 土地和空间是国家的资源，城市用地是城市建设的必不可少的物质基础，随着四个现代化的发展、城市的发展和用地的扩大是我国社会主义建设的必然的客观规律，由于工业的发展、国民经济总产值的提高、城市人口比例的增加、人民生活水平的提高等原因，城市用地的需要与发展的可能之间的矛盾必将日益突出。另一方面，又由于自然地理条件、社会经济条件、人口加工程度，土地还具有不同的使用价值和利用途径的特点。因此，深入地研究城市用地，已经成为城市规划工作中的必不可少的一个课题。

(2) 节约用地是各项建设中多方面节约问题中的一个内容。影响节约用地的因素很多，途径也很多。不能单纯就节约用地论节约用地，就规划来说，它涉及区域规划、城市规划、详细规划问题；就内容来说，它涉及建筑市政设计等各项工程的规划设计和施工问题；就建筑设计来说，除住宅设计外，工业、仓库、公共建筑的设计都有节约用地问题，并且不能仅从个体建筑来进行研究。事实上建筑群的布局、建筑总图往往影响更大。因此研究和解决问题也应从多方面入手，进行综合分析，抓主要矛盾，才能解决各方面的问题。

（3）我们应当努力节约用地，但对此也不能有片面性。城市必须使用的土地，包括必要的空地，不但不能随便削减，还应当予以必要的保证，并留有适当的发展余地。城市是一个有机体，用地一项也应随时进行动态平衡，应当制定各种用地的合理参数，并根据城市发展情况予以控制和随时调整。

（4）一般的土地并不等于城市用地。城市用地必须是付出了一定的投资、具备了一定的物资建设后，才能发挥它的使用价值。一个城市的市政建设没有一定的物质保证，对日常生活、生产不便和浪费是惊人的。因此开拓良好的城市用地，创造建设条件，按地区先地下后地上的建设程序发展，是城建部门的一项重要工作，做好这一点，有利于多快好省地进行建设。

（5）必须重视城市用地管理，这要从体制等方面加以解决。过去由于"四人帮"破坏，有的城市规划单位的任务，甚至于仅仅被降低到割地分地的业务上，并且用地一旦分割出去，就难于再进行控制，这种用地的小集体私有化，是封建思想的残余，这是和社会主义的城市建设不能相容的。虽然这不完全是城市规划部门的过错，但如何进行"六统"？如何促进加强城市用地的研究和管理，仍然是我们城建部门的责任。

关于标题"纵得价钱，何处买地"，见于《宋会要辑稿·方域四·第宅》。赐第京城是唐宋时期朝廷对百官恩典的重要内容，北宋东京城空间有限，官僚贵要，恃强凌弱，借赐第之机，侵夺官舍民居，正所谓"夺民居以贾怨"。由于给赐过优，屡屡扰民，臣僚多次上言。宣和二年（公元1120年）十月二十八日，御史中丞翁彦国奏："今太平岁久，京师户口日滋，栋宇密接，略无容隙，纵得价钱，何处买地。瓦木毁撤，尽为弃物，纵使得地，何处可造。失所者固已多矣。"

——作者注，2007年9月2日。

注释

① 《香港大公报》"世界居住会议侧记"，1978年5月。
② 而他们农业劳动生产率发达，美国1974年估计一个农业劳动力可以养活1 452人，而且还有1/3的粮食可以出口。
③ 见列宁《帝国主义是资本主义的最高阶段》。
④ 只考虑原拆原建，用地平衡，包括该小规模地段邻近市政道路上下水、照明及绿化费用约16.7元/m²，据反映这项市政费用计算偏低。
⑤ 载原东德 Dentsche Arch：Fektr 1968年第3期、《建筑译丛》1973年第9期译文。
⑥ 根据5层住宅1 hm²建10 000 m²（20%密度）计算，即1 m²用地建1 m²建筑，住宅在居住区中约占60%，故小区内约2 m²用地建1 m²建筑，街道广场、公共建筑用地则4 m²建1 m²，住宅则约合用地费284元/人，即为住宅投资的2.8倍。

厦门城市造价：每加一个城市人口，用于城市公用事业投资519元，公共建筑541元，住宅建设189元。
⑦ 国外有些用地分类，如美国加利福尼亚城市空地分类法，内容细致见附表。

附表：加利福尼亚的土地分类目录

1 用于生产资源的空地
  1.1 在开采的森林
  1.2 农业土地
    1.2.1 肥沃土地
    1.2.2 土特产用地（高级酒、时鲜产品）
    1.2.3 花圃用地
  1.3 矿山用地
    1.3.1 稀有矿产
    1.3.2 地方材料产地（卵石、砂、块石……）
  1.4 畜牧业用地（肉类、奶品、羊毛）
  1.5 水利资源用地
    1.5.1 地下水供水区
    1.5.2 水库
    1.5.3 供水坝
    1.5.4 发电坝
  1.6 水生物产品区（沼泽地、泄洪区……）供商业用或观赏用地
2 自然资源和文物保护用的空地
  2.1 水域为居民提供水产品用的包括沼泽等的面积
  2.2 森林保护区
  2.3 地理特征区
    2.3.1 悬崖海角、特殊山岩
    2.3.2 滑坡区
    2.3.3 地震区
    2.3.4 海滨、沙滩
  2.4 风景区、古建筑和文物
    2.4.1 Sites Classes
    2.4.2 纪念性建筑物及风景
    2.4.3 特殊优点风景

3 有关卫生和社会的空地
  3.1 地下水保护区
  3.2 城市垃圾集区
  3.3 空气再生区（森林）
  3.4 休息地区
    3.4.1 街心花园
    3.4.2 城市公园
    3.4.3 地区公园和储备
  3.5 为旅游用地区
    3.5.1 徒步旅行、骑马旅游用小道
    3.5.2 旅游公路
    3.5.3 可航运的河道及运河
  3.6
    3.6.1 有观赏价值的山峦湖泊海湾
    3.6.2 在城市风景中起一种变化和间断作用的区域
    3.6.3 有特殊景色的山峰
  3.7 控制并引导城市扩张用地区
    3.7.1 允许城市发展地区
    3.7.2 为各种有矛盾用途的保留间隔用地
4 公共安全需要用地
  4.1 控制水位的水库、泄洪区、水坝下游
  4.2 不稳定土壤地区
    4.2.1 滑坡区
    4.2.2 不允许重大建筑物建设的大坡地
  4.3 飞机场、飞行区
  4.4 防火区
5 各种线路用地
  5.1 高压电线
  5.2 各种运河及排水道

20 世纪不同国家和地区的城市化道路（I）

布赖恩·贝利

Editor's Comments

The book of The *Human Consequences of Urbanization* by Brian J. L. Berry was first published by Macmillan in 1973, and was revised and republished as *Comparative Urbanization：Divergent Paths in the Twentieth Century* in 1981. This article compiled the urbanization paths of different countries and regions in the 20th century, which were summarized by Berry in his book.

编者按

1973 年由麦克米兰公司出版的布赖恩·贝利（Brian J. L. Berry）《城市化的人类后果》（*The Human Consequences of Urbanization*），1981 年修订再版为《比较城市化：20 世纪的不同道路》（*Comparative Urbanization：Divergent Paths in the Twentieth Century*）。本文编译了贝利总结的 20 世纪不同国家和地区的城市化道路。

全世界的规划师，在一种传统知识（conventional wisdom）的理论框架下，为了产生"均衡的"城市化，创造更为人道的城市环境，都试图去阻止大城市的增长。许多来自 19 世纪城市化的社会理论的城市政策，是建立在诸多假设前提之上的，比如城市化有 个通用的过程，它是一种现代化的产物，城市化在不同的国家可能具有相同的事件发生顺序，城市化也能够产生积极的集聚形式等。事实上，20 世纪快速城市化过程出现了多种路径，各自的成因不同，相应的对人类社会的影响也不同。城市化研究，不仅要讨论最为基本的几个城市化过程，而且还要研究不同城市化过程的文化背景和发展阶段以及这些过程在不同地区引致不同的响应结果。

1 19 世纪的工业城市化

在 19 世纪，出现了一种建立在生产力极大提高、大量人口和工业技术基础之上的新型工业城市。阿德纳·韦伯（Adna Weber）在《19 世纪城市的成长》（*The Growth of*

Cities in the Nineteenth Century) (1899) 一书意识到 19 世纪人类社会的这种急剧变化。韦伯"为了能在不同的国家间对城市人口进行比较，为保证研究的可靠性，以镇（Town）为单位，采用实际集聚的人口，而不是利用自然区或行政单元的人口数据，统计分析了 19 世纪的城市化状况"。韦伯证明最早开始于英国的工业革命和美国的铁路时代是影响人口重新分布的最为重要的因素。后来，著名的研究学者库兹涅茨（Kuznets, 1966）的分析证实了韦伯的假设。库氏认为：19 世纪西方最为显著的特征是伴随着人口的实质性增长（每 10 年的增长率超过 10%），人均产值增长加快（每 10 年增长率从 15% 递增到 30%）。这就意味着伴随总产值的高速增长和自然资源的高消耗，不同经济和社会团体的差异性扩大。经济增长很大程度上缘于生产技术的改善，仅有很小部分是由于劳动力、资本和自然资源的投入，人均产值增加额的 1/5 是来自每个工人的劳动时间的增加和体力的消耗。增长首先缘于投入要素质量的提高，有用知识的增加、工业组织的改进、体制安排的完善，这些都带来了更为高效的增长效率。现代产业中的所有部门均为高效增长，而农业尽管已有大幅增长，但增幅一般是最慢的；交通和通信也有很大的发展，甚至超过工业；服务业增长比较缓慢。

其他变化还有：由于产品和劳动力从小规模的公司和组织明显向大的公司和组织快速转移，导致生产单位的平均规模增加。在制造业和公用事业部门，这种变化是显而易见的，因为技术进步带来了更大的资本投资和规模经济。以下方面在重要性上也会发生相应变化，即从自给自足到被雇佣者的身份转移、从独立公司到非个人的大公司的转变、从自己当老板从事家庭生产到雇员或者工人身份的转变。最后，资本分配、生产和劳动力的转移，相对依赖于快速的体制调整和投入要素的流动能力。

简言之，在 19 世纪西方国家的现代化的过程中，随着社会的现代化，市场机制的作用范围和影响力不断扩大，生产单位规模不断增加，生产的复杂性及产品数量也在增加。而随着范围及复杂性的增加，导致了在使用交通、通信、金融和政策等方面服务时的非人格化。伴随生产力的不断发展，劳动分工和专业化程度日益增加，必然成为城市人口集聚的驱动力。随着人口的转移，经济就业结构（作为人口的一部分）也会发生变化。日益增加的劳动分工、市场不断扩大、城市化加速等均需要或产生了以下结果：过去从事农业以及那些原始生产的非熟练工人，转向了技术型的白领职业或高层次的职业，这些职业绝大部分在城市集聚区。旧的体制从根本上受到震动，新的体制开始建立起来，在金融和市场体制方面更是如此，从而引发了社会、经济因素在城市的高度集聚，使得更高效率的生产力成为可能，现代体制变得更为有效。因此，在初期的现代化撼动了传统的社会结构以后，外部经济得以建立起来，导致传统经济行为模式产生了更大的变革。以上过程互为因果、互相依赖，是一个复杂性不断加剧的循环。

1.1 人口迁移

韦伯的研究分析表明外来移民导致城市人口增长。他对移民流的特征是什么、移民的主体是谁、为什么移民等问题产生了疑问。韦伯发现：向外移民主要发生在农业地区，流向制造业和商业城镇。迁移多为短距离。当大量的移民在城镇周围居住后，城市对大量劳动力的需求得到满足。移民导致了乡村地区的人口短缺,而更为遥远地区的移民会搬迁至此以填补空缺。这个过程会一直继续,直到最遥远的乡村地区也能够感受到快速成长的城市吸引力影响。

对任何城市而言,边远地区的移民被看做是随着距离而逐渐衰减。韦伯也发现,移民的迁移距离随着其前往目的地规模的不同而不同。城镇越大,其吸引移民的影响半径越大。小城市相当于一个磁石吸引周边乡村的人口,大城市吸引其他省域的人口。只有大都市对移民具有国际性的影响。此外,大城市不仅从更远的区域吸引更多的人口,而且这些人口中很多是来自其他较小的城市,在人口向大城市集中的过程中,这些小城市作为过渡地点,具有内部移民模式的特征……是一种渐进的过程,从农场到乡村,从乡村到城镇,从城市到大都市。

韦伯还发现,女性移民比男性多,目的是为了缩短距离,更多的是出于婚姻而非就业的考虑;移民中年轻的成年人占很大比重,年龄段在20~40岁之间的移民占总数的一半以上;80%以上的城市人口不是在本地出生;2/3的移民居住时间不超过15年。

1.2 新城市人口结构

在评估城市集聚的过程对国家的产业和社会生活所产生的影响之前,非常有必要研究城市人口的结构以及城市人口本身的构成。韦伯发现:城市中女性和外国人人口比重较乡村地区大,离婚率也高出3~4倍;性别比(女性人口与男性人口的比率)分布更有规律,城市越大,性别比越高;在结婚率方面,城市越大,同年龄段的结婚率越低;出生于城市之中的女性人口过多,新移民人群则不然;与乡村地区相比,城市中女孩出生数比男孩少,但婴儿死亡率男性比女性高;暴力是男性死亡的重要因素;在城市职业构成中,男性所从事的工作比女性危险;同样,恶行、犯罪和其他要素也是缩短寿命的重要因素。

就年龄结构而言,韦伯提到正常的分布曲线应该呈金字塔形,新生人口位于金字塔的底部,年龄越大越趋向于塔顶。但若受到来自移民进入的影响,会形成"陀螺形"(top-shape),在壮年阶段比较凸出。

韦伯同时发现,死亡率最低的是乡村地区,伴随城市规模的扩大死亡率会上升,主要由婴儿的高死亡率造成。

很明显,人口的集聚会极大地降低人的活力。有人认为城市过高的死亡率是由于缺少洁净的空气、水和充足阳光以及不清洁的生活习惯所导致。一般而言,贫穷通常与不卫生的环境相伴生,居民贫穷、住房过度拥挤、高死亡率是城市质量差的居住区中司空见惯的现象。

但是,最为棘手的问题是:建立规章制度、改善贫民窟卫生工作、增加公共澡堂等措施不足以解决这些问题。

就其他方面而言,教育被认为是教导城市居民养成好的卫生习惯的有效办法。教育无疑是一个长期的、艰苦的过程,但它又是一个充满希望的过程,并能够形成现代民主的基础。

韦伯最后通过观察总结认为:鉴于为增进城市健康所做出的努力,人们很自然地期待近期死亡率的降低，这种进步是明显的，大城市已经领先一步。

1.3 城市化与道义

这些数据是否意味着城市化必然会带来的道德沦丧和水平下降呢？韦伯认为这个看法值得商榷，莫顿等（Morton et al., 1962）通过回顾过去认为，城市人口在生理和心理上都没有乡村人口精力充沛、能干。城市是人种堕落的地方，城市生活是堕落的根源。他认为城市成长如同制造业成长所依赖的那样，有助于技工和工厂工人的发展。本地人与新移民相比，工作环境更好，城市人口生活在一个更为有效的生产单元。人口在城市集聚，促成精明能干之人脱颖而出；乡村人口来到城市，被看做开始缓慢地向社会、经济的上层攀爬；与乡村比较而言，城市生活产生或者留下很少的弱势群体，比如盲人、聋哑人、弱智等，但城市生活也导致精神病人增加，城市人口接受过较好的教育，城市人口中信仰宗教的人很多，但教堂却比小地方要少。

另一方面，他认为城市同乡村社区比较而言，具有更高的自杀率，"自杀是城市成长所付出的代价之一，……缘于与生存作斗争的过程中的失败"。犯罪统计表明城市犯罪率高过农村好几倍，"在城市中邪恶、不合法行为很多，卖淫在城市中被认为是合法的，与乡村相比城市有更多类似的酒吧"。

总而言之，韦伯认为城市化的好处多于坏处。"事实上，不能忽视城市给我们带来的益处，正如正视城市给我们带来灾难一样。"从经济上而言，人口的大量集聚可很快扩大人们的需求，提供让人们满意的方式。这种好处也会扩散到周边地区，城市可以为周边地区的生产提供市场，有助于其多元化发展。城市中人口的职业、兴趣和观点不同的摩擦产生智慧的火花，进而产生更为广泛的、自由的判断，甚至迸发新思想、新行为和新观点等。作为政治中心、文化和科学的摇篮，作为产业和商业中心，韦伯觉得城市代表着一个最高的政治、智慧和产业活动的成就；同时指出乡村人口不仅保守，而且充满着错误与偏见，他们受到的启蒙来自于城市。韦伯认为城市的增长，不仅促进国家经济和实力的成长，而且加速了国家的变化。

如果城市过于多元化，可能会产生极端。城市中令人绝望的贫穷与最耀眼的财富并存。阶层对抗的严重危险性、城市政府的复杂性、责任的多重性，都导致政府的监管任务成为最困难的事情。流动人口作为移民的必要组成部分，加剧了这种困难性。

1.4 工业化的城市影响

在英国，维多利亚时代的大都市造就了新工厂和车间，并且为了买卖新兴专门化（the new specialization）的产品，临近古城的港口和铁路站变成了商业核心和新城市化的标志。与铁路站与码头毗邻的是批发仓库、日用品零售市场以及将古城和新开发住宅分离的工厂和车间。由于马车（horse-drawn）及后来的郊区铁路（suburban railway）和电车轨道（tramway），在那些以前距中心超过步行距离的区域开发出了更高质量的郊区。郊区特征很大程度上归因于交通、城市居住区原有的类型和那些没有充分开发区域里的土地所有权的性质。

在维多利亚时代的英国和欧洲大陆,为新工厂的工人而建造的住房都建在背离街道、狭窄并光线暗淡、不通风且缺少稳定的供水和下水道的地方。为提高住宅容量,地下室也经常用于居住。弗里德里希·恩格斯(Friedrich Engels)在1844年描绘了当时英国的城市生态和社会结构:曼彻斯特(Manchester)除了商业区以外,全部的市区、全部的索尔福德(Salford)和胡尔姆(Hulme)……一条围绕商业区的1.5英里宽的环带,纯粹是工人居住区(working people's quarters)。在这条环带的外围邻近工人居住区处分布着规则的街道,住着中上层的资产阶级……上层资产阶级则住在更远的带有花园的别墅里……那里有清新的空气和舒适的住房,半个小时或一刻钟就能坐公共马车(omnibus)到城里。这种布局最妙的地方就是有钱的贵族成员可以在整个劳动区的中间走最近的路,而无需看到自己置身于肮脏和悲惨之中。因为那条联结城外的能在所有方向交换的枢纽(the exchange)引出来的大道是直线型的,而在其两侧是几乎完全连续的商店,并掌握在中小资产阶级手里……所以他们有能力将肮脏和悲惨从那些有钱的男人和胃口好但神经脆弱的女人的视线中隐去,而正是这些肮脏和悲惨不断补充着他们的财富……我很清楚这种伪善的规划对于所有的大城市来说比较普遍;我也知道,那些零售商由于他们的商业本能不得不去占据大马路;我还知道更多的是比破烂稍好的房子遍布在这样的街道上,而其附近的土地价值比偏僻的城区的地价要高很多;但与此同时,我从来没有看到像曼彻斯特这样,如此系统地将工人阶级从主干路排除出去,如此轻而易举地将本应出现在资产阶级眼前和神经里的一切隐瞒下去。

由于流行病的流行,在英国产生了卫生改革运动(the sanitary reform movement),这项运动中的重要事件包括有1842年埃德温·查德威克(Edwin Chadwick)关于工人的卫生条件(sanitary condition of the labouring population)的报告,在1843年成立了关注城镇健康(the health of the towns)的皇家委员会,1848年的公共卫生法(The Public Health Act),1872年及1875年在公共卫生法要求下通过强制力量执行的改革。

与追求更好的公共卫生的动力相联系的是,有必要通过公共决策来控制因自私地剥削只能租房居住的贫苦工人的私人利益而产生的不良后果。住房规范因而既与出于公共卫生目的的环境控制相关,也与建造高质量、低成本住房相关。结果,环境标准逐步得到改善。出台并执行了住房标准,建设了下水道,铺装了街道,垃圾处理也得到了控制。1890年的住房法实施后,英国的地方当局(local council)被允许用好的住宅来代替贫民窟。在英国、德国和比利时,找到了一个建造低成本住房的有效方法——公益信托(charitable trust),例如,提倡投资在利润有限、租金合理的公寓上——在地方政府的引导下,实施了贫民窟清理和建造住房计划。

然而在19世纪,贫民窟清理计划没有遭到反对和激烈的批评。拆毁贫民窟并再开发成商业、铁路和纪念碑,公众企图将老工人阶级的住所迁出位于市镇中心周围的贫民窟。在英国,还要考虑到贫苦人极糟的生活条件和住房,恩格斯又写道:实际上时兴过后,资产阶级(the bourgeoisie)只有一种办法来解决住房问题,那就是自身也在不断产生新问题的方法。有个方法称为"奥斯曼"……我所说的

"奥斯曼"是一种现在已经变得很普遍的实践,即破坏我们的大城市里工人住宅区的行为,特别是在中心区,更不用说这样做是不是出于公共卫生和城市美观的考虑,或是出于建设大中心商业区或交通上的需要,例如铁路和街道的布局(有时还会有设置障碍来增加战斗难度的战略目的)……不管理由有多么的不同,结果在哪儿都是一样,羊肠小道在资产阶级自我赞美声中逐渐消失被说成是巨大成功,但他们又立马在其他地方(通常是在紧邻的街区)出现了……疾病滋生的地方、声名狼藉的涵洞和按资本主义的生产模式一夜又一夜禁闭工人的地下室而没有拆毁,他们仅仅是转移到了其他地方!

由工人阶级条件而引发了各种改革措施,将会在20世纪欧洲大都市的建设形态和社会结构中得到体现。在英国,第一批从城市迁出的是中产阶级,在新郊区建造独立式住宅(single family),这样就打破了工业化前城市的老传统:工人郊区(workers' suburbs)是边缘化的,而且是在城墙之外。这一运动并没有在欧洲其他广大地区同时发生,如今天经常暗指的那些低收入阶层的"郊区",如历史上一直称为中心的地方,并且这些地方因偏爱公寓生活(apartment living)仍想把许多欧洲大陆城市(continental city)限定在一个更有限的区域。

1.5　早期城市化理论体系

工业大都市被公认为社会的分水岭,欧洲学者的意图是寻求将变化规则变成法典,因而发展了与之相对照的理论。学者们在强调区分分水岭的根本性变化的时候,传统和现代的两种社会类型之间的两极分化表现出来。

梅因(Maine,1861)描述了这种显著区别,他看到了家庭依赖性逐渐解体和个人责任增加的进步。个人在家庭中所处位置基础上的继承责任,渐渐被契约和有限的责任所替代。梅因指出,这种从身份到契约的变化是按照对财产(尤其)的占有方式而同时进行的。在乡村,土地被家族所共同拥有,而在城市中土地成为重要的可以交换的商品,所以个人可以不再依附于土地或者家庭。

德国社会理论家滕尼斯(Tönnies,1887)认为,在所有文化系统的历史中存在两段显著不同的时期。他认为现代国家、科学、城市和大规模的贸易,代表了由第一阶段到第二阶段转变过程中的初级行动者,因此在不可逆转的社会变革中发挥作用。他称第一个时期为礼俗社会(gemeinschaft),社会中组织的基本单元是家庭或靠血缘维系的族群,作用和责任由传统的权威所界定,社会关系是本能的和惯常的。合作作为习俗所左右。第二个时期,他称之为法理社会(gesellschaft),其中,社会和经济关系建立在个人之间的契约上,个人具有专门的角色;对于个人的回报不再是基于世俗的权力,而是基于竞争性的劳动力价格。劳动力成为市场中重要的生产要素之一。对个人产生影响的不再是亲情关系,而是专业中的同行。家庭关系成为次要因素,社会关系是基于理性和效率,不再是基于传统。

涂尔干(Durkheim,1893)认为:日益分化的劳动分工是一个不可改变的历史过程,它使得人类文明从片段走向有组织。片段化的社会是建立在血缘关系之上的，由相似的无所不包的家族的演替所构成。现代化的过程将这些小的社会群体融合成大的集合体，结果形成国家。另一种则是社会职业组织，根据个人在社会中的行为属性对其进行分组。由于社会劳动分工日益深化和城市人口数量增加，交流和接触的机会则呈乘数增长。

西美尔（Simmel, 1902）也区别了两种社会状态，探讨了它们心理学上的关系。第一种是个人完全地沉浸在直接接触的小社会圈中；第二种是个人在集体社会中承担专门的角色。前者，个人的全部个性被其所在的群体所决定和主宰。而后者，个人参与到关系生活的每个方面的专业利益集团，在有限责任的条件下，个人受到保护。因此，西美尔看到乡村、小城镇的生活以及乡村与大都市之间鲜明的不同特征。前者特征是：在无意识的层次，具有稳定的生活节奏。而后者不断受到外部的刺激，需做出不断有意识的反馈。他认为大都市具有高度的个人自治的个性。个人变得更为自由，但也带来一种威胁：在处理个人的外部关系上基于非感情因素考虑，精于计算，往往会丧失个人特征。这是因为伴随群体规模增加，专业化程度也会增加，大都市多元化的特征也会越来越显著。

美国社会学家萨姆纳（Sumner, 1907）也比较了这些差异。他区分了民间的（folkways）方式（满足人类需求的直觉的和无意识方式）和国家的方式（stateways）（受国家的体制所左右的契约关系），在无意识传统和有意识革新之间他看到了最基本的差异。前者更多的是受到社会制约，后者受到来自国家的调控和城市中经历的影响。

马克斯·韦伯（Max Weber, 1920）看到了主流趋势：在人类历史上社会理性不断增加。对于他来讲，传统行为对于惯常刺激的反应，会涉及自治反应，进而影响行为，一个国家的社会关系也是共同的（vergemeinschaftung, 德语"共同"）。另一方面，在现代社会中，在社会关系变得相互关联（vergesellschaftung, 德语"社会化"）的情况下，个人行为主要依靠理性的自我意识，在后一种情况下，社会具有契约的特征。个人被一种理性想法所引导，认为存在着合法的义务，并且理性地期待其他组织会去践行这些义务。方法和结果因此而不同，公共机构设法调控随之发生的契约行为，并提供确定性的原则，接受当局管理。

我们试图总结概括社会哲学和理论家所讨论的显著区别（表1）。他们所认同的常规的知识强调：触及公共生活所有方面的无所不包的初级社会关系，是建立在情感、习俗、亲情关系和世袭权力的基础上，会被基于分工的非个人的二级关系取代。在新的城市有一种暗示表明：对于象征性因素越来越依赖，"地位符号"标志着一个人身份和在社会关系中的地位；通常二级契约被认为会产生同质、非正常、社会的失序。原因在于：非正式的社会控制以及经过长时间才形成的、建立在社会习俗、道德和社会体制之上的社会凝聚力，会被一种控制系统所取代，这种控制系统是建立法律、管理命令、警察、小集团内的制裁等基础上，以上因素的综合作用也不能取代最初的群体之间的联系，因而不能阻止社会主要方面的无组织的现象发生。

表 1 前工业社会和城市—工业社会的区别

	前工业社会	城市—工业社会
人口	高死亡率，高出生率	低死亡率，低出生率
行为	特殊化，规定，个人扮演多元角色	普遍性，工具化，个人具有专业化作用
社会	家族联盟，扩展性家庭，种族凝聚力，在民族之间存在分野	分化，亲情关系第二，专业特征影响群体
经济	非货币或单一货币经济，地方交易，基础设施不足，手工业为主，专业化程度低	以货币为基础，国家范围内的交易，相互依赖性强。工厂生产，资本密集
政治	非长期权威，规定性的习俗，人与人之间的交流，注重传统	稳定的政体，民选政府，大众媒体参与，具有理性的政府机构
空间（地理）	地方范围内关系，近域特征，社会空间群体在网络空间中复制	区域与国家相互依赖，在城市空间系统中分工是基于主要资源与相对区位

伴随新城市生活方式的变化，家庭曾经是生产、消费、教育的单元和爱巢，包括了个人的大部分功能。而今的家庭已经转变为专门的二级群体，功能很少。伴随这样的变化，家庭由大家庭转向核心家庭。在更为一般的层次，官僚机构出现，因为没有他们，庞大的社会难以正常运转。因为现代化创造了高度专业化和差异化，彼此间的相互依赖加剧，形成更为脆弱的社会，政府作为一种特殊形式的管理机构，数量在不断地增加。最后，在向完全的大众社会转型的过程中存在着诸多摩擦，在社会快速转型过程中，社会和个人的无组织最为明显，尤其是移民，他们的第二代需由家庭文化转向大众社会文化。

1.6 城市化作为一种生活方式

美国社会学家路易斯·沃斯（Louis Wirth, 1938）在他的著作《城市化作为一种生活方式》(Urbanism as a Way of Life) 中将这些思想归纳为一条最为普遍的可接受理论：城市影响着社会关系。沃斯同意把城市定义为大尺度、高密度、居民具有异质性的人口集聚点。他所做的是从这些属性中总结出社会的交互作用方式及其对有组织的社会生活产生的后果，早期的哲学家们将其概括为：非个人的、孤立的，原有的群体逐渐解体，为正式组织所控制。

比如，首先，他认为规模越大的城市，人与人之间接触的机会越多。由于个人之间的相互依靠会涉及很多人，因此很少依赖于特定的某个人。因此，交流具有非个人特征，且是肤浅的、瞬息万变的，通常被简单地视为达到个人目的的手段。

新城市的第二个特征是，高密度的人口能够产生频繁的接触、快节奏的生活、城市亚区域的功能分化以及居住区的隔离，人们通过有意识的选择、无意识的流动或者为环境所迫，拥有相似的背景和需求的人们居住在同一个区域。对那些在专门的职务或者亚区域无法寻求安全生活的人们来说，功能失调的几率以及非正常的、病态的行为可能性会增加。

最后，异质性越大的新城市，可能引致更多的明显的一系列影响。沃斯认为，由于背景不同，类型不同的人口往往强调视觉的认同和象征主义，因而，居住区域成为身份的象征。没有共同的价值观和道德系统，金钱往往成为唯一的价值量度指标。不过，因为城市居民来自于不同阶层，经济等级差异往往会瓦解，进一步的结果就是城市中政治运动的大量兴起以及多个利益主体的不断出现。

费舍尔（Fischer，1972）分析了沃斯的理论模型后，认为实际上该理论由两个部分组成，一个基于涂尔干的社会学理论，一个来自西美尔的社会心理学理论。从结构层次上看，规模、密度及异质性导致了差异化、形式化、体制化及社会的失序状态。从行为层次上看，对于城市中的神经刺激以及心理负荷的可能性，城市化可以提供更多可供选择的反应，城市具有更多的流动机会，当然也包括以社会孤立、失序的方式对城市生活进行适应。沃斯通过非正式的方式将以上两种理论结合起来，他认为，在任何一个社会系统中，通过认知的调控对行为进行操作，实质上是一种个人行为的集聚。

基于这个基本理念，费舍尔将沃斯的模型画了一张示意图（图1），表明如何将规模、密度和异质性等基本的结构变量同个人行为进行关联，方式是通过高度的神经刺激，这种神经刺激需要个人做出可选择性的反应，以克服心理负担。通过对刺激的选择性反应，在城市结构中形成了不同的利益主体，因而又为个人的流动性提供了机会。在主流社会中动态的人们为了寻求自我认同，创造了许多复杂性的体制策略，以保持不同利益群体的正式结合得以保持。这样做的结果也产生了次级关系，导致非个人特征及孤立性。太多的孤立，依次又导致了社会失序、情感的疏远以及个人的偏离。在沃斯眼中，城市化一方面促进了社会进步，另一方面也带来了负面影响。

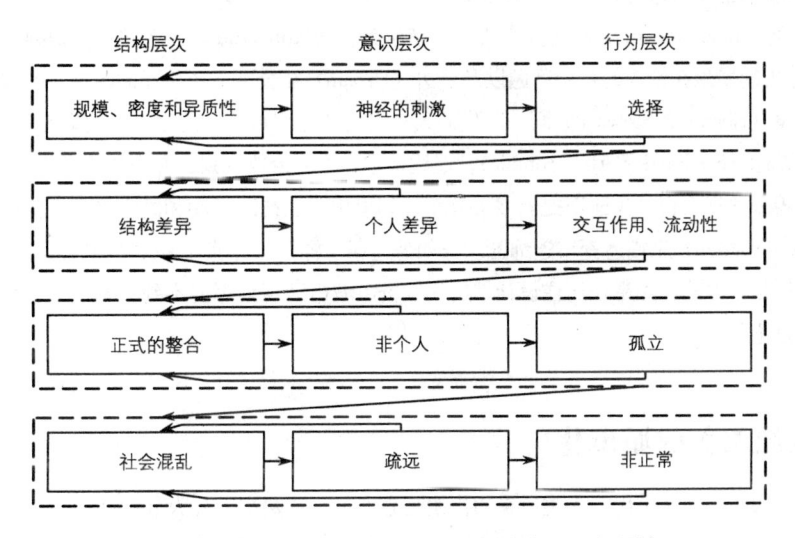

图 1　沃斯"城市作为一种生活方式"理论的因果关系路径

资料来源：图件来源于费舍尔（Fischer，1972）的著作。

1.7 城市规划的专业化

在20世纪出现了一些新的理念,并且其重要性越来越突出,即认为人们能够有意识地、有效地规划和控制其社区的自然环境,得到他们所要追求的社会结果。对每个幻想家而言,工业大都市就意味着环境问题。每个规划个案的构思都牵涉到把建筑实体规划变为现实的问题,形式、社会价值观、人文素质对于理想城市的建成必不可少。工业城市主义中有着清醒的成分,存在着"空间的希冀"——乌托邦的设想能够在空间实现,同时认为土地利用和居住实体规划会产生人们期待的社会结果。城市规划的专业化正是基于这样的基础。

实现上述受限制的目标需要公共投资,而不是控制,这种导向与中、高阶层人士的城市设计规划相一致。由于对政府控制(尤其是地方层次上的)表示怀疑,掌控权力的利益群体对通过公共投资来实现美化城市的目标反应热情;同时,也不会选择激进的"花园城市"运动,因为这是一项积极参与为低收入者提供住房的运动。美国房地产由花园城市转向中产阶级的郊区,美国规划基本上转向保守,强调市政效率。商业人士由城市美化运动转向公共资金支持的规划,目的是保持城市CBD的重要性。当规划业变得制度化以后,原先广泛的改革目标被日益受到专注的技能所替代。

就私人组织而言,比如区域规划委员会,由史泰因(Clarence Stein)、赖特(Henry Wright)、阿克曼(Frederick Ackerman)、麦凯(Benton Mackaye)和芒福德(Lewis Mumford)等人领头,还关心直接的住房规划、新市镇及城市形态的区域重建。芒福德受到苏格兰生态学家、规划学者盖迪斯(Patrick Geddes)的影响,盖迪斯于1887年在爱丁堡设计了一种居住房,比巴涅特(Samuel A. Barnett)1884年创设汤恩比馆(Toynbee Hall)(在伦敦是第一次尝试)晚了三年。两年后,也就是1889年亚当斯(Jane Addams)在芝加哥设计了赫尔大厦(Hull House)。盖迪斯意识到布斯(Charles Booth)所分析的发生在伦敦的社会问题以及费边(Fabian)社会主义者呼吁的改革,盖迪斯作为埃比尼泽·霍华德(Ebenezer Howard)同一时代的人也支持"花园城市"运动。盖迪斯影响了几代学生,包括阿伯克龙比(Sir Patrick Abercrombie),他后来进行了大伦敦规划,在他的帮助下英国于1909年第一个市镇规划法规出台。盖迪斯提倡城市复新、邻里重建、社区行动和民主参与。他第一个用"集合城市"(conurbation)来描述都市连绵区。正如盖迪斯一样,芒福德认为公共控制对于城市形态和土地利用的调控是不够的,如果在居住设计、居住融资、城市区规划等得不到根本改变,社会以及环境问题的改善是不可能的。

2 20世纪北美的城市化

在北美,很多关于城市化的人类后果的传统社会理论,是两次世界大战期间由芝加哥学派的城市社会学家们所创立的。北美城市化过程被快速的经济和技术变化所主宰,相对没有受到公共干预的束缚,有理由为其他地方的城市决策者们提供借鉴。不过这些变化首先产生了一种新城市形式,即汽车时代的离心化大都市结构。其次，出现了一种完全新型的城市区域，这些区域从属于互相依赖的国家网络以及强化的地方文化和生活方式。

2.1 住房私有化运动

美国城市变化，在过去，住宅建设和城市增长一直处于循环状态。美国的城市不是以平稳的、持续的方式发展，而是一连串的突然爆发，每一次爆发带来城市边缘区形成城市结构的新环，呈现新的与众不同的一种建筑风格。从全国性的范围来看，这种住宅投资的重要性很可能比其他任何城市增长因素的贡献都大。本世纪城市扩张的历史记录紧密遵循住宅部门资本形成的波峰（peak）和波谷（trough）周期而变动。从1910年到1914年，又从1921年到1929年，当房地产投资兴起时，大都市区的边界迅速向外延伸。后来，在大萧条和"二战"期间，房地产投资几乎中止，城市扩张实际上缓慢地走向停止。再后来，在1950年代，伴随着郊区化（suburbanization）的快速发展，掀起了史无前例的房地产投资热潮。

直到"二战"，不到全国一半的人口拥有自己的住宅，不到一半的住宅是以独户住宅单元形式出现的。在1948~1960年的10多年间，住房自有率迅速上升。这种跳跃式变化是紧随业主占有住房税款补贴的有效引入。它是"二战"期间采用的一种大众所得税的副产品，形成于1930年代早期的国家住房政策。当时的国家住房政策是设法促进住房自有化作为稳定社会的力量，它极度依赖新建筑作为工具以提高国家的住房标准，寻求为更好邻里的城市家庭提供必须的地区流动。在中上收入阶层，税收体系让房主占有成本每年节约14%~15%。不难想象，后来这个税收中断、实际收入快速增长以及一系列其他国家政策（如1930年代早期的FHA财政的引入、"二战"后的VA资金、1950年代通过公路建设推动郊区开放等）推动房地产市场的繁荣，使拥有个人住房的家庭从1940年的不足40%跳升到1960年的65%以上。更重要的是，不管是直接地还是间接地，这些动力的联合以及城市边缘区大量的土地消费，鼓励了低密度独户式居住模式的发展。1950~1970年，平均每个新建独户式住宅在国家城市化地区占用0.6英亩土地。

自从1960年代早期，新住房建设就已经远远超过家庭的增长。1963~1967年间，家庭增加的数量大概是1 700万，却建造了2 700万个新住宅单元。住房建设超过家庭增长明显决定了老住宅的价值与维护是至关重要的。更通常的情况是，新的住宅被相对收入较高的家庭占用，而较旧的住宅则被腾出给那些低收入的家庭。如果有过多的建设，在这种住宅音乐椅游戏①（music chair）走向结束后，那些最不适合的住宅会空置直到最后被遗弃或毁坏掉。

2.2 人口的大都市区化

阿德纳·韦伯（Adna Weber）说：城市化是一个人口集中的过程。它以两种方式进行：一是数量上的增长，二是规模上的扩大。要城市存在规模上的扩大或者数量上的增长，城市化的进程就在进行之中。城市化是一个渐进的过程。它意味着一种运动过程，从一种不太集中的状态到一种比较集中的状态。美国人口统计局（Bureau of the Census）为了获取扩展的城市地区人口集聚或集中的真实状况，建立了大都市区（Metropolitan Districts）的概念。1960年财政局对大都市区（Metropolitan Area）作了如下界定：一般概念的大都市区是指拥有一个被认可的人口核心的经济社会一体化单元……标准大都市统计区包含了一个中心城市及其周围的县，这些县具有都市化的特征，并在经济和社会上与中心城市有着紧密联系。20世纪美国生活在这种大都市区中的人口比例日益提高。20世纪初有60%的人生活在农场和乡村。而到了1970年，生活在这种大都市区中的人口比例已经达到了69%。很明显，人口向都市区集聚是20世纪前半期人口分布最主要的特点。随着时间的推移，这些人口在大都市区的分布模式变得越来越重要。

2.3 沃思的城市问题模型

沃思首先将城市定义为一个"相对巨大的、密集的以及具有不同社会异质性的个体的永久居住地"，它通过人口迁移急剧增长，并提出了"城市化会导致某些社会问题"的假设。

沃思坚信：城市的本质在于人口规模、人口密度和异质性——并以两两相互强化的方式导致了一系列的心理和社会后果。在个人层面上，城市生活留给居民的是一种持续的刺激：图像、声音、人群、社会对关注、关爱和行动的需要。在这种过度的刺激下，自我防御的反应机制将人与周围的环境和人群隔离开来。因此，这些城市人远离他人，在接触中保持距离、偏于世故，对周边的事抱怀疑、冷漠的态度。与其他人的关系只是以一种类似商业往来的方式存在于特定的角色和任务中，因而，与其周围的人愈益疏远。

总体而言，集聚被认为是与经济理论中的竞争和比较优势相关联的，引发了差异性和多样性。社区越大，劳动分工就越细、越专业化，社会群体的数量和类别也就越多，邻里间的差异也就越大。为将这种分裂的社会较好地整合在一起，就需要不同的社会机制的建立：正式的整合方式，如书面的法律、非个人的礼节以及社会控制、教育、交通以及福利的特殊机构。然而，建立正式机构被认为并不足以避免社会混乱——个人与群体之间的联系就像合理的行为一样变得脆弱。这种混乱状态被认为是导致社会和人格解体、令人走向歧路以及个人与周围环境进一步相隔离的原因。

随着规模、密度和异质性的增强，城市居民的确开始面对越来越多的外界的感官刺激，并随之做出反应，这相当于一个信息的输入和输出过程。信息有物质方面的，也有社会方面的。因此，接收者面临着如何处理这样高强度的刺激的问题。这就出现了信息过剩（information overload）的风险，从而导致压力、紧张、不安，最终出现了诸如精神错乱之类的行为。当所有的外界刺激都增加的时候，每个人的反应范围却在变小。从社会的层面上来讲，这将导致专业化和结构的差异化。一个已被证实的结果就是社会角色和机构数量的增加；另一个就是劳动分工；其他的结果包括工作和家庭的分离，导致城市用地功能分区的地理差异以及被分割开的、具有同质性的居住邻里等。

根据沃思的理论，这种结构性的差异在个体性格的差异中被复制，在划分的角色、团体和利益中被细分，从而导致不同的身份，这种身份通过时间和环境的分隔使人们相互隔离。该理论认为，反过来，城市内的个体比起其他人更倾向于在很多角色之间迅速、频繁地转换，可以是按天、周和其他的循环周期，或是根据生命周期和社会流动性这样的长周期。然而，这种现象十分复杂。城市的流动性并不是都高于乡村地区，同样在结构性差异方面也并不总比乡村地区高。

沿着沃思的思路，当一个系统中结构性的差异和角色的变化频率加快时，新的结构和功能将产生，将个体和群体整合在一起。这种正式的整合是一个理性和合法的过程，包含了政府机构的活动以及个体之间的互动。其中的程序是正式性的，既有功能性的也有契约性的关系，以维持整体的秩序。与这些分析相一致，沃思认为亲情、邻里和非正式团体正在弱化，而从属和控制的正式机构却逐渐增强，此类机构包括社团、公司企业、社会控制的仲裁方法以及大众传媒等。

沃思理论中的最后一环是城市中微弱的标准凝聚力与人格结构整合及不轨之间的理论。从最广泛的意义上而言，不轨行为不同于规范所期望的行为——它是非法的、"古怪的"或者是具有新意的。在大城市中，每一种这样的不轨行为都达到了它的最大化——标新立异、道德越轨（酗酒、离婚、违法等）、犯罪以及宗教活动参与程度下降、政治激进主义趋势增加等。

对沃思理论的支持来源于实验室中对老鼠的实验。高密度导致高死亡率、低繁殖率，并产生疏忽懈怠、冲动好斗、消极行为以及性行为失常等问题。其他动物的实验也证实了这一点。

沃思的理论对于19世纪的工业城市化或许是正确的，他的思想给予许多当时的社会学者以启发。问题在于，对于20世纪的城市来说，城市化的本质已经或正在发生变化。19世纪的世界科技发展与综合国民经济在民族国家内创造了工业化城市。这些新的工业城于19世纪末和20世纪初在西方世界发育成熟。沃思相信他的理论为未来的研究建立了基础。

2.4 新型城市区域的形成

工业化大都市集聚的原因是各类专业人士必须相互联系。这种联系是十分频繁的，而集聚将降低他们的交通和沟通成本。但距离的减少意味着密度的增加、交通堵塞、昂贵的房租以及个人隐私的丧失等问题的出现。事实上，最近科技的发展都在立足于降低地理居住密度以及聚居的成本。现代交通以及通信工具的发展使每一代人可以居住得更远并能获得遥远地方的信息。分散化以及总密度的降低已经成为最主要的空间过程。如图2所示，在美国和加拿大，城市增长的年代越近，其人口密度越低，城市增长发生越晚，对汽车、摩托车以及现代交通工具这些新技术的依赖也越强。然而，无论城市的历史有多久，在最近几十年里它的密度都在下降，即使是最古老的城市也受到了科技变化和财富增长的影响。

甚至在1900年代，与韦伯同时代的人就相信情况将朝着这个方向发展。他们认为郊区是治愈城市病症的万能药，可以解决诸如交通堵塞、高人口密度等问题。

韦尔斯（Wells，1902）认为：在未来的世纪中，由铁路带动的"巨大城市"的发展将达到顶峰，并且在各种可能情况下，都将在未来几年中经历一个几乎可忽略的分解和扩散过程。这些新形成的城

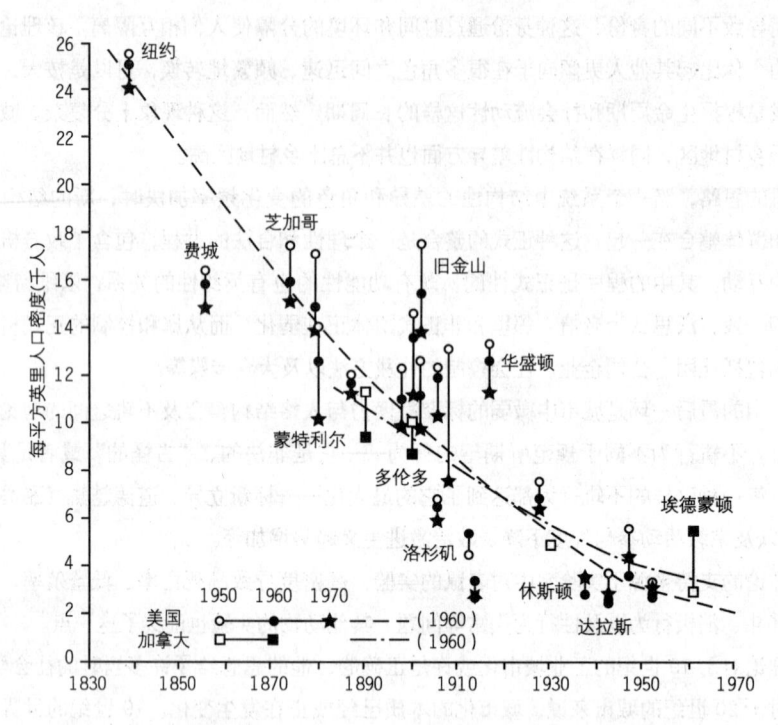

图 2　1950~1970 年北美大都市发展阶段与其人口密度间的关系

市在老的观念中根本就不是城市，它们代表一个新的、完全不同的人口分布阶段。对整个世界来说，19 世纪的中后期，整个世界经历了一个人口快速膨胀的历史阶段，大多数人的活动半径超过了 4 英里，尽管这一距离并没有使人们遭受剧烈的身体和精神损害，但却远较以往席卷世界的任何一次瘟疫和饥荒更令人吃惊，但这些大城市并不存在永久的灾害。……到目前为止，对步行和马车唯一的补充形式是郊区铁路。现代大城市的星形轮廓，推进到……节点链，每个节点代表一个站点，证明了城市的压力得以缓解。本世纪以前的大城镇的轮廓是圆形的，并成吹气球式的增长。……我们处于离心趋势发展的早期阶段，步行时代城市活动半径仅仅限于 4 英里，马车时代可以达到 7~8 英里……到 2000 年，大城市内普通劳动者的活动半径是否可以达到 100 英里呢？城市将继续扩展直到占据相当的地域，并取代当前许多的乡村特征……乡村将具有很多城市的特质。旧有的城乡对立将终结，边界线也将消失。实际上，"城镇"和"城市"的用语将类似于"邮件马车"一样陈旧……也许未来我们可以称呼这些地区为"城市区域"(urban region)。

2.5　日常城市体系的成长

美国现实的发展速度远比韦尔斯依据 1970 年代城市地理分布特征的预期要快。在日常生活的现实中，建设"连续的高楼林立的城市化地区"的"城市"以及更大的人口普查界定的大都市，都已被一种新的更大尺度的城市区域所替代，这就是"日常城市体系"（daily urban system）。

在图 3~6 中，我们可以看到城市爆炸性的发展，诸如作为汽车制造业基地的底特律、芝加哥，它们在很大程度上促发了这次转型。地图中的阴影部分显示了 20 世纪的城市化进程中原先的农业地区转变为非农业地区的过程。图 6 显示了 1960 年底特律城市日常交通半径，展示了这一系统全天的运动范围。图 7 展现了 1960 年美国城市体系日常活动范围。在那一年中，大约有 90% 的人生活在这个系统中。

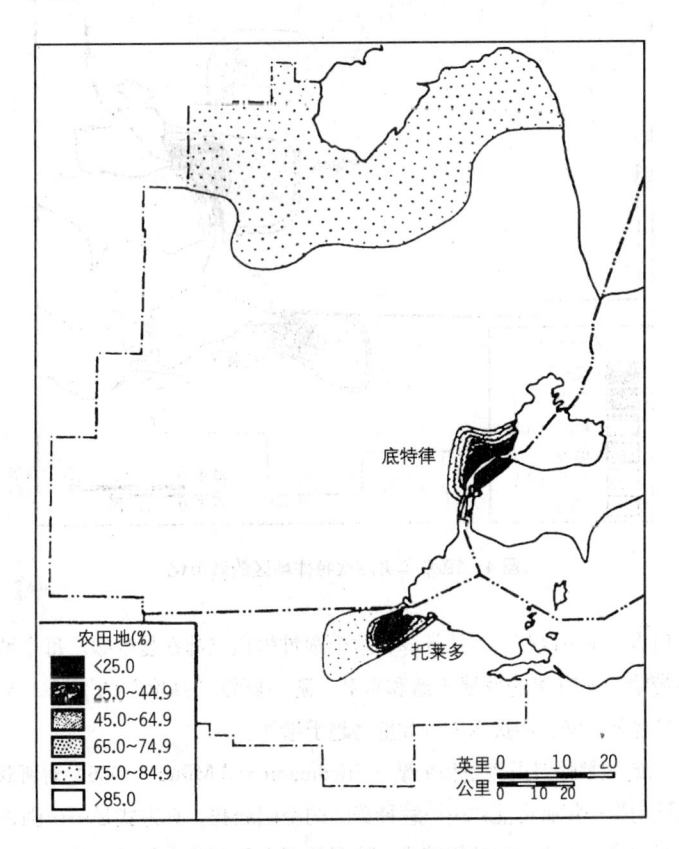

图 3　1900 年美国底特律地区的城市化

随着此类城市体系的发展，它们对国家的空间格局产生了深刻影响。起初，这种格局是围绕着一定的中心，并且在形状上呈圆锥形的。埃德加·胡佛和雷蒙德·弗农（Edgar Hoover and Raymond Vernon, 1959）对纽约是这样描述的：如果我们把这个地区看做一个巨大的圆锥结构，高度代表人类活动的集中度，我们发现在纽瓦克（Newark）、泽西（Jersey city）、帕特森（Paterson）、伊丽莎白（Elizabeth）、扬克斯（Yonkers）和桥港（Bridge-port）的人口都超过 10 万，但是它们的突出部分都

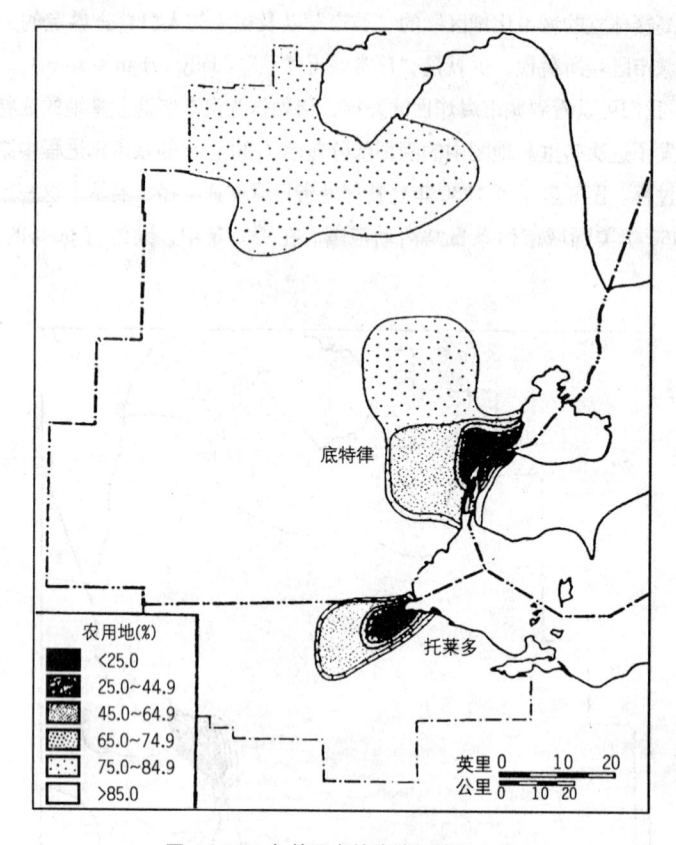

农用地(%)
<25.0
25.0~44.9
45.0~64.9
65.0~74.9
75.0~84.9
>85.0

图 4 1920 年美国底特律地区的城市化

只是斜侧面上的次顶点。不论以何种方法计算，这个圆锥的顶点都在曼哈顿。每个城市这种圆锥结构的发展和扩散都会带给国家有序的发展机遇和福利。随着圆锥"高度"的下降，人口密度和经济机遇、收入和教育水平也将下降，而贫困人口数量将趋于增加。

1960 年两位美国的规划师弗里德曼和米勒（Friedmann and Miller，1965）对所获得的结果进行了充分的描述，他们认为那一年有可能：……解释美国的空间结构，其方式是……强调一种由大都市区和大都市外围地区两部分组成的空间结构模式。除了美国内陆部分人烟稀少的地区，大都市外围包括了那些介于大都市区域之间的所有地区；就像一面魔镜，许多的外围地区的经济和社会发展状况变相地反映出大都市活力的另一面。

然而，那些起初具有向心性并呈圆锥形的空间结构也经历了一些变化，并表现出特定的形式：随着距离的增加，各种密度则以一定的指数速率下降。这种下降的速率称为密度梯度。美国经济学家米尔斯（Mills，1972）计算了美国城市 1910~1970 年人口和一些经济活动的密度梯度，其计算结果见图 8。如图所示，1910~1970 年，所有的密度梯度都经历了逐步下降的过程，这意味着城市中心的密

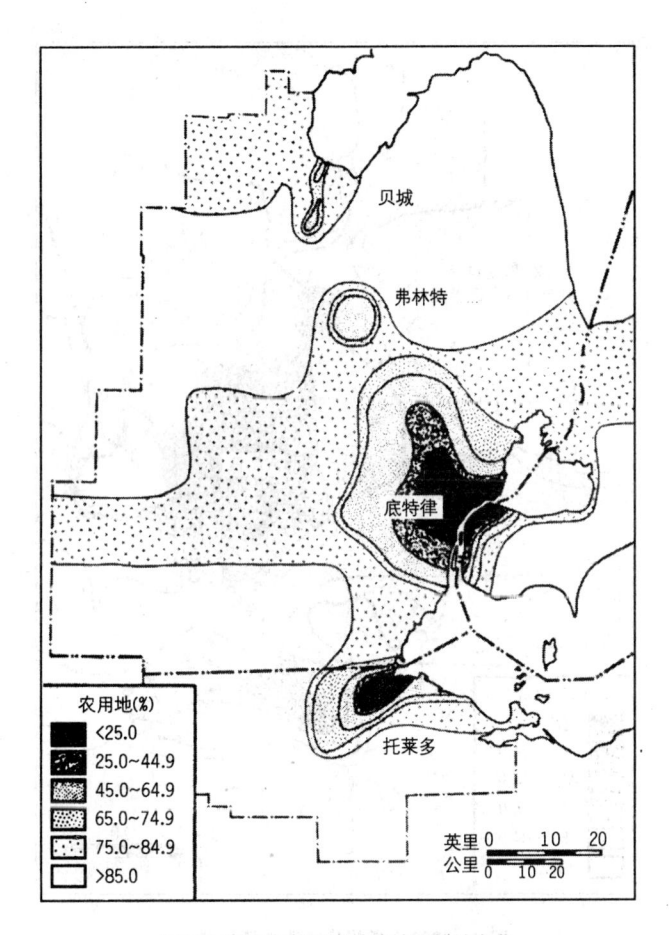

图 5　1940年美国底特律地区的城市化

度下降，大都市区向外快速扩展，而整个城市地区的密度则逐步趋于均衡。

在1960年代，美国城市在进一步转型的事实已经确实无误了。起初，吉恩·戈特曼（Jean Gottmann）用一个新的地理尺度概念即大都市带（magalopolis）来描述美国东北沿海联片的城市化地区。最近，人口增长和美国未来委员会（Commission on Population Growth and American Future, 1972）发布了有关美国大都市区增长的本质变化的报告。报告指出，在1960～1970年的10年间，大都市的人口增长了2 600万，其中的2/3是在稳定的边界之内，其余1/3是扩展的外围地区的总和，而外围地区的人口分布正趋于分散。这一结果表明，美国现在的发展大部分是由于大都市的自我增长所引发的；由于工业城市化所导致的人口集聚已经结束。迁移在区际层面发生在大都市区之间，在区内则通过人口和就业向跨大都市区边界的日常城市体系外围加速扩散。

规模的扩大、流动率的增长以及人口密度的降低是当代美国城市的主要特征。导致它们成为城市

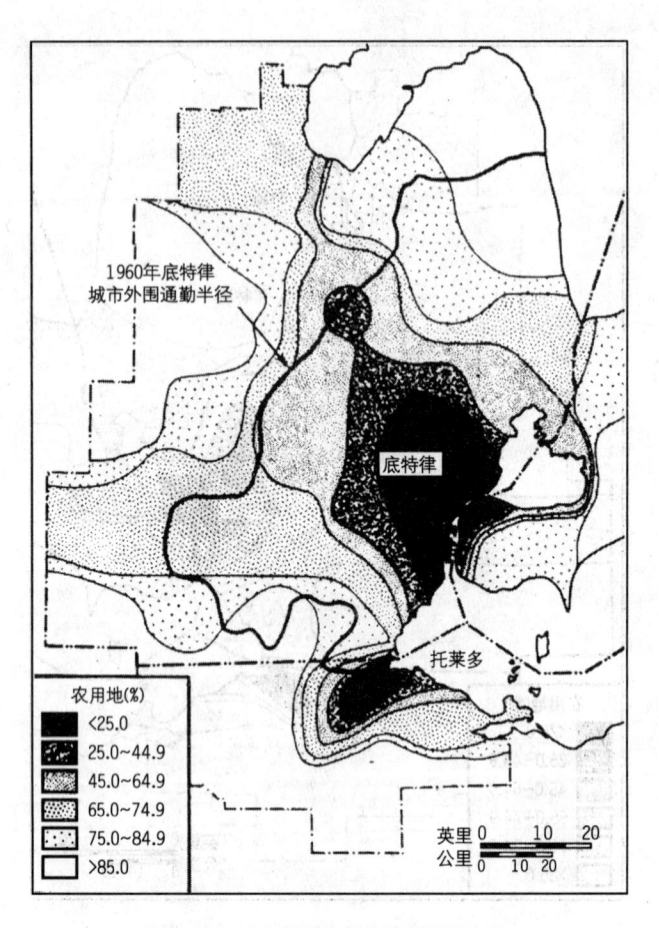

图 6 1960 年美国底特律地区的城市化

化显著特征的原因,包括国家社会的形成、后工业经济的出现、社会与空间流动联系的增强、住宅产业的异常繁荣以及由于通信工具的发展逐步取代了面对面的交流形式而导致的时空压缩等。

2.6 美国城市化理论

北美地区的城市化过程还没有一种社会理论可以解释。阿布-鲁哈德(Abu-Lughod, 1968)指出,撇开早期的术语被证明是不充分的这个事实,用层域(scale)、相互作用密度(interactional density)和内部差异(internal difference)来替代沃斯的规模(size)、密度(density)和异质性(heterogeneity)因果三变量,以此来构建这种必需的理论,还是可能的。

2.6.1 层域和流动

根据阿布-鲁哈德的说法,层域不同于规模。二者间的差异主要体现在,层域衡量的是一个特定联

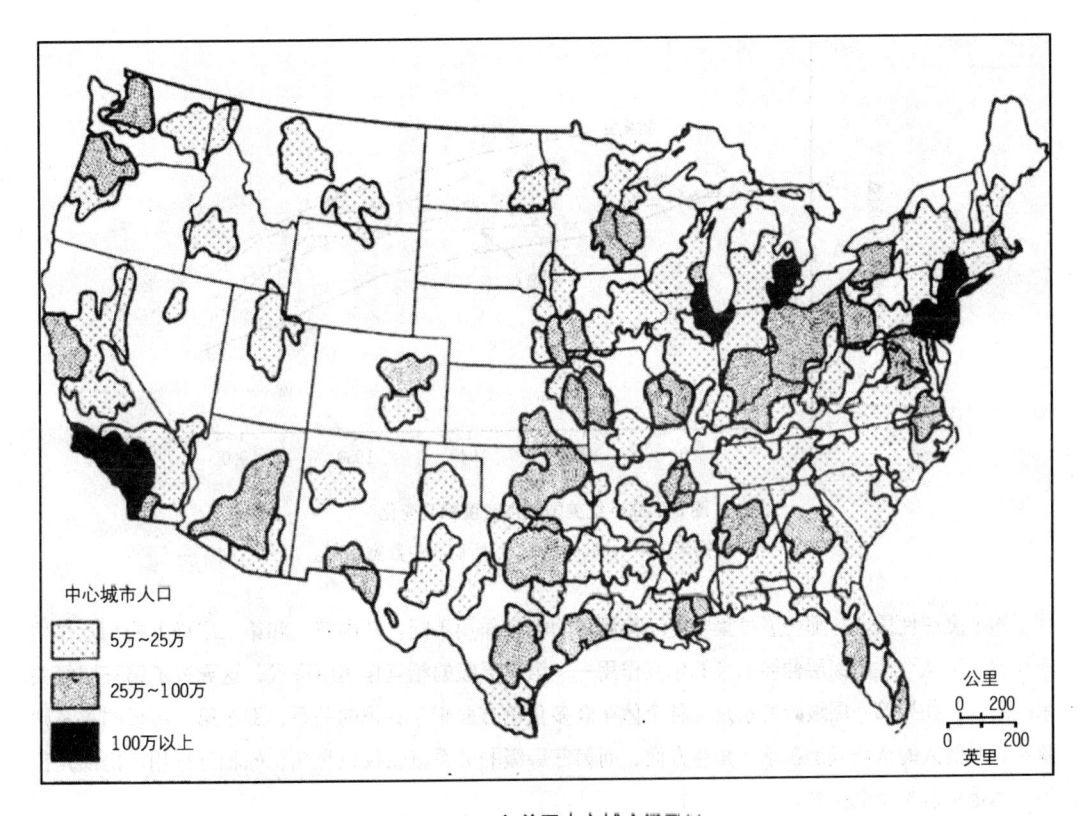

图7　1960年美国中心城市通勤区

注：图3～6均使用农用地的百分比作为城市扩展指数，最初的研究工作是道萨迪亚斯（C. A. Doxiadis）为底特律 Edison 公司所做；图6显示了1960年底特律市日常通勤的外部边界；图7原是笔者为美国财政局做的重新评价大都市区概念的项目的一部分。

系网络的范围，而不是其参与者数量的多少（虽然随着网络范围的扩展，直接或间接地受系统决策影响的人数会自然增加）。层域概念缺失的是清晰的地理指示。尽管在沃斯描述的城市化里，层域在地理学意义上是与规模结合在一起的，但在新型城市化里则有所不同，因为牵涉到国家层面上人口流动的增长。

2.6.2　相互作用密度

阿布-鲁哈德认为密度也应该被重新定义以使它能适用于20世纪的城市化。她指出，涂尔干（Emile Durkheim）在进行物质密度（人口集中程度）和动态密度（相互作用率）之间概念区分的同时，还认为：如果加强社会接触的技术被考虑在内的话，物质密度可以被用作动态密度的一个指标。沃斯的城市化研究所假设的这种一致性已经被打破。正如梅尔（Meier, 1962）明确揭示的那样，通信所促进的交互作用密度远大于允许的或需求的物质密度。但阿布-鲁哈德却向前迈进了一步，她认为这

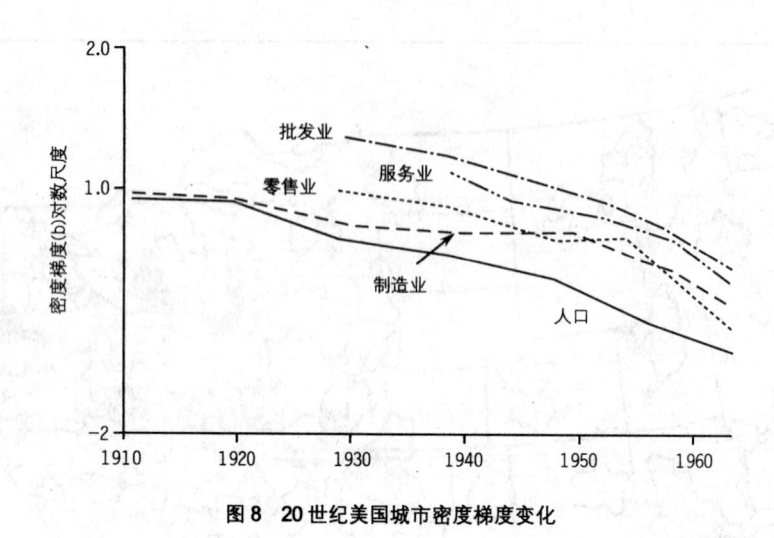

图 8 20世纪美国城市密度梯度变化

注：根据米尔斯（Mills, 1972）所制表中数据绘制。

种新的密度在性质上与那种通过集中度间接测量的相互作用不同。其中第一和第二层级上的相互作用渐渐被一种从个性的深层伸展出来的相互作用——第三层级的相互作用所取代，这导致了第三层级关系的出现。如果第一层级的关系是一种个体在众多角色方面相互认识的关系，那么第二层级的关系则意味着对他人的认识只是在单一角色方面，而第三层级的关系就仅仅只是角色的相互作用。扮演角色的个体是可以相互变换的。

2.6.3 内部差异

按照沃斯的观点，异质性最初来源于外部，后来被移民不断加强和维持。城市不断接触各种各样背景的人，因而被构成进行相互交流的沃土；身体的迁移被假设为导致心灵的迁移，诸如世界大同主义和对继承而来的信仰的质疑。当地社区被认为是主要通过情感纽带而不是居民对于他人的作为工具的有用性而连接在一起的。这些连接在城市里比在小城镇里要弱得多。罗伯特·帕克（Robert Park）关于经过"分拣的过程"进入"接触但不相互贯通的极小世界"的形象化比喻在城市里很流行。城市被认为是由一个自我保持并紧密控制其成员的村庄式单元所组成的马赛克。与其他渐进思想家一样，帕克以怀旧之情回顾了家庭、种族和部落生活，他对通信、教育和新的政治形式寄予厚望，期盼能重新构建情感社区，形成一种可媲美在简单社会类型中自然成长的社会秩序，创造出一种异质性的积极结果以及各民族融合的地区。但是沃斯和与他同时代的人认为大规模组织的生长、组织控制的集中化、渐增功能的劳动分工和汽车的广泛使用削弱了地方社区的重要性。然而，各民族融合地区的混合既没有出现预言的异质性降低也没有发生同质性的增长；相反地，社会的融合更易于精细的内部细分。首先，众多移民团体被吸收进入更大社会的程度现在看来相当有限。另一个极端则是美国黑人表现出最低的同化性（Pinkney, 1969）。总体上他们是适应文化的，但结构、婚姻和身份方面的同化程度最小。犹太裔美国人适应了美国中产阶级的生活方式，成为一个彻底美国化的团体 (Goldstein et al., 1968)。然而，与此同时，他们也越来越强调自己是"犹太人"，包括与犹太文化、宗教和组织生活的联系。特别是第三代以及更后辈的犹太人正在以独立的群体身份寻求情感同化。至于另一个团体——日裔美国人则经历了与广大美国社会一致的日本文化的多元发展 (Kitano, 1969)，而印度裔和墨西哥裔美国人却还都存在亚文化与多数价值观之间的冲突 (Wax, 1971; Moore, 1970)。由于"印第安人权力运动 (Red Power)"和墨西哥裔美国人运动的战斗性，这种冲突正在升级。在其他种族团体的案例中，尤其是来自东欧和南欧的天主教徒蓝领阶层，文化多元化特征也在增多。

美国城市的异质性起初是由连续的移民流所引起的，当时鼓励同化的政策在意识上被认为是理所应当的。然而，目前美国的城市区域中显示出一种新的异质性类型的存在及其逐渐强化的趋势。这种异质性产生自内部差异，可以从文化多元化的不同意识形态的角度进行理解。在这样的框架下出现的社区形式绝不是更为破碎的地方化社会发育不全的残余物。

在理解这些新的社区形式方面，苏托斯 (Suttles, 1972a) 前进了重要的一步。按照苏托斯的理解，邻里的边界是由物质障碍、种族同一性、社会阶级以及那些共同界定存在特定生活方式的同质区域的因素所确定的。但是如果邻里首先是作为一个创造性的社会实体而存在，那它仍然拥有某些重要特征。首先，它成为构成个人身份的要素，是明确的身份凭证而不是人们的主观评定。邻里的声誉可能有以下几个来源：第一，所处区域的总体特征；第二，与附近邻里的比较和对照；第三，历史渊源。在这个框架下，社区首先是靠共同的情感、原始的团结联系在一起的人，这种思想表达了一种超罗曼蒂克的社会生活观念。社区导致社会控制，并将人们分隔开来以避免危险、侮辱和身份要求；但无论是哪一种由社区造成的情感都将严格和功能实体实现连接。

2.6.4 文化镶嵌

国人生活的社区在种族和社会经济组成方面变化多样，进而在他们可采取的生活方式、可用于刻画社区形象和边界的实体特征以及历史上他们对独特声誉或身份的要求等方面也呈现出多样化。这种差异似乎起源于所有美国人共同经历过的两个发展过程：①贯穿生命周期的片段，其间有一些与从此州向彼州的迁移相关的急剧停顿，如结婚、家庭扩大、加入劳动大军、退休等等；②伴随社会流动的可能需要、阻碍或模仿地理流动的职业生涯轨迹。这些发展过程受到几个不同价值系统的干扰：家庭主义，这种思想中家庭生活被给予高度重视，相应地，大量的时间和财力被投入到家庭生活中；功利主义，这种思想中有一种向上的社会迁移趋向，相应的个体则热衷于参加与职业有关的活动，至少部分地对家庭生活有所忽略；地方主义，意味着利益局限于邻里地区，偏好于本地性的团体；世界主义，意味着不受地方联系的约束，偏好于范围是全国性而非地方性的团体，所以，世界主义者居住于一地而生活于全国。从这个角度出发，我们可以区分工人阶级社区、少数民族聚居区和种族中心。在这些地区主要的相互作用广泛形式是非正式集会场所，街角帮、教派团体和选区政治活动都试图统治公共生活的集体形式；中等收入、家庭主义盛行的地区，其非正式关系似乎主要因孩子的管理而形成，而正式组织也比在低收入地区有更广泛的发展；富裕的公寓区和专有的郊区，通常都存在一种相互作用和有组织的私有化模式：社交俱乐部、私立学校、乡村俱乐部和商业协会等；国际性社区中心（cosmopolitan centers），在一些城市中已经存在，在一些城市中正在萌生，后者在增长过程中逐步产生大量的本土天才或异端，并界定其共同的生存环境（Suttles, 1972a）。引用费舍尔（Fischer, 1972）的话说，当新的文化价值观和规范被确立时，扩张的城市系统内部出现的新团体在信仰、价值观和凝聚力等方面得到增强，最终导致亚文化强化（subcultural intensification）。其中包含两个方面的内容：一个是"有影响力的大众"（critical masses）的成长，这促使那些可以加强亚文化并吸引其更多的成员进入城市的亚文化制度得以发展（如为种族团体服务的政治力量和国家教会、"吉卜赛人"的住所、知识分子的书店、艺术家的博物馆、老年人的新型社区以及每个团体的"聚会场所"）；另一个是与其他能增强自身身份感和归属感的亚文化形成对照。当然，强化的一个重要形式是犯罪亚文化的出现。鉴于沃斯模型用规范的消亡解释了不轨行为，可选择的办法就是将不轨行为看做是从社会中心价值观中偏离出来组成亚文化的部分。很多犯罪行为特别是城市犯罪的团体本质似乎很是明了的。例如，伊利诺伊州将罪犯划分为四个类型的次团体：社会悲剧型、不成熟型、神经病型和团伙牵连型，其中团伙牵连型是最危险的罪犯群体。因此，城市中较多的犯罪行为可以通过犯罪者的集中化过程来解释（如地下组织的发展），同时也可解释为一个犯罪目标的集中化过程（如财富和有钱人的集中）。同样的强化过程也将会相对于其他的非正常亚文化而起作用，如同性恋、妓女、嬉皮士、政治异端分子等等。这些变化的结果就是已经或即将出现在美国的文化镶嵌（mosaic culture）——一个包含众多并行的，但差异较大的生活方式的社会。在马赛克内部的迁移使得居民对他们的社区十分满意，同时也为那些希望能更好地满足其对生活方式的要求但又不愿意搬迁到另一个地方去的人提供了选择（Gans, 1968）。

2.7 美国的规划方式

20世纪的城市化转型已经开始，美国的规划方式也趋向于支持私有化和马赛克文化而不是提高规划方案的生产性。

2.7.1 新城的私人开发

美国在1960~1970年，总计376个占地规模在950英亩或者以上的城镇得以开发建设，占用土地接近150万英亩。其中，有43座可划归为新城，主要坐落在气候温暖的快速发展地区。所有这些新城项目的开发者被称为"新型企业家"。他们包括：①具有房地产和住宅开发背景的建设开发商；②对生产提升和金融多样化感兴趣的大型国有公司；③提升财产价值的大地主，原本他们获取这些财产是为了其他目的，如作为农场或矿场等；④大的抵押权人，如银行、保险公司和储贷机构，也包括少量的独立开发商。所有这些团体都是私有性质的。

2.7.2 "邻里单元"概念

克莱兰斯·派瑞（Clarence Perry, 1929）认为：重要的是城市由严格限制的邻里单元所组成，实体特征显著，由于围绕一个共同的社区活动中心而形成的组织而具有地方一致性。设计良好的邻里可以加强社会凝聚力和邻里和睦,突现大城市内部小社区的优点,这种思想与主流社会哲学相一致,并相应地认为维持邻里同质性极为必要:邻里是一个"不相容的混合体",包含了不同种族、族群以及居住区内的产业活动。特别是种族和文化团体的混合体被认为是不益于邻里发展的。限制性契约明确地将少数民族群体的成员排除在外。尽管白人中产阶级的郊区化和在中心城市的穷人和少数民族被迫形成少数民族聚集区(ghettoisation)的情形并不是联邦政策的产物,但战后几年的联邦行动确实促进了这些趋势的发展。

2.7.3 城市规划概念的扩展

1960年代,针对解决城市问题的联邦措施出现了新的整合趋势(Scott,1969)。从制定规划到将规划视做一个过程成为这一趋势的重点之一。如果期望少数民族居住区内穷人的收入得以提高,编制中心城市的空间和社会计划成为必要,因而出现了诸如社区更新计划(the Community Renewal Programme)和模范城市计划(the Model Cities Programme)之类的尝试。其中,重大突破来自1968年的住房法(*Housing Act of 1968*)。这项法案认为民众对穷人住房供给速度的不满情绪正在增长,提出了在1968～1970年间为低收入群体兴建30万套住宅的新计划,将全部住房中低收入住宅的比例从1961年的3%提高到1971年的16%(Kristof,1972)。

(待续)

致谢

本文是国家自然科学基金重点项目"中国城市化类型、过程与机理研究"(40435013)和教育部博士点基金"中国城市化过程与机理研究"(40435013)共同资助项目;由汪侠、俞金国、赵玉宗、薛俊菲、张从果、彭翀、杨兴柱、刘贤腾等编译。

注释

① 类似于"大风吹"。

参考文献

[1] Abu-Lughod, L. 1968. The City Is Dead, Long Live the City: Some Thoughts on Urbanity. *CPDR Monograph Series*, No. 12, University of California, Berkeley.

[2] Commision on Population Growth and the American Future 1972, Population and the American Future. U. S. Government Printing Office.

[3] Durkheim, E. 1893. *The Division of Labour in Society*. The Free Press, New York.

[4] Flscher, C. S. 1972. Urbanism as a Way of Life: A Review and an Agenda. *Sociological Methods and Research*, Vol. 1, pp. 187-242.

[5] Friedmann J. and J. Miller 1965. The Urban Field. *Journal of the American Institute of Planners*, Vol. 31, pp. 312-319.

[6] Gans, H. J. 1968. *People and Plans*. Basic Books.

[7] Goldstein and C. Goldschejder 1968. *Jewish Americans*. Prentice- Hall.

[8] Hoover, Edgar, M. and Raymond, Vernon 1959/1962. *Anatomy of a Metropolis: The Changing Distribution of People and Jobs within the New York Metropolitan Region*. Doubleday/ Anchor Books, N. Y..

[9] Kitano, H. H. L. 1969. *Japanese Americans*. Prentice-Hall.

[10] Kristof, F. S. 1972. Federal Housing Policies: Subsidized Production, Filtration and Objectives. *Land Economics*, Vol. 48, pp. 309-320.

[11] Kuznets, S. 1966. *Modern Economic Growth*. Yale University Press.

[12] Maine, Sir, Henry 1960. *1861 Ancient Law*. Dutton, New York.

[13] Meier, R. 1962. *A Communications Theory of Urban Growth*. The M. I. T. Press.

[14] Mills 1972. *Urban Economics*. Scott Foresman.

[15] Moore, J. W. 1970. *Mexican Americans*. Prentice-Hall.

[16] Morton and L. White 1962. *The Intellectual Versus the City*. Harvard University Press.

[17] Perry, C. A. 1929. The Neighborhood Unit. In T. Adams (ed.), *Neighborhood and Community Planning*, Regional Plan of New York and the Environs, New York Regional Plan Association, Vol. 7.

[18] Pinkney 1969. *Black Americans*. Prentice-Hall.

[19] Scott, M. 1969. *American City Planning Since 1890*. The University of California Press, Berkeley.

[20] Simmel, G. 1985 [1902]. *Schriften zur Philosophie und Soziologie der Geschlechter*. Frankfurt am Main, pp. 159-177.

[21] Sumner, W. G. 1907. *Folkways*. Boston: Ginn and Company.

[22] Suttles, D. 1972a. Community Design. Paper prepared for the National Research Council, National Academy of Sciences.

[23] Suttles, G. D. 1972b. *The Social Construction of Communities*. The University of Chicago Press.

[24] Tonnies, F. 1887. *Gemeinschaft und Gesellschaft*. Fues's Verlag.

[25] Wax, L. 1971. *Indian Americans*. Prentice-Hall.

[26] Weber, A. F. 1899. *The Growth of Cities in the Nineteenth Century*. New York: Published for Columbia University by the Macmillan Co. .

[27] Weber, M. 1920. Die Wirtschaftsethik der Weltreligionen. In Weber, M. (ders.), Gesammelte Aufsatze zur Religionssoziologie, Bd. 1, Tubingen: J. C. B. Mohr, S. 554.

[28] Wells, H. G. 1902. *Anticipations. The Reaction of Mechanical and Scientfic Progress on Human Life and Thought*. Harper & Row, London.

[29] Wirth, L. 1938. Urbanism as a Way of Life. *American Journal of Sociology*, No. 44.

对城市评价活动中若干认识问题的反思

刘剑峰

Reflections on Several Understanding Problems in the Urban Evaluation Initiatives

LIU Jianfeng
(School of Architecture, Tsinghua University, Beijing 100084, China)

Abstract An upsurge of urban evaluation initiatives has appeared in recent years, which has caused many problems and disputes. Besides the problems of evaluation practices, there are several problems concerning the pursuit of evaluation, such as pursuing objectivity and uniqueness, seeking accuracy, misunderstanding the scientificness, pursuing practicality and instant effects, etc. This paper tries to discuss about and reflect on these problems so as to lay foundations for the proper practices and applications of urban evaluation initiatives.

Key words urban evaluation initiatives; understanding problems; reflections

作者简介
刘剑峰,清华大学建筑学院。

摘　要　近年来,在国际国内形成了一股城市评价活动的热潮,也引发了不少问题和争议。其中,除了评价做法和方法应用上的问题之外,在对评价本身的追求、意义上也存在一些疑问和偏颇,如追求客观和唯一,混淆认知和评价,忽视人的主观价值判断和价值多元;追求精确,忽视数据、方法局限和评价的定性意义;追求科学化,却对科学化存在误解;追求实用和立竿见影,忽视评价的意义和局限等。本文尝试对这些追求和倾向进行探讨和反思,理清认识,也为城市评价活动的正确开展和应用奠定基础。

关键词　城市评价活动;认识问题;反思

　　近年来,在城市竞争和强化干预的大背景下,在国际国内形成了一股城市评价活动的热潮,评价内容包括城市的经济、社会、环境、建设各个方面,涉及城市综合实力、竞争力、现代化水平、生态环境、可持续发展等多种评价主题。不仅学术研究领域在积极探讨如何通过指标和评价体系量化反映问题、科学引导发展、度量和比较城市发展水平,政府部门也对评价工作充满兴趣和关注,而且希望能够将评价成果用于辅助建设决策和调控以及评价和引导政府部门的工作等。2003年下半年,建设部委托开展"城市基础设施建设评价体系研究"的课题,也正是出于这样的原因和目的,笔者也参与了这个课题。但是,在参与课题过程中碰到了很多问题和争议,引起了笔者的反思,在进一步寻求案例和理论借鉴的同时,发现其中反映出的一些问题和争议并不是孤立的。除了评价做法和方法应用上的问题之外,在对评价本身的追求、意义上也存在一些疑问和偏颇,如追求客观和唯一,混淆认知和评价,忽视人的主观价值判断和价值多元;追求精确,忽视数据、方法局限和评价的定性意义;追求科学化,却对科学化存在误解;追求实用和立竿见影,忽视评价的意义和局限等。因此,对这些追求和倾向进行探讨,理清认识,也是城市评价活动正确开展和应用的重要基础。

1 对评价和认知的辨析及对追求正确、客观、唯一的反思

既然将评价工作看做是科学决策的一项基础,那么评价工作和结果的科学性就是这项工作的追求。在评判或检验一项评价工作时,如果认为评价结果不理想,追溯其原因通常会归结为指标体系存在缺陷或评价方法不合理。这是一种正确的表述,然而却很容易在不经意间被转换为"评价结果不正确,原因是指标体系不全面或评价方法不够客观",这种看似相近的转换背后却是认识和追求上的根本差异。在这种认识下,在评价方法的选择上出现推崇计算自动化和追求客观的倾向,认为客观构权优于主观构权,在提出一些新的构权方法时,总是声称自己的方法是"客观的",不受人的主观随意性影响,进而推论其是"合理的",似乎评价方法的算法过程越自动化,越不需要动脑筋,越没有人为参与,则评价结果越客观、越可信。在指标体系上则出现追求庞大和完备的倾向,指标个数不断增加达到几十个上百个,似乎指标体系涵盖的内容越全面指标的个数越多,则评价结果越科学。在这种认识下,评价变得越来越庞大和复杂,然而却无法证明评价结果因此变得更"正确",反而引起更多的质疑和争论。

追溯这些现象的认识根源,究竟存不存在一个理想的正确的评价结果?因为如果存在一个正确的评价结果,那相对而言其他的就是错误的,正确的结果必然是客观存在的,也是唯一的,而追求评价方法的客观和指标体系的完备也就是正确的方向。这个问题反映了对评价本身追求的反思,就是到底追求的是正确性还是科学性的问题。因为正确性是一种以真理为标准的二分法判断,正确意味着结果的一元性,而科学性的内涵要更加深刻(详见本文第三部分),评价的结果应该用一元性来评判么?对这个问题的反思,在哲学评价论领域归结为辨析评价与认知的不同,即评价究竟是反映主观判断还是客观事实的问题。

马俊峰(1994)在《评价活动论》中对此作了深入分析,对评价活动的辨析始终以认知作为参考系,避免将评价混同于认知是其贯穿始终的思想。对评价和认知的区别,可以总结为三个层次:①认知活动以事实为对象进行事实判断,目的是要揭示客体、对象的本来面目,而评价活动是以价值为对象进行价值判断,功能则是指导活动、确定选择、为活动定向;②在对客体性事实的认知中,可以和可能(至少在理论上是)达到统一的共同的结论,即真理的一元性,而在对同一事物的价值评价中,不同主体往往会有不同的评价,存在评价价值的多元;③认知的理想目标是真理性,而评价包含了真但又不限于真,是一种"是"与"应该"的统一,评价的理想目标应当是正当性和科学化。

从这样的辨析和认识出发,可以发现目前很多评价工作本身所持有的认识以及评判这些评价工作

的看法中，有很大一部分争议的根源是将评价混同于认知，用认知的真理性目标来套评价（例如这种争议在各种对高校排名和城市排名的评价中就表现得很明显），由此产生对客观和唯一的追求。这种追求不仅被证明是不当的，而且也在对评价精确性的认识中证明是不可能的（详见本文第二部分）。

然而，如果对评价结果不能以真理性的正确错误二分法来进行评判，那是否意味着在评价过程中不存在正确错误的问题呢？这就涉及对"评价包含真但又不限于真"的认识。哲学评价论领域的研究提出（陈新汉，1995；马俊峰，1994），首先，在评价主体选择反映主体需要与客体属性的价值关系上存在是否正确的问题，这个价值关系落实在评价环节中就是评价选取的指标，由此回顾目前评价活动中的指标问题，由于对主客体价值关系认识不足而导致指标选取不正确的情况并不少见；其次，在主体对价值关系的反映即价值判断上，有价值多元的情况，也有正确错误的情况。以笔者在博士论文（刘剑锋，2007）中研究的城市基础设施建设成效评价为例，在对每一类设施的建设成效单项评价中就存在明确的价值取向，以任何两个城市作比较都能得出明确的高低判断，然而在将各类设施的单项评价汇总的评价中就无法对两个城市作出唯一正确的高低判断，因为在权重的价值判断上存在多元性。由此可见，评价活动的真假机理要比认知活动的真假机制复杂（陈新汉，1995），在评价活动中应当明确辨析评价和认知的区别，有区分地对待关于"正确"的表述和追求。

2 对评价精确性及其追求的反思

对评价精确性的追求源于两方面的影响：一是或多或少地受到前述追求客观和唯一的思想影响；二是在对"科学性"的追求下，也认为精确是其必然的要求。然而，这引起了两方面的反思：一是追求评价精确是否可能？二是追求评价精确是否必要？

从可能性方面看，只有评价过程的每一个环节都精确，最后结果的精确才有意义。而目前的情况是，关于城市的原始统计数据本身的精确性就是个问题，而且统计学综合评价理论领域研究的一些成果也已证明，在指标无量纲化和构权的过程中不存在绝对精确的意义（苏为华，2000）。首先，在指标无量纲化上，从理论上说，应该选择最精确的函数，但在实践中，寻找这种理想状态的高精度往往是比较困难的，有时甚至是不可能的。这不仅是因为现象本身性质变化的复杂性，更主要的是，实践中我们也没有绝对的标准判断"哪一个无量纲化函数更加精确"，充其量只能判断其大致"类型"，即是递增还是递减，是上凸还是下凸或"S"形，是急宕还是平缓。无量纲化函数构造实质上就是模糊概念的"量化"，因此结果必然不会是精确的。更何况，无量纲化函数过于复杂，使用起来就不方便，参数确定的人为性也大，其结果也不见得一定精确。其次，在构权上也有同样的问题，无论用什么方法得出人对定性的"重要性"的度量，它其实都不是精确量，而是模糊量。因为重要性本身就是一个模糊的概念。我们说某一个加权对象比另外一个加权对象重要，其重要程度究竟是多少，是模糊的。我们认为二者重要性比例是70%：30%，也只是一个模糊数，确切地说，我们只能说"二者重要性比例在70%：30%左右"。所以，权重其实应该是一个模糊向量。因此，在这些情况下仍然苛求结果的精确就失去了意义。

从必要性方面看，对评价精确性的追求涉及对"科学性"的认识，哲学评价论领域对此进行了深入反思，认为片面的追求精确性实质上是对科学和科学性的精神实质的误解（详见本文第三部分）。

由此看来，对于评价的客观、唯一、精确的追求，既非必要也不可能，那么如何认识和体现评价的"科学性"呢，这在哲学评价论领域引起了深入探讨，如下文。

3 对评价科学性及其追求的反思

对于评价"科学性"的认识，陈新汉（1995）在《评价论导论——认识论的一个新领域》中指出，人们往往从自然科学、数学或逻辑学的最现代化水平的意义上来理解科学性，仿佛只有达到符合人以外客观事物的真理性、一义性、普遍适用性、度量精确性乃至形式化等等条件，才具有科学性。评价活动显然不具备这些条件（本文前面两部分也已证明这一点），而如果因此就对评价活动及其科学化问题持否定态度，实质上则是对科学和科学性的精神实质的误解。

马俊峰（1994）在《评价活动论》中对这种误解产生的根源进行了分析：在近代以后由于科学和技术的结合极大地改变了社会生产和人们的生活，因此逐渐奠定了科学的权威地位，而源于自然科学的实证、实验的方法，定量化、精确化的特征，曾一度被看成是科学的根本甚至是唯一的特征。然而随着科学的发展，在对模糊数学、模糊逻辑、统计学规律等模糊性问题的研究上取得了极大的进展，作为精确之对立面的模糊性也成为科学的对象。这使得曾经的对科学的狭隘理解走向对科学精神实质的反思，即科学或科学精神实质的根本特征应当是理性化和实事求是（陈新汉，1995）。由此，马俊峰也指出，对评价的科学化不宜作片面、狭义的理解。科学化应是指更侧重于按科学的态度、方法、程序来行事，更侧重于指活动的过程特点而非结论的性质。评价科学化的核心应是按照科学的精神即实事求是的精神来组织和进行评价，是指要根据可靠的知识和合理的价值观念来进行评价，是指人们力求使评价先达到正确然后再求至当和最优的一种努力。

那么，如何体现评价的科学性呢？这里至少包括三层意思：其一，评价标准体系是合理的、有科学根据的，或者说它们赖以确立的知识前提是可靠的、科学的；其二，评价过程遵循一定的程序和规则，遵循科学的方法和逻辑，对价值客体、主体的认知知识、对评价情势的了解是可靠的，评价信息是全面的真实可信的；其三，评价中对各种价值的估约、评价是可靠的，计算是正确的，权重是合理的（马俊峰，1994）；如此，评价的结论才能具有正当性，至少可以大大减少出错的机会和降低失当的几率。

在这些目标中，最困难、最容易引起争论又最难以达成共识的就是评价标准的合理性和科学化的问题（马俊峰，1994）。这是因为，首先，在评价标准的确立中存在统一性和多样性的矛盾，这是由主体需要的多层次性和多维性带来的，其结果表现为个人的评价标准与社会（作为若干个人的共同体）的评价标准的矛盾，一定群体的评价标准与更大的群体的矛盾，一定个人或群体的诸种评价标准中的矛盾等等；其次，在评价标准的确立中还存在流变性和稳定性之间的矛盾，这是由主体的需要在不同的条件和满足程度下反映出不同的强度和迫切性带来的。以笔者在博士论文中研究的城市基础设施建设成效综合评价为例，在某项基础设施如供水设施严重不足时，对其需求的强度和迫切性必然很大，而当其发展到一定程度以后，这种需求就不再强烈，反映在评价环节中就是两种情况下的权重变化，而对于一定时期而言，这个权重又具有一定的相对稳定性。

针对这样的问题，马俊峰提出了几点促进评价科学化的原则，笔者认为应当引起重视和借鉴。

(1) 主体明晰化的原则。所谓主体明晰化，是指无论在评价过程中还是在表述价值判断时，都要明确价值主体是谁，是什么对象对谁的价值，对谁是好的。然而从目前的评价活动看这一点还有待加强。使主体明晰化的意义在于：首先，它能使人们对由于主体多元带来的价值多样性有一正确的认识；其次，有利于人们合理地理解评价标准的科学化，即并不是指全社会只能有一种对谁都适用的标准，并不是只要有一种永恒不变的标准，而是指在研究各种主体、主体各种需要的基础上，确立它们的合理关系和优先的顺序，既使某一个、某一种评价标准都要真实地体现主体的某一种相应的需要，又在整体层面上正确反映和体现各种价值标准的相互关系和地位。

(2) 标准具体化的原则。评价失当的一个常见原因，是评价标准比较抽象、模糊、不具体，人们常说的缺乏可操作性，也是这种不具体的表现。评价标准不具体，是因为评价者对价值主体的需要不明确（是哪一层次的主体的需要、什么样的需要、需要什么需要多少、需要的重要性迫切性如何等等），例如笔者在博士论文中的研究就发现由于对城市基础设施这一评价对象本身的研究不足，导致对于应从什么学科和角度出发、反映什么问题、能形成什么评价、有什么用途等等问题都处于模糊状态。如果这些问题不明确，就只能以较为抽象的标准进行大致的评价，所做出的价值判断就带有很大的含糊性和模糊性且容易产生动摇。因此，这也是笔者在博士论文中对评价起点、单项评价和综合评价的评价准则等进行详细研究的原因。

(3) 范围有限性的原则。任何评价都是在特定条件下作出的，如果把在一定范围内是恰当的评价作超范围的运用，或未能给出特定价值判断的适用范围和约束条件，就会带来不利影响，容易引起争议和反对。因此，这也是笔者在博士论文中对单项评价和综合评价的价值判断和意义局限进行详细探讨的原因。

综上所述，评价的科学化应当是一种过程和追求，引导评价的不断完善，既使评价的各种条件和机制不断完善，又使评价的技术不断完善。

4 对期望评价"万能"和批判"无用"倾向的反思

目前，从实际应用的层面对评价工作在规划中的作用的看法，存在两种不利的倾向——"万能"和"无用"。当然，这种表述是一种夸张了的极端式表达，但却充分反映了在这一问题看法上的两个极端及由此引起的争议和挑战。笔者认为，追溯这两种倾向的来源，与不同的规划理论和思想的影响及当前的背景有密切的关系，一个是系统规划理论的影响（同时在理性主义和技术至上的影响下），一个是实用主义思想的影响。

系统规划理论在西方出现于1960年代，源于几个背景：一是应对基于物质空间设计的传统规划的缺陷和批评，力图引入科学的理论和方法，使规划学科建构在一个比较坚实的理论和科学基础之上，向科学性的方向发展；二是在战后经济迅速发展和整个社会对未来的高度乐观情绪背景下，响应不断强化的对政府积极干预和控制城市规划发展的愿望和需求；三是基于对科学、理性和控制论的信仰和将科学应用于规划和决策以改善世界的信念（尼格尔·泰勒，2006）。在这种规划理论的影响下，西方曾广泛开展了数学模型和量化分析的工作，到1970年代这种工作达到顶峰，从建立系统、量化分析和应用于控制决策的角度看，评价工作也可以被认为是其中的一种。

这些理论和方法本应该当作规划评估的信息来源和辅助工具，然而，由于系统规划理论隐含了一个对城市社会和经济生活进行认识的承诺，在理性主义和技术至上的影响推动下，被描述为仿佛采用了它就能确认并解决城市问题，能给出一个没有争议的正确答案，轻视或者回避规划和规划决策中的价值判断和政治争论，产生了严重的误导（尼格尔·泰勒，2006），这在后来遭到批评。

近年来，我国对评价工作的推崇和热衷，也是在相似的背景和需求下产生的，上述在西方1960年代的三个背景几乎现在都能在中国找到相似的情况。首先，经过改革开放后20多年的发展，城市问题的积累使得传统城市规划解决问题的能力受到批评和质疑，规划学科为了应对这些批评，也在积极寻求建立在更加科学的基础和方法上；其次，在经济持续高速增长的背景下，当前我国社会也同样洋溢着对未来的高度乐观情绪，成为强化政府作用和干预的社会基础，城市在国家发展中的重要地位，以及城市化的高速发展和经济全球化的影响，都促使在中央政府层面有加强城市发展控制和引导的需求，同时在地方分权的背景下，权力逐渐移向基层，地方政府也在城市面临直接的市场竞争中有不断增强的发展控制需求；第三，同样是基于对科学、理性和控制论的信仰，以及我国逐渐从粗放型发展向集约型精细型发展的转变需求，都不断提升了对科学决策的要求和信念。在这些背景的共同影响下，催生和强化了对带有科学色彩工作的崇尚，但同样在理性主义和技术至上的影响下，容易陷入技术至上和回避价值判断与政治争论的误区，这些都成为目前评价工作被寄予很多现实意义、目的和希望，及期待其能够"万能"的思想影响根源。

事实上，包括评价在内的量化分析并不是万能的，也具有相当的局限性。在城市规划中采用量化分析的意义在于更加科学、准确、全面地把握城市现状、存在的问题以及预测未来的发展趋势，同时使规划决策更为科学化。但其局限性表现在对基础统计数据的积累程度、准确程度的依赖，并且其结果的可信度在很大程度上取决于一系列假设和前提的可靠性上。所以在整个城市综合系统层面上，数学模型等量化分析尚无法代替人脑的综合分析和判断。在西方国家中，试图完全依赖数学模型开展城市规划的研究在1970年代达到顶峰后，其局限性也逐渐被认识（谭纵波，2005）。

但是，对这种期待"万能"的思想和量化分析工作的反思和批评在另一种规划思想的影响下，又在某种程度上容易走向另一个极端，这就是实用主义思想的影响。

1960年代在西方系统规划理论和量化分析开展的时期，由于系统理论关注的是范围较广的系统因素，并且使用了抽象的、纯技术性的乃至深奥的语言来谈论数学建模、优化等议题，而事实上地方规划机构的大量工作仍然是在地方性规划和发展控制的层面上，设计和美学的问题仍是这个层次的中心议题，因此在关注实用的地方规划人员看来，就有这些理论与他们毫不相干的看法（尼格尔·泰勒，2006）。

事实上，实用主义思想还并不是专门针对系统规划理论的批评，从某种意义上讲，它是针对所有在它看来是抽象和华而不实的理论。有学者认为，实用主义作为一种哲学传统始于20世纪初，由皮尔斯（Charles Peirce）、詹姆士（William James）和杜威（John Dewey）等人确立。这是个由美国人建立的实践性哲学体系，早期试图站在中间立场上调和经验主义和理性主义，这一传统关注人类的现实生活，而对抽象和无直接实际价值的理论则表现出不予重视的态度（曹康、吴丽娅，2005）。作为一种规划理论和思潮，有学者认为实用主义在规划思想界始于1980年代后期，也是始于美国，代表人物有杜威和罗迪（Richard Rorty）等（王凯，2003）。实用主义思想强调在特定的条件和形势下对特殊问题的直接解决，更强调规划的实践性，对抽象的理论和不能用于直接解决实际问题的工作持怀疑态度。尤其是在1980年代以后，各种规划理论和思想大量涌现并走向多元化，以及市场经济中的多元主体和不确定性，使传统规划理论已无法解释规划实践中的许多问题，因此，规划界出现反理论的浪潮（于立，2005）。在英国，里德（E. Reade）指出，部分规划师对规划理论的价值持怀疑态度，诞生了一种非常遗憾的"反智主义"（anti-intellectualism）（尼格尔·泰勒，2006）。特别是在美国，许多规划师干脆采取"将事办了就得"（getting thing done）的办法，这种态度非常普遍，因此实用主义的办法盛行（于立，2005）。

相比较中国现在的状况，一方面是大量积累的城市问题，又在快速城市化的背景下，解决的心态是急迫的；另一方面，对各种规划理论和方法又难得等待深入探讨和完善，存在实用主义的思想和处理方式（段进，2005）。在这些背景的影响下，对目前的评价工作，基于其与基层的规划实务距离较远，同时自身还远未成熟，在规划中应用和直接解决实际问题上还很局限等原因，容易产生用处不大的看法。

对上述两种规划思想的影响进行分析，其意义在于探讨对评价工作的合理认知，并非万能也非无用。而对于评价这类工作到底能有多大的作用，也并不是一个单纯的理论判断和证明的问题，还有赖于技术环节的推进和评价结果的完善以及在应用态度上的成熟。本文对这个问题的反思同样在其他领域的评价活动中也有争论，例如在科研评价领域关于SCI评价有没有用的争论（王卉，2007），引用其中的总结，也作为本文对这个问题的总结，即"不能绝对，不可或缺"。

5 总结

对于一项具体的评价应用通常是只关心它的做法，而在做法上出现的问题和对做法、结果的争议背后则是一系列认识上的问题。通常做法上的问题是比较显性的，而往往背后隐藏的认识上的问题会对评价的工作、应用及评判产生更为根本的影响，因此，这也是笔者通过借鉴众多学者的研究，对认识上的若干问题进行反思和总结的原因和意义所在。

事实上，笔者认为，在对评价的应用和预期上一直隐含存在一种绝对化的倾向，希望评价结果能够给出具有绝对意义的、立竿见影的结论。然而，从笔者在博士论文中对评价各环节的做法以及上述问题的反思中可以反映出，超越评价本来作为辅助分析和决策参考的意义，追求立竿见影，甚至替代决策，用绝对化的倾向对待评价的应用会存在问题。因此，通过这些工作，笔者也希望强调，应当正确地认识城市评价活动的意义和局限性，既不能陷入工具理性，也不能陷入实用主义。

参考文献

[1] 曹康、吴丽娅："西方现代城市规划思想的哲学传统"，《城市规划学刊》，2005年第2期。
[2] 陈新汉：《评价论导论——认识论的一个新领域》，上海社会科学院出版社，1995年。
[3] 段进："中国城市规划的理论与实践问题思考"，《城市规划学刊》，2005年第1期。
[4] 刘剑锋："城市基础设施水平综合评价的理论和方法研究"（博士论文），清华大学，2007年。
[5] 马俊峰：《评价活动论》，中国人民大学出版社，1994年。
[6] 尼格尔·泰勒著，李白玉、陈贞译：《1945年后西方城市规划理论的流变》，中国建筑工业出版社，2006年。
[7] 苏为华："多指标综合评价理论与方法问题研究"（博士论文），厦门大学，2000年。
[8] 谭纵波：《城市规划》，清华大学出版社，2005年。
[9] 王卉："科研评价：扔掉SCI?"，http://www.cas.ac.cn/html/Dir/2007/04/11/14/86/80.htm，2007年。
[10] 王凯："从西方规划理论看我国规划理论建设之不足"，《城市规划》，2003年第6期。
[11] 于立："规划理论的批判和规划效能评估原则"，《国外城市规划》，2005年第4期。

区域融合与新城重构
——我国沿海大城市开发区建设新趋势

杨东峰

New Trend of Development Zones in Coastal Metropolitan Regions of China

YANG Dongfeng

(Development Research Academy for the 21st Century, Tsinghua University, Beijing 100084, China)

Abstract At the beginning of 21st century, the large-scale movement of New Town construction has taken place in many coastal metropolitan regions of china. It is a prevalent phenomenon to build up New Town through the transition of existing development zones. The paper points out that, the new trend of the construction of development zones in coastal metropolitan regions of china lies in the regional integration and the reconstruction of New Towns.

Key words metropolitan region; development zones; New Town

摘 要 进入21世纪以来，我国沿海大城市地区在致力于提升自身国际竞争力和实施区域空间重构的发展战略导向之下，兴起了新一轮的新城建设浪潮。通过大量案例的实证考察和针对天津泰达的深层剖析发现：在新形势下，沿海大城市地区通过现有开发区的转型重构来规划建设新城已经成为了一种较为普遍的现象，并且具有内在的客观必然性；在此过程中，区域融合与新城重构逐渐成为沿海大城市开发区建设的新趋势；这种基于开发区转型建设的沿海大城市新城在很大程度上呈现出游离在加工区和新城之间的混合状态，形成了一种独特的城市建设实践。

关键词 大城市地区；开发区；新城

1 引言

回顾历史，自1984年我国在沿海大城市地区设立14个首批开发区以来，从沿海到内地相继展开了大规模的开发区建设活动，尤其是沿海大城市更是集中建设了大量的开发区。1990年代以来，我国开发区在经历了创业起步和快速扩张两阶段之后，为了适应国内外宏观形势变化和摆脱自身内在缺陷而普遍进入了调整转型的历史新阶段。审视现实，我国的开发区建设存在着明显的二元分化态势：一方面，大量的地方开发区泛滥，出现了侵占基本农田、低水平开发、浪费土地资源等现象，引发了社会层面的广泛质疑和中央政府的治理整顿；另一方面，一些基础条件较好的沿海大城市开发区仍然保持着良好的发展态势。在此背景下，我国沿海大城市开发区建设在经历了20年的发

作者简介
杨东峰，清华大学21世纪发展研究院。

展之后，创造出了令世人瞩目的经济增长奇迹。但是，它们同时也面临着对外资依赖性过高、经济增长逐步趋缓、资源瓶颈日益明显等诸多现实困境，其未来发展仍将任重而道远。

进入21世纪以来，我国沿海大城市在应对日趋激烈的国际竞争和区域空间重构的过程中，逐渐兴起了新一轮的新城规划建设浪潮。新形势下，一些沿海大城市在依托现有开发区的基础上，通过自身建设转型和周边区域融合来规划建设新城，成为一种较为普遍的开发区建设新趋势。论文以沿海大城市开发区建设所呈现的这种新趋势为研究对象，旨在对其进行初步的分析考察。论文首先对"区域融合与新城重构"这种新形势下沿海大城市开发区建设的新趋势进行了系统考察，然后就这种趋势背后的深层机制展开分析，最后总结了这种趋势现象的基本内涵与主要特征。

2 沿海大城市开发区建设新趋势——"区域融合与新城重构"

21世纪以来，我国沿海大城市面临着新的发展形势：从国际层面来看，以成功加入世贸组织为标志，我国正逐步过渡到全面融入全球化的新阶段，沿海大城市一方面将获得全球化所带来的更多机遇，另一方面也将面临更加激烈的国际竞争；从国内层面来看，经过改革开放20年的经济快速增长之后，我国社会经济发展的目标导向也发生了根本性的转变，全面建设小康社会和落实以人为本的科学发展观成为未来的目标导向。面对新的国内外形势，我国沿海大城市地区的经济发展和空间建设也在呈现出新的趋势：在经济发展方面，开始从单纯追求经济增长向提升城市竞争力和参与区域协调发展的方向转变；在空间建设方面，逐步从快速大规模的空间外向扩张向致力于区域空间重构的方向转变。在此背景下，致力于新一轮的新城规划建设已经成为了沿海大城市地区实现未来发展战略意图的重要工具之一。

在此过程中，沿海大城市出现了大量通过转型现有开发区来建设新城的现象，从而使开发区建设普遍呈现出"区域融合与新城重构"的新趋势。论文将通过环渤海、长三角和珠三角地区的若干沿海大城市案例来对这种开发区建设新趋势加以实证考察。文中选取的案例具体包括了环渤海地区的大连、沈阳、北京、青岛，长三角地区的杭州、宁波、苏州和珠三角地区的广州等8个城市。通过对上述沿海大城市及开发区在2000年以来的总体规划编制方案对比分析可以看出，它们在致力于实现新一轮城市发展战略的过程中，现有的开发区建设已经较为普遍地呈现出"区域融合与新城重构"的发展趋势（图1）。

这种开发区建设趋势的主要特征是：一方面，在致力于周边区域融合的过程中，推进区域空间整体建设，进而实现城市产业和人口空间的合理布局；另一方面，在联合开发区周边城镇进行新城重构的过程中，提升区域的城市化水平，实现城市整体空间格局的优化调整（表1）。总之，在"区域融合与新城重构"的现实路径选择下，沿海大城市开发区普遍在原有的工业园区建设基础上，通过自身转型来谋求成为区域范围内次核心的组成部分和担当城市产业发展新动力的重要角色。

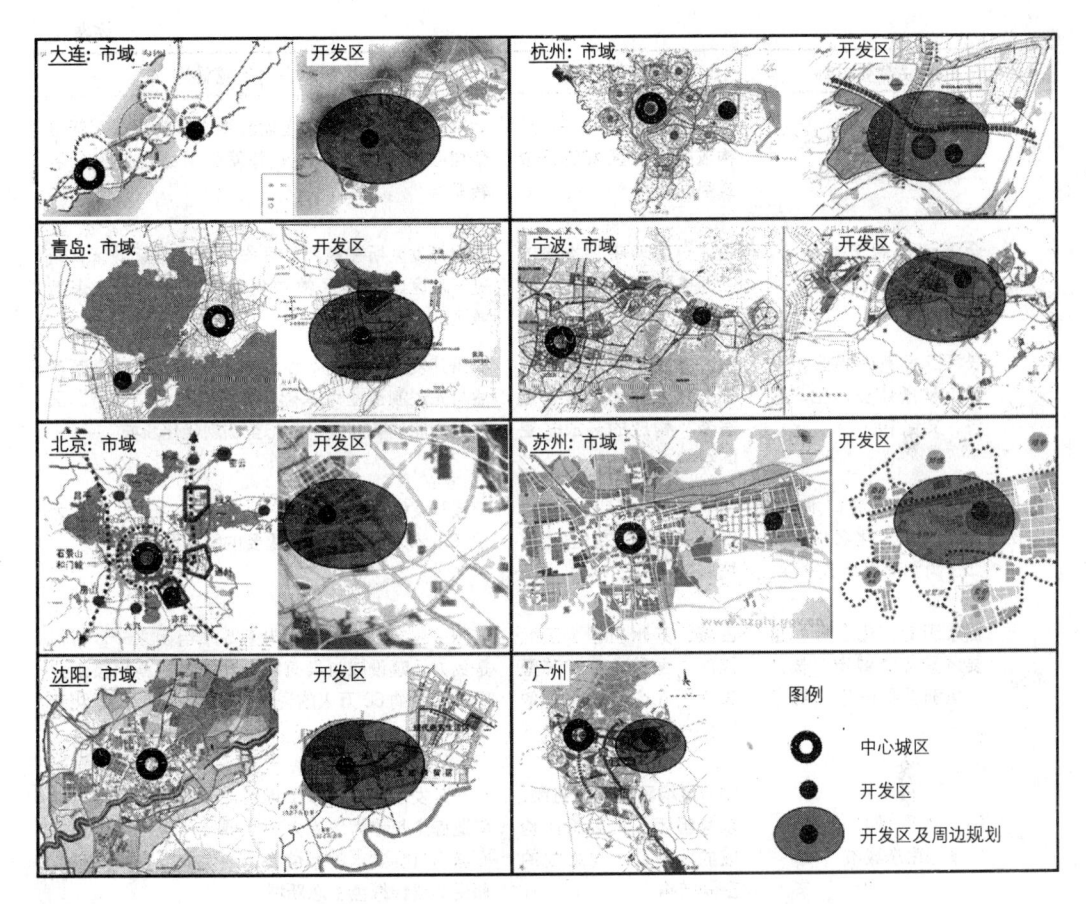

图 1　研究案例：沿海大城市的区域融合与新城重构态势
资料来源：根据各城市规划局网站及总体规划资料编绘。

表 1　新形势下"区域融合与新城重构"的普遍态势

案例	城市战略目标	区域空间结构	区域融合与新城重构
大连	区域性国际航运中心、商贸中心、旅游中心、金融中心和信息中心	由主城区、旅顺口城区、金州城区和新城区构成的带状组团模式	大连开发区要建成为未来新城区的核心区和标志区，通过城市化逐步实现现代化，建设以工业化、产业化为支撑的新城区
青岛	东部沿海地区中心城市、东北亚国际航运中心	由"一湾、两翼、三极"构成的区域空间格局	青岛开发区致力于建设成为城市乃至更广区域"增长极"，"构建青岛经济发展重心，建设现代化国际新城区"

续表

案例	城市战略目标	区域空间结构	区域融合与新城重构
北京	国家首都、国际城市、文化名城、宜居城市	由"两轴两带多中心"构成的面向区域的开放式空间结构	北京开发区所在的亦庄地区将成为北京东部新城带核心新城之一，推动开发区向综合产业新城转变
沈阳	全国装备制造业中心、东北物流中心、东北金融中心	由"一廊两带"构成的空间格局	沈阳开发区所在铁西新区作为未来的新城区，通过开发区与铁西区的协调发展共同构成未来新城区
杭州	长江三角洲的重要中心城市和浙江省政治、经济、文化中心	由"一主三副、双心双轴、六大组团、六条生态带"构成的开放式空间结构	杭州开发区所在的下沙地区未来将发展以高新产业与先进制造业为基础，集教育科研、商务、居住等功能的花园式、生态型的现代化新城
宁波	现代化国际港口城市、国家历史文化名城、长江三角洲南翼经济中心	由"一心、二带、三片、多点"构成的组团式格局	宁波开发区所在的北仑片作为三片之一，将成为宁波市未来区域空间中重要的新城区
苏州	国家历史文化名城和重要风景旅游城市、长江三角洲重要的中心城市之一	古城、苏州新区、工业园区、吴县市区、浒墅关区5个组团构成的"组团式"布局结构	苏州工业园区作为城市未来5个组团之一，目标是致力于建设成为具有国际竞争力的高科技工业园区和容纳60万人的现代化、园林化、国际化新城区
广州	国际性区域中心城市、山水型生态城市	由旧城组团、南翼组团、东翼组团、北翼组团构成的多中心、网络型的空间结构	广州开发区所在的东部地区，未来将建设成为能够适应广州作为华南大中心城市和现代化区域中心城市目标要求的新城区，成为最适宜投资创业和生活居住绿色生态新城

资料来源：根据各城市规划局网站及总体规划文本资料整理而得。

3 基于天津泰达案例的深层机制剖析

　　天津泰达（即天津经济技术开发区，英文缩写为"TEDA"，中文简称"泰达"）是我国首批14个国家级开发区之一。天津泰达经过20多年开发建设，目前取得了一系列的瞩目成就：一方面实现了经济快速增长，GDP年平均增长率高达24.7%；另一方面完成了大规模空间开发，2004年底已经完成工业区29.2 km^{2}和生活区9.8 km^{2}的土地开发，形成了现代化的工业园区（图2）。泰达可以说是我国沿海大城市开发区的成功典范：2000年10月被美国《财富》杂志誉为"中国最受赞赏的工业园区"；2002年与深圳、苏州、上海浦东新区等6个城市和地区被联合国工业发展组织（UNIDO）评为"中国最有活力的区域"。

图 2　天津泰达的历史与现状
(左：1980 年开发前的荒滩、盐田；右：2000 年的泰达城区)

然而，泰达在取得一系列成就的背后，也不可避免地存在着诸多问题。首先，从自身层面来看，泰达面临着经济风险、社会失衡、空间隔离等诸多缺陷：①泰达的经济增长存在着外部风险性，外资利用呈现出明显的波动性，如 2002 年外资额高达 20 亿美元，而 2003 年则暴跌至 6.3 亿美元，跌幅高达 68.5％，这种外资利用的波动性直接影响到经济增长的外部风险性和不可预见性。②泰达的社会人口发展处于失衡状态，缺乏稳定扎根的本地人口，2004 年户籍人口仅为 2.18 万人，而从业人口高达 30 万人。③泰达呈现出社会空间隔离问题。泰达目前设有 4 个专门的外来务工社区，其中 3 个远离城区位于工业区之内，1 个位于早期生活区的边缘地带，与构成生活区主体的 6 个居民社区呈现出空间隔离的态势。其次，在区域层面上，泰达也造成了区域发展差距拉大、区域空间发展失控等一系列负面影响：①泰达与周边地区呈现出逐渐拉大的发展差距，与周边地区的人均 GDP 差额从 1994 年的 44 382 元扩大到 2003 年的 140 236 元，9 年间扩大了 3 倍左右；②泰达的快速扩张也导致了区域整体空间发展的日益失控，它的土地出让速度从最初的每年 30 万 m^2 猛增到目前的每年 2～4 km^2，这种超常规的空间扩张方式既缺少上级政府的预先引导，也与现有的城市总体规划相违背，忽视了区域整体空间的健康发展。

天津泰达的发展过程中之所以产生上述诸多问题，其深层根源在于泰达自身所固有的路径依赖、结构惯性和空间孤立等错综复杂的内在缺陷。①泰达长期以来形成了对外向型经济增长的强烈路径依赖：例如跨国资本主导下的加工制造业成为主导地方发展的垄断性力量，外资企业占据了工业总产值中的绝大部分份额，尤其是在 1993 年以来始终保持在 95％以上。由于这种外资注入式增长模式的长期有效性和基于内部增长模式的复杂性等多方面原因，使得泰达长期以来一直遵循外向型经济增长路径，形成了明显的外资路径依赖。②泰达在致力于外向型经济发展过程中，呈现出了跨国公司投资高度集聚的内在结构惯性；例如 2004 年美国《财富》全球 500 强企业中，共有来自境外 9 个国家的 44 个跨国公司在泰达投资企业 94 家，这些跨国公司的密集投资在为泰达带来外向型经济快速增长奇迹的同时，对其经济社会等方面的深层结构也产生了根本性影响。③泰达在特殊制度壁垒下形成了区域空间孤立格局：在对外开放过程中，天津泰达拥有周边地区所不具备的土地、税收等各方面的特殊制度优势，在长期发展过程中逐渐形成了自身独特性和区域封闭性，从而呈现出了在区域环境中处于空间孤立的历史困境。总之，天津泰达形成了"路径依赖—结构惯性—空间孤立"的多重内在缺陷，并且正是由于这种内在缺陷所产生的错综复杂的影响，才导致了泰达在现实发展过程中出现了"经济风险—社会失衡—空间隔离—发展鸿沟—区域失控"等诸多问题和矛盾。

面对未来，新的宏观形势和区域环境为天津泰达摆脱现实困境提供了历史性契机。天津大城市地区的战略重构与滨海新区的开发战略使泰达所处的区域环境发生了根本性变化：首先，天津市未来目标定位是成为环渤海地区的经济中心，要努力建设成为国际港口大都市、我国北方的经济中心和生态城市，并将致力于规划建设"一轴两带三区"的区域空间结构；其次，天津滨海新区的开发建设日益受到国家层面的重视，同时展开了"一轴、一带、一核、三个副中心"空间布局重构（图3）。

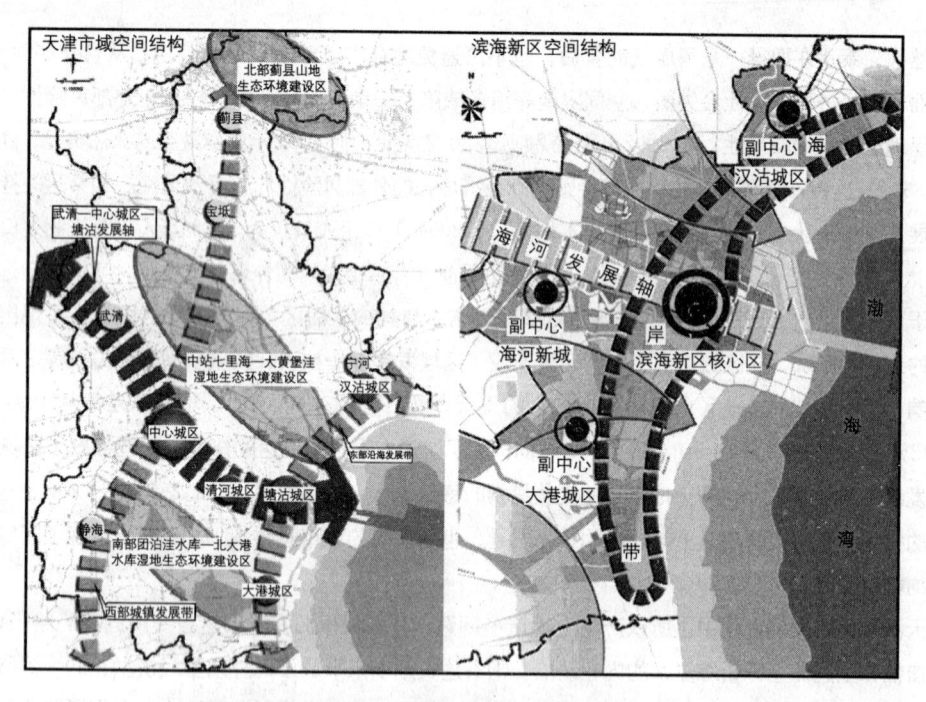

图3 天津市及滨海新区的空间规划结构

在天津大城市地区战略重构与滨海新区开发的新环境形势下，致力于区域融合与新城重构成为泰达解决困境谋求发展的现实战略选择。

首先，滨海新区开发建设需要有广阔的空间资源作为支撑，滨海北部地区由于相对落后和土地资源丰富而成为未来开发建设的焦点地区，该区域已被天津市定位为未来海滨旅游休闲区，并将采取规模开发与环境保护相结合的适度开发模式，致力于改善区域生态环境，为人们创造出珍贵的旅游资源,并在一定程度上解决当地经济发展和就业问题。泰达基于自身土地资源的快速消耗和外资大量涌入的状况,曾经计划在北部地区建设泰达北区,通过大量开发改造追求工业增长的发展战略已经变得难以实现。在此背景下,天津泰达未来必须将自身发展融入整个区域之中,既可以继续发挥外资的优势发展现代工业,又能够摆脱自身原有的空间无序扩张模式,立足于整个区域土地资源的合理利用来统筹安排工业用地,从而保证整个区域空间结构的科学合理性。

其次,滨海新区目前在经济高速增长的同时,城市空间发展面临着多头建设、分散无序的局面,因此致力于城市空间重构,重新整合现有城市建设区,规划建设城市核心区成为未来的主要战略举措。泰达位于天津滨海新区的核心区,并且经过多年的大规模城市建设,已经建成金融街、会展中心、图书馆、足球场等各类大型公共设施。所以,联合天津泰达和周边的塘沽城区,通过资源整合与空间调整,共同致力于滨海新区核心区建设和滨海新城重构,是实现整个区域城市空间健康发展的理想选择。因此,在滨海新区开发开放与区域重构的宏观背景下,天津泰达致力于"区域融合与新城重构"必然成为面对新形势的一种现实选择:一方面,可以在区域融合的过程中推进整体区域工业化建设,实现工业空间的合理布局;另一方面,可以在联合周边进行新城重构的过程中提升整体区域城市化水平,实现区域城市空间的优化调整(图4)。

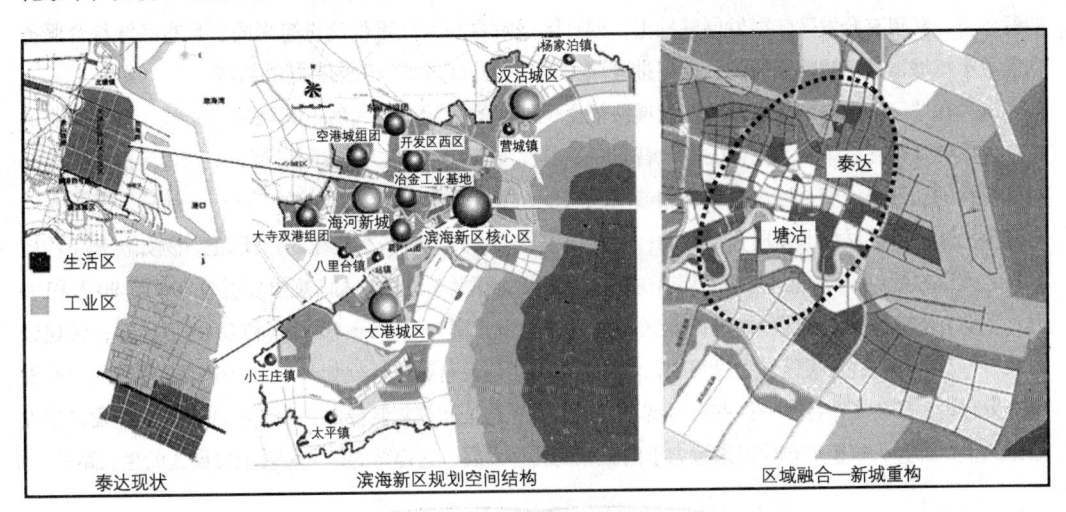

图4 天津开发区呈现出"区域融合与新城重构"的新趋势

另外,致力于"区域融合与新城重构"也是天津泰达摆脱现实困境的合理选择。天津泰达实现未来可持续发展的关键就是要解决自身所面临的"路径依赖—结构惯性—空间孤立"等多重困境。在天津泰达的建设发展历程中,也曾致力于技术创新、空间扩张以及城市建设等战略举措,但是由于缺乏区域视野、没能摆脱从自身出发考虑问题的局限性,因此并未能彻底化解困扰天津泰达发展的现实困境:技术创新的努力虽然投入巨大,但是由于缺乏足够的智力资源和产业转化机制而见效甚微;空间扩张的冲动在缓解近期工业用地紧张局面的同时，也造成了区域关系紧张和空间发展失控；城市建设的策略在改善城市环境和服务功能的同时，由于自身人口和空间容量的限制而未能实现公共资源的有效配置和充分利用。历史经验证明，仅从自身出发的各种努力难以解决天津泰达发展的现实困境，因此天津泰达只有通过重归区域，从区域视野中寻找答案，致力于"区域融合与新城重构"战略才有可能在未来化解自身困境走向可持续发展。

总之，通过对天津泰达的深入分析，我们可以看出，我国沿海大城市开发区致力于"区域融合与新城重构"的发展路径，既可以担当起区域发展新核心的角色，有助于所在大城市地区空间转型重构进程的顺利实现；也能够通过全面协调的建设策略，来消除自身的内在缺陷，摆脱长期孤立的发展状态。因此，"区域融合与新城重构"可以说是我国沿海大城市开发区走向未来可持续发展的一种理性抉择。

4 "区域融合与新城重构"的独特性分析

在沿海大城市开发区建设转型过程中，在区域融合与新城重构路径之下规划建设的新城，具有自身独特的内涵，可以将其定义为：21世纪以来，在我国沿海大城市地区面对国际竞争和实现区域重构的背景下，在现有开发区转型发展基础上，通过区域融合与新城重构建设起来的、具有区域综合服务功能或承担城市某项战略职能的、以促进区域协调和提升城市竞争力为目标的新城。

这种在"区域融合与新城重构"发展路径之下形成的我国沿海大城市新城建设实践，具有鲜明的特征，主要体现在以下几方面：①时代背景——其面临着21世纪以来我国沿海大城市地区战略转型与空间重构的新形势，塑造城市竞争力和参与区域协作成为发展主题；②战略目标——都是以提升大城市竞争力和促进区域协调发展为目标的；③规模容量——其规模基本均在50万以上，例如杭州下沙地区规划人口容量68万，北京东部新城带的亦庄、通州、顺义3座新城人口规模分别为70万、90万和90万，上海临港新城的主城区和临港产业区规划人口规模分别为50万~60万人和近50万人等；④建设方式——其大多是在开发区转型过程中，利用原有城市建设基础进行规划开发，很少会选择在大片空地上开发建设；⑤生长路径——这些新城都不是通过预先选址和规划制导的，而是在现有工业开发区建设基础之上，通过大规模城市建设来致力于向新城的转型发展，它遵循的是一种转型发展式的生长路径。

图5 开发区转型基础上新城重构的混合状态

总之，我国沿海大城市地区在开发区转型基础上通过"区域融合与新城重构"而构建的新城，在时代背景、战略目标、规模容量、建设方式、生长路径等方面都具有自身的独特性（图5）；它既不同于我国原有的工业开发区或国外出口加工区，也不同于传统意义上的西方新城，而是在很大程度上呈现出游离在二者之间的一种混合状态。

5 结论

在我国沿海大城市地区纷纷致力于新一轮新城建设的过程中，通过对大量案例的实证考察和对天津泰达的深层剖析可以发现，区域融合与新城重构已经成为沿海大城市开发区建设过程中较为普遍的新趋势。新形势下，这种新趋势一方面迎合了沿海大城市地区提升城市竞争力和实施区域空间重构的现实需求，成为实现城市发展目标的一种战略工具；另一方面为开发区走出长期封闭的孤岛困境、重新融入区域整体格局提供了极为难得的历史机遇，有助于开发区在未来顺利实现自身的转型发展。而那些在开发区转型重构基础上规划建设的新城，呈现出自身的独特内涵，具备区域综合服务功能或承担城市某项战略职能，以促进区域协调和提升城市竞争力。

参考文献

[1] 北京、天津、上海、青岛、沈阳、大连、苏州、杭州、宁波、广州等沿海大城市与开发区的总体规划或战略规划资料。
[2] 广州城市规划局："在快速发展中寻求均衡的城市结构"，《城市规划》，2001年第3期。
[3] 李勇：《中国经济性特区可持续发展问题研究》，中国经济出版社，2000年。
[4] 皮黔生、王凯：《走出孤岛——中国经济技术开发区概论》，三联书店，2004年。
[5] 清华大学建筑与城市研究所："天津市空间发展战略研究报告"（打印稿），2004年。
[6] 吴良镛："城市地区理论与中国沿海城市密集地区发展"，《城市规划》，2003年第2期。
[7] 吴良镛：《京津冀地区城乡空间发展规划研究》，清华大学出版社，2003年。
[8] 杨东峰等："探寻环境保护与规模开发之间的理想平衡点"，《城市规划》，2005年第11期。
[9] 杨东峰："从开发区到新城：现象、机理与路径"（博士论文），清华大学，2006年。
[10] 杨东峰等："我国沿海大城市开发区的现实困境及新形势下的战略选择"，《城市问题》，2006年第2期。
[11] 杨东峰等："从沿海开发区到外向型工业新城"，《城市发展研究》，2006年第6期。
[12] 杨东峰等："嵌入繁殖·二元分立·肌理粗化——以天津泰达为例探讨沿海大城市的物质空间"，《规划师》，2006年第8期。
[13] 杨东峰等："周边整合、形态调适、场所再造的空间重构策略"，《城市规划学刊》，2007年第3期。
[14] 杨东峰等："沿海开发区的现实图景及其深层剖析"，《城市问题》，2007年第6期。
[15] 杨东峰等："沿海开发区的深层结构：天津泰达为例"，《城市规划》，2007年第7期。
[16] 张弘："开发区带动区域整体发展的城市化模式"，《城市规划汇刊》，2001年第6期。
[17] 张捷："当前我国新城规划建设的若干讨论"，《城市规划》，2003年第5期。
[18] 郑静："城市开发区发展的生命周期"，《城市发展研究》，1999年第1期。

住房·社区·城市
——快速城市化背景下我国住房发展模式探讨

刘佳燕 闫琳

Housing, Community, City: Research on Housing Development Mode amid Rapid Urbanization in China

LIU Jiayan[1], YAN Lin[2]

(1. School of Humanities and Social Sciences, Tsinghua University, Beijing 100084, China;
2. School of Architecture, Tsinghua University, Beijing 100084, China)

Abstract Housing problem has been the focus of public concern in China nowadays. Most of relevant discussions formerly are concerned with the deficiencies of the housing security system. However, as indicated from global experience of housing development and related researches, housing problems are regarded as a concomitant of urban development in most cases, which can not be simply solved by enlarging security scope or improving economic development. Therefore, it is with realistic significance to analyze the current housing problems and predicaments from the perspective of urban development. Based on a general evaluation of the housing system reform in China, this paper analyzes the structural predicaments in housing development amid rapid urbanization and social-economic transformation. Meanwhile, from the viewpoint of all-around and coordinated urban development, suggestions are proposed for the current housing policies, so as to explore a suitable housing development mode in China.

Key words urbanization; housing problem; urban development

作者简介

刘佳燕，清华大学人文与社会科学学院；
闫琳，清华大学建筑学院。

摘 要 住房问题已成为现阶段全社会共同关注的核心焦点。传统住房问题的讨论多数是从住房保障系统的缺失角度出发。但国内外住房建设实践和研究表明，住房问题更多是作为城市发展阶段的伴生性问题，并非简单地扩大保障范围或提高经济水平就可以全面彻底解决。因此从城市角度剖析住房问题的实质，对解决我国现阶段住房矛盾和困境具有现实意义。本文在对我国住房体制改革的全面评价基础上，分析当前快速城市化和社会经济转型背景下住房发展所面临的结构性困境，并从推进城市全面协调发展的角度对现行住房政策提出改进建议，以探寻适合我国现阶段城市发展特征的住房发展模式。

关键词 城市化；住房问题；城市发展

1 住房问题是城市发展的永恒话题

1.1 居住是人类生存的基本需求和权利

从远古时代的石穴巢居到今天人们舒适宽敞的住宅，住房作为人们最基本的生活资料之一，是一个人、一个家庭安身立命的基础，是保障人类生存权的最基本的物质条件。根据马斯洛的需要层级理论①，人类对于食品、住宅等要素最原始的生理需求，是实现其他更高层次理想和追求的有力支撑，也是维护社会稳定、促进社会全面发展的前提。

1.2 住房兼具重大的经济和社会价值

在市场经济条件下,住房分配上的差距已成为居民贫富分化扩大的重要原因。住房的经济属性体现在其不仅成为日常支出中的主要消费品,更作为人们持有的一种最重要的实物形式的财富,成为划分家庭经济水平和身份地位的标志(表1)。另一方面,住房的社会属性体现在其分配的差异可能成为导致社会不公正和滋生矛盾的源头。例如,恶劣的居住条件会使人陷入疾病、犯罪、低教育水平等系列问题构成的贫困循环的"黑洞"(图1)。这是因为,居住场所与其他生活必需的日用品(如食物)相比,更体现出特殊的价值派生功能。它并非一个独立要素,而成为创造、联系和维持其他使用价值和既得权利的网络核心(图2)[②]。

表1 北京市城镇居民人均支出情况及增长率(2007年1~5月)

	累计(元)	增长率(%)
城镇居民人均家庭总支出	9 661	21.8
其中:人均消费支出	6 249	9.0
食品	2 094	10.5
衣着	700	19.5
居住	438	-5.8
医疗保健	517	-1.0
交通和通信	903	13.3
教育文化娱乐服务	890	5.0
其他商品与服务	291	14.6
其中:人均购房与建房支出	1 434	92.0
其中:人均社会保障支出	829	14.8

资料来源:北京统计信息网。

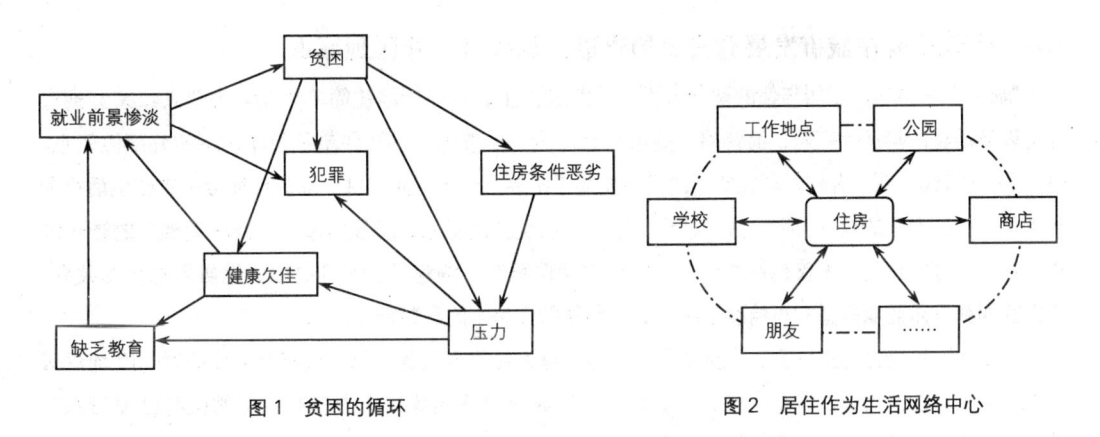

图1 贫困的循环

图2 居住作为生活网络中心

1.3 住房问题贯穿于城市发展的各个阶段

现在，任何一个国家都不敢说已经完全解决了住房问题。目前，全世界仍有 10 多亿人处在不同程度的住房紧缺和居住条件恶劣的环境中。

参考陈光庭等人[③]对于西方城市住宅建设的发展研究，在现代化城市进程中，住宅短缺普遍来自于以下不同阶段的发展背景：

(1) 快速城市化背景下住房需求人口的增加，如第一次工业革命之后到 19 世纪末，欧洲产业革命带来大量农村人口涌入城市，造成城市住房紧张。

(2) 经济发展背景下需求标准的提高，随着人们生活水平的提升，不断要求新式优质住宅，造成旧房废弃，新房不足。

(3) 社会结构变化背景下需求单元的增加，20 世纪初到"二战"前，西方家庭结构出现规模小型化趋势，导致家庭户数的增加。

(4) 战争等大规模事件导致住房供应量的严重不足，"二战"之后，德国约 75% 的城市住宅被毁坏，日本 30% 的人口无房。大部分国家经历了 30 年左右的努力，才基本解决或缓解了住宅数量短缺的问题。

除此之外，发达国家在城市建设进入平稳期后，城市人口规模和城市化水平基本维持一定的前提下，对城市居住用地的需求仍不断增长，这来自于个人居住空间和城市公共空间的不断扩展以及旧城中心区老旧住房的更新改造。例如，德国柏林地区自 1990 年代以来，尽管人口规模仅有少量甚至没有增长，仍然通过内城的填充式发展和提高郊区开发强度等方式，新建了约 15 万套住宅。

可见，住房供应规模的相对短缺、居住品质的持续提升、居住空间的更新改造等各类居住问题以不同形式贯穿于城市发展的各个阶段，需要我们持续关注和慎重应对。

1.4 住房政策在城市发展意义上的推进：从住房、社区到城市

"居住"一词包含了居与住的两个方面。传统意义上，居住问题被简单地理解为个人或家庭拥有住房以及居住的舒适性问题，而忽略了城市社会作为一个整体、各居住单元相互之间的外部性联系。进入 1990 年代后期，人们对居住概念的理解发生了扩展，开始关注个体、家庭和社会三者在生活行为和居住空间层面上的对应关系，探讨住房问题与社会稳定的关系，并提出基于"社区发展"的居住理念。一个良好的社区，不仅包括城市居住环境的硬件配套设施建设，而且更加重视居住的友邻关系、人文氛围和快乐健康舒适的可持续生活方式，倡导以人为本的思想理念。

从发达国家走过的道路看，完全依靠市场的力量无法实现上述目标，政府有必要适时适度地对市场进行干预。在西班牙、荷兰、葡萄牙、法国、瑞典等许多国家，人人享有住房的权利已被写入宪法。政府在其中发挥的核心职能集中体现在保障公民享有适宜的住房条件，以及创造良好的城市居住

环境两大方面——正如1996年6月伊斯坦布尔举行的第二届联合国人类住区会议上提出的两大重要目标所示:"人人有适当住房"和"城市化世界中的可持续人类住区发展"。

2 我国住房体制改革发展评价

1980年邓小平同志关于住房制度改革问题的讲话拉开了住房改革的序幕。经过20余年的探索尝试,经历了从试点售房(1979~1985)、提租补贴(1986~1990)、以售代租(1991~1993)到全面推进(1994~1998)和深化改革(1998年至今)的发展历程[4]。1998年,以国务院23号文件的出台为标志,一方面提出了取消福利分房,代之以货币分房,同时确立了以经济适用房、廉租房和住房公积金为主体的社会住房保障体系。

总结住房体制改革发展至今,既有其重要的积极意义,也伴随不足之处,主要体现在以下几方面。

2.1 解决了大部分城市居民的住房紧张问题,人均居住面积大幅度提升

随着住房制度改革的深入,城市居民的居住水平得到显著提升。2005年,我国城市人均住宅建筑面积达到26.1 m^2,约为1978年人均水平的4倍(图3)。此外,在住房的产品类型、建设管理的技术手段、物业服务等方面都呈现日新月异、丰富多样的发展局面。

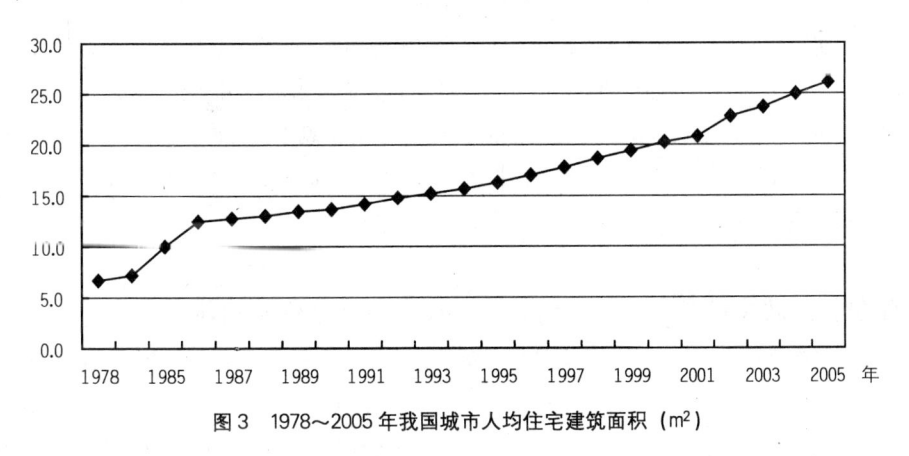

图3 1978~2005年我国城市人均住宅建筑面积(m^2)

根据建设部公布的"2005年城镇房屋概况统计公报",我国目前住房私有率高达81.62%,且不论这些住房的归属分化,但至少表明普通百姓的住房条件逐步改善,而且越来越多的人拥有自己的资产。高私有率的实现主要来自福利分房的房改房。2003年底,全国的房改房面积约有80亿 m^2,占全部住房总量的67.54%。在广州,到2002年底,约有83.7%的居民家庭拥有自己的住房。其中,只有7.1%的家庭购买了商品房,64.9%的家庭买的是房改房,还有11.7%的家庭拥有原有的私房[5]。

2.2 提高了居民住房支付能力，促进住房市场供需双方发展

改革开放以前，福利性住房制度使城市住房的供需之间维持着一种脆弱的平衡关系。随着市场机制改革的推进，住房消费被确定为加速经济增长的重大契机和拉动内需的有效手段。城市住房制度改革一方面有效启动了居民的住房消费需求，激发了整体社会追求更好的居住水平的奋斗动力；另一方面打破了原有的单位制供给单一模式，大力挖掘市场和社会等多元主体的住房供给能力，提供了住房投资和供应的多样化选择。

总的看来，目前中国的住房改革政策主要是从住房支付能力着手，通过强制储蓄改变个人消费结构，并与贷款和抵押贷款的融资手段相结合，提高家庭的购买力。这是住房市场化的核心部分，并突出体现在城市中高收入阶层支付能力的稳定快速增长，使其成为活跃住房消费市场的主力军。

2.3 发展不平衡，住房分配改革的漏洞进一步加剧财富累加效应

从现实情况看来，住房改革的成果并未均衡分配到所有的居民手中，而是主要集中在市场改革中处于优势地位的群体。具体体现在，住房体制转轨过程中的双轨制使得大量房改房集中在效益好、地位高、资源多的企事业单位和家庭手中；房改初期，住房价格机制的缺位，使得很多住房以大大低于当时市场价格的水平转到某些特权群体名下；现在的住房市场中，中高收入群体进一步推动投资性购房的热潮，导致房价飞涨而同时伴以较高的住房空置率。

中国国情研究会与万事达卡国际组织发布的《2006中国生活报告》显示，年收入超过11万元的高收入群体中，超过40％的人拥有两套以上住房，其中22％的人未来一年内还打算买房。住房不仅作为家庭财富的重要标志，还成为进一步累积财富的投资工具，加剧了社会群体间的贫富分化。这一过程中，中低收入群体始终处于弱势位置，人们长久以来不愁住房的依赖心理受到冲击，加上住房保障制度缺失所带来的焦虑心态，综合形成现阶段普遍的住房危机感。

2.4 住房保障政策过多定位于经济拉动，而忽视社会保障功能

我国住房制度改革的一条主线是对居民住房购买力的提高，无论是开始的"三三制"、提租补贴到后来的住房公积金，都是试图在打破原有住房制度的同时能够保持居民的住房购买力，其最终的目的是在住房领域里寻找一条能够向规范化的市场经济过渡的渠道。可见，我国现有的住房保障在很大程度上是基于刺激国内消费、拉动经济增长前提的。例如，经济适用房政策的推行，被许多地方政府作为拉动内需，推动地方钢材、水泥等上下游产业发展的重要手段，同时开发商则试图通过大户型、豪华配置的经济适用房建设，吸引更具经济实力的群体来购买，从中获得更大的利润回报。由此，导致政策实施效果与其保障初衷的相背离。

然而，住房既是经济问题，又是社会问题。从各国住房发展经验可以看出，住房制度的发展承担

了很大意义上的社会保障功能，即对于低收入群体而言，住房这种生活必需品，是依赖于政府提供的保障措施。但在我国的房改过程中，过多地偏重经济层面，而忽视了住房的社会意义，导致住房保障的初衷没有得到良好实现。

3 现阶段我国城市住房问题的反思

"买不起房"作为现阶段我国住房问题的一个矛盾焦点，并非仅限于某几个特殊群体的住房困境，也并非简单的经济水平或购买力问题，而折射出在整个社会系统中相互关联的一系列问题。

3.1 我国中低收入群体的住房困境凸显

正如前文所提，在我国整体居住水平提高的背后，大量中低收入群体仍面临住房条件艰苦和环境恶劣等问题，尤其体现在旧城地区和城市边缘区形成的低收入住区中（图4），甚至三代同房、两代同床的现象还相当普遍（表2）。根据2002年首都经济社会发展研究所与首都城市环境综合整治办关于

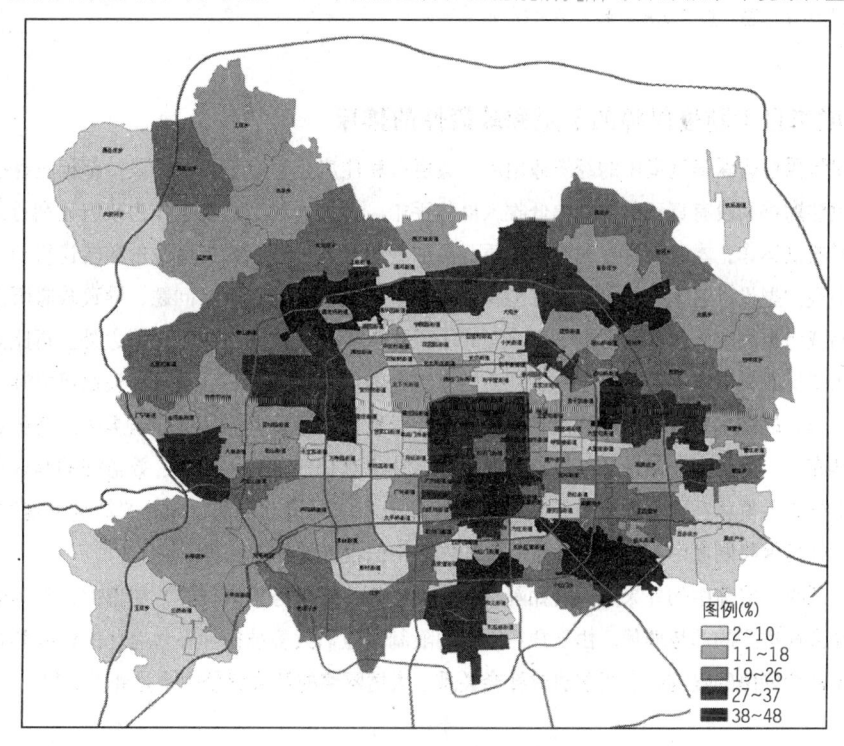

图4 北京市人均低于 8 m² 的住房分布密度
资料来源：2000年北京市第五次人口普查。

北京"城市村庄"的调研数据,北京市城八区范围内共有城市村庄332个,共占地1 700万 m²,住户超过10万户,总人口30万人。人口密度大、住房拥挤、住房质量差、环境脏乱、设施不足、治安环境差等成为这些地区的共同特点。

表2 北京市白米斜街社区居民居住困难情况统计

住房困难的情况	比重(%)
住在非正式住房里	28.6
12岁以上的子女与父母同住一室	21.0
有的床晚上架起白天拆掉	11.4
老少三代同住一室	7.6
已婚子女与父母同住一室	6.7
12岁以上的异性子女同住一室	2.9
其他	4.8
没有以上困难情况	42.9

资料来源:2004年9月清华大学社会学系在北京市西城区厂桥街道白米斜街社区的抽样调研(1 059户家庭中等距抽样112户)。

注:此题为多选题,应答比例之和大于100。

3.2 困境来自于制度保障的不足和政策性的排斥

我国现阶段住房保障制度中的经济适用房、廉租房和住房公积金等主要手段,都相应存在制度性缺陷,导致住房福利没有真正落实到中低收入群体手中。例如,经济适用房作为政府让利行为,却由开放的市场机制运作,本身就存在鲜明的矛盾;再加上对开发过程、购买者身份和转让机制等监管得不严格,出现户型设计过大、总价过高、囤积住房倒手牟利等现象猖獗等问题,导致政府所让出的福利被开发商或者中高收入家庭所占据,而真正的中低收入者却被排斥在制度保障之外。再比如,廉租房政策本来是针对最低收入群体制定的,应当具有完全的保障效力,然而由于建设数量极其有限而根本无法满足真正的需求者,甚至出现由于无法分配而导致廉租小区空置六年的现象⑥。公积金制度所存在的弊端在于,这种强制储蓄和低息贷款的行为,往往对那些工资水平高、效益好的企业和个人更加有利,而低收入群体在承担低息储蓄代价的同时却无力享用贷款福利,颇有"劫贫济富"的困惑。可见,现行住房保障制度中存在的缺陷进一步加剧了中低收入群体的住房困境。

另外,低收入群体中的外来人口(如刚毕业的大学生、外来务工人员等)更集中体现为受到政策性排斥和社会性排斥的弱势群体。由于户籍制度的限制,他们大多被排斥在现有住房保障和福利体系之外;由于社会网络的限制,在当前讲求社会关系、人情网络的社会竞争中更是处于劣势。

3.3 住房问题伴生社会环境的恶化和社会问题的滋生

低收入群体不仅无力改善居住环境,甚至往往面临生活网络的摧毁和社区地位的边缘化。以北京市为例，1990～2003年，北京市城八区累计拆除危旧房974.5万 m²，其中危房487.92万 m²，动迁居民40.44万户。目前北京市还有待改造危旧房513万 m²，其中危房220万 m²，涉及居民30多万户[7]。这些居民的回迁比例甚微，很多居民被迫迁往郊区的"经济适用房"区居住，不仅原本的生活网络被摧毁，更增加了高额的生活成本。有时因为政府没有建造足够多的中低价住宅，一些低收入群体更是被无情地推向市场，这些拆迁户只能转而租房或买二手房。受到支付能力的限制，他们只能选择位于城市边缘区的廉价住房，形成社会分化在空间的投影与聚集。这些住区的普遍特点是住房条件和环境质量差、公共服务设施配套欠缺等，而更重要的是代表了一种身份的象征，造成居民在空间上和经济社会地位上被双重边缘化，往往容易产生被社会排斥的感觉和不满情绪，滋生社会矛盾与问题，并由此带来当前许多旧城居民对于拆迁行为的普遍抵制情绪[8]。

3.4 房地产供需的结构性失衡加剧了住房竞争

我国住房体系过分依赖于房地产市场的运作行为，导致在经济利益与社会福利保障制度的冲突下，住房供需出现结构性失衡。在住房限制型要素——土地供应的影响下，住房市场日益显现其巨大的经济利益。以北京市场为例，2005年全市50万元以下商品房住宅产品数量减少2.5万套，市场主力总价区间平移到50万～80万元，150万元以上产品数量增长最快，涨幅达到41%[9]。至2007年2月，北京开盘商品房的整体均价为9 815元/m²，开盘单价过万的项目占到42.9%，四环之内已彻底告别了单价8 000元以下的楼盘。这样巨大的住房压力使得中高收入居民已经无法承受，纷纷开始到次级住房市场中寻求出路，构成与中低收入群体的住房竞争，又进一步拉动次级住房市场的房价。例如一套90 m²的普通住房，按2007年1月全市二手住房均价8 113.87元/m²计算[10]（新房更贵），总价要73万元，需要年收入6万元的普通家庭不吃不喝积攒12年。这种竞争使得低收入群体不断受到市场的排挤，同时也对政府的住房福利措施构成巨大的压力。

事实上，我国廉租房投入的长期不足和经济适用房投入的快速降低，使得我国现阶段住房市场中可供中低收入群体购买的住房数量越来越少，与之相反的是房地产市场的火爆和大户型商品房的高空置率等现象。这说明我国房地产市场已经出现供给的结构性失衡，即中低收入群体根本无法在住房市场的竞争中占有任何优势。

4 反思我国住房问题中的结构性困境

总结和反思现阶段我国住房问题，发现很多矛盾的产生并不是单纯的经济购买力不足造成的，也不是仅通过简单放大住房保障体系就可以完全解决的。当前的住房问题，很多是城市发展阶段的伴生性问题，难以避免，并且在国家经济转轨和社会转型的过程中，在各种矛盾的共同激发下，呈现集中爆发的趋势。其主要特征包括以下几个方面。

4.1 快速城市化和城市更新过程带来住房需求群体的扩大

我国已进入城市化的高峰时期。2006年底,全国城镇人口已达5.770 6亿,占总人口的43.9%,自2002年以来四年时间内增加了7 494万人。再加上相当可观的流动人口规模,给城镇尤其是大城市带来了巨大的新增住房需求的压力。

另一方面,旧城拆迁和改造也导致大规模被动性住房需求群体的形成。进入21世纪以来,全国各城市普遍掀起拆迁热潮,被拆迁居民已经成为商品房市场中"重要而且比较稳定的有效需求量"。数据显示,2003年全国城市房屋拆迁量约为1.4亿m^2,占当年房地产竣工量的28%左右。同年,南京市的拆迁量为400万m^2,房屋竣工面积390.9万m^2,如果按普遍意义上的"拆一建三"来算,这些新建房屋远远不能满足拆迁造成的购房需求。

4.2 社会发展和经济转型带来住房需求类型的多样化

当前我国人均GDP已超过1 700美元,进入了由低收入到中等收入的经济转型期。以北京为例,平均每年的GDP的增长率均在10%以上,2005年GDP总量达到6 814.5亿元,人均GDP已达到5 500美元。收入的增长带来了人们住房需求的拓展,包括数量、质量以及多样化的提升。城市人均住宅建筑面积由1978年的6.7 m^{2}到2005年的26.1 m^2,提高了近3.9倍;从近年来商品房的建设发展可以看出,人们还在新型居住空间设计(如客厅与餐厅的分离、多个独立卫生间)和配套设施使用(如儿童游戏场、停车场库)上都提出了新的需求。

此外,从1970年代末至1980年代中期,我国生育高峰时期新增出生人口近8 000万。如今,这部分群体陆续进入婚龄期,购置新房成为结婚成家的首要条件,"债台高筑也要买房"的超前消费观,使得一大批数量可观的超前购房需求被持续不断地激发出来。同时,多元化和小型化家庭结构特点使其对多种户型,尤其是中小户型布局的偏爱,更提出了对住房供应种类增加的要求。

另外,当前快速城市化和新经济模式带来的人口流动产生了对过渡性住房的大量需求。对于进城务工的农民工,或跨国、跨城市工作的人员来说,他们更青睐短期容身之处。这也正是现阶段我国住房供需矛盾中的一个特殊之处,成为我国住房需求多样化的另一个特征。

4.3 单中心城市扩展的发展策略导致住房供需的地域间失衡

住房商品的核心价值不同于其他商品的一大特点,在于其与土地的稀缺性和区位的唯一性的联系。一般商品可以通过市场机制下地域间的资源流动(如异地生产、异地消费),实现供需平衡,然而住房作为依附于特定用地位置的不动产,是无法再生或异地替代的。

由于受到发展阶段和设施投入的限制,我国大部分大中城市仍然采取单中心的城市发展策略,导致城市中心区成为聚集人力、财力、物力等优势资源的核心,从而出现城市中心区和部分主要功能区附近住宅供不应求，成为推动城市房价高涨、激发住房供求矛盾的核心力量。而处于城市边缘地带的住房由于区位和设施条件的落后，至少在相当长的一段时间是无法缓解这种矛盾的。而且房价的提升具有很强的地域传递特征，即以城市中心区或主要功能区为中心向外波及，周边区域房价的上涨又反过来进一步刺激中心区价格，形成回波效应。

4.4 房地产结构严重失衡及政府调控缺位

我国住房体制改革是我国社会从计划经济向市场经济转型过程中的产物，缺乏对市场力量的成熟预测和对策，使得现有房地产供给和需求出现结构性失衡的问题。国家对住房开发用地的严格控制和招拍挂制度的实施，导致住宅供应速度趋缓和房地产开发商征地成本上升，使得开发商为牟取暴利而哄抬房价，并采取分批供给方式惜售囤积房产，进一步加剧了住房供应的失衡。同时，随着居民投资意识的增加和对于房价会不断上涨的心理预期，投资性购房行为猛增，进一步加剧了房地产的结构性失衡，形成住房供不应求与高空置率并存的现象。根据国家信息中心经济预测部统计数据，截止到2006年11月底，全国空置商品房住宅达6 723万 m^2 [①]。

由于我国住房体制改革的产生是以拉动内需和推动经济的增长为背景的，因此长期以来政府对其的态度更多受到市场的影响，忽视了住房的福利属性和保障功能，从而出现政府职能的缺位和机制的不健全，如对公共住房投入的不足、实施保障过程的监管不严格以及缺乏对房地产市场的调控，进一步助长了房地产市场的失衡现象。

应该说，从城市发展角度来看，政府承担着全面引导社会健康发展的重要责任，政府的思路和态度是当前住房制度改革的关键。

5 快速城市化背景下适宜的住房发展模式探讨

既然住房问题与城市发展是两个不可分割且相互影响的话题，因此探讨适宜的住房发展模式应当站在城市整体协调的基础上，以寻找符合国家、地区自身特点和发展阶段的住房发展模式。

在我国人多地少和经济社会转型等特殊背景下，如何在保证有限资源可持续利用和合理公正分配的前提下，尽可能改善人们的居住条件，提高居住品质，成为政府必须正视的一个重要难题。对于城市这个复杂巨系统，住房问题绝不是仅仅依靠大规模的住房建设或全面的社会福利就能得以解决，而需要从城市整体发展的高度进行调整，通过积极的预防性策略和倡导措施，来减缓住房保障制度面临的压力。

5.1 探索良性城市化道路，避免过度的城市人口增长和土地蔓延

提到城市化，人们脑海中往往浮现出以美国纽约、洛杉矶为代表的大都市形象。中国当前绝大多

数城市的建设模式，都演变为一种持续的城市扩张，城市建设高速蔓延，不断侵占乡村和农田。然而，美国城市蔓延的背后，是地广人稀的资源优势，是发达的高速公路和各项基础设施建设的充分支撑。这些是我国基本条件和现状发展水平所远远不可达到的。而且现在美国和其他发达国家社会在经历了对城市扩张所带来的弊端反思之后，已经普遍开始倡导重塑人文尺度的社区生活和追求紧凑型城市发展模式，值得我们深入思考和借鉴。

良性的城市化，应该体现在对城市资源的充分尊重和合理预期上，体现在生产方式向社会分工化、集约化、科技化的先进模式的转化，人们生活方式向高品质、社会化的城市模式的转变，重在质的提升，而不是一味扩张城市建设用地，或简单地让数亿的农民都进入城市，因为后者对于中国目前十分脆弱的城市生态资源、薄弱的设施建设和社会服务能力而言，都意味着无法承受的重负。拉美国家的城市化"陷阱"就是一个典型的教训，过度集聚化的城市发展模式，使得大量农民进城后，由于收入低或者长期失业，租用不起城市一般的住宅，只好强占山头或公共用地，用废旧砖瓦搭建起简易住房，形成大规模脏乱破败、滋生犯罪的贫民窟。

5.2 深入认识土地的稀缺性和唯一性特征，协调城市建设与住房发展

住房商品的核心价值也是其不同于其他商品的一大特点，在于其依附的用地具有稀缺性和区位的唯一性特征。我国通过市场经济体制改革，引入市场竞争机制，让各种短缺产品都得到充分供应，并通过地域间的资源流动（如异地生产、异地消费），实现供需平衡，从而使价格能够保持在较平稳状态。然而，住房作为依附于特定用地位置的不动产，是无法再生或异地替代的。因此，认识土地的稀缺性，不是说通过扩大土地供应量，就能打击土地囤积和起到稳定房价的作用。

这种稀缺性的价值，来自于城市空间布局的外部性，即外部资源要素的可获取性和不利影响的接近度。在城市建设中，影响居住用地外部性的资源要素主要体现在就业、教育、医疗、休闲娱乐等工作和生活配套设施的可达性和可获取性以及交通成本和便捷度（如出行时间、方便度、舒适性）等方面。在我国，大部分城市单中心的发展模式，使得城市中心区因集中了各种资源要素而成为所有人选择安家的首选，由此形成有中国特色的郊区化现象。而生活网络和居住地点的分离所带来的通勤成本及其引发的交通问题，进一步推进了市中心地价的高涨。

由此可见，城市的建设模式很大程度上将直接影响和限制到社会住房的选择，因此要根本上解决住房问题，需要从城市规划和建设层面入手进行探讨。可借鉴的措施包括：在城市规划阶段增加对居住问题的考虑，如加强城市混合功能区的设置，减少职住分离的城市布局；完善配套设施的均衡布局，发展自给自足的新城建设，疏解中心城区和核心功能区的部分住房需求，平抑房价；大力发展城市公共交通，为全体市民尤其是中低收入群体出行提供便利；制定中长期住房建设规划，优先考虑公共住房布局，合理分配居住密度等，从而实现城市建设与住房建设的协调发展。

5.3 引导合理的住房投入方式，追求积极的城市发展状态

我国每年巨额的住房建设投入（单以北京为例，2006 年房地产投资累计达 1 719.9 亿元，比 2005 年增长 12.8%）[12]，其中大量资金用于拆除旧有房屋，建设新居，但是否城市新房的增多和居住面积的扩大，就一定能代表整体社会成员生活品质的提升？对居民来说，当一个普通家庭耗尽毕生收入仅购置了住房，却被迫丧失了生活网络；当投机性购房者通过消极占有住房的同时也丧失了巨额资金的流动性，导致其他生活消费的大幅压缩，无疑都是不健康的住房投入。对于整个社会而言，大规模的拆建支出给政府财政带来了巨大压力，而以房地产为龙头的城市扩张，也导致政府在管理范围的扩大中只能疲于应付基础设施的投放，无力也无暇承担社会保障职能和建设良好的城市公共空间。可见，从促进城市综合发展角度重新审视住房投入，不应局限于不断地拆房建房，而应当提倡城市整体居住品质的提升。

一方面政府应转变观念，增加对存量住房的开发和现有住房的维护，以减少对土地等资源的侵占和浪费，保护社会成员的生活网络，同时鼓励政府和居民共同增加对非正式住房的管理和居住环境改善的投入，尤其是对旧区的基础设施的完善和居住环境的整理，从而使得改善范围能够覆盖更多的低收入群体。例如在旧城保护项目中探讨的关于居民与政府共同改善房屋的做法以及借鉴国外专项住房维护资金的计划等。另一方面应通过税收或住房储蓄等融资手段，抑制住房投机行为，同时激励社会成员为拥有或使用城市土地价值的升值作贡献。例如现在关于征收不动产税（council tax）的讨论，正是试图探讨一种利益再分配的动态发展过程。

5.4 提倡健康的居住消费理念，创造宜居空间

居住品质的提升包括几个层次，一是作为生存需求的物质空间提升，二是作为心理需求的交往空间的提升。由于基本条件的差异，不同的人对居住品质的预期不同，一些个别追求豪华和舒适的居住观念也无可厚非，然而若社会主流的居住消费观念出现盲目追求大户型和不切合实际需求等问题，则确实需要给予重视和引导。

住房的舒适性应当与适宜的尺度挂钩，过小的尺度会导致生活品质的压缩（如房间面积太小而不便使用，或厕所等私密空间的公共化等），然而面积无止境扩大的"豪宅"也并非真正的理想目标，社会心理学和行为学研究显示，私人空间的单纯无限度扩大将可能带来居者心理的孤寂和不安全感，甚至生活的不便。现阶段商品房市场中出现的盲目追求大户型和配置过度奢华等不合理现象，多来自市场经济下的利益驱动，却在一定程度上误导了社会主流的居住消费观念。在我国人地紧张的现实约束背景下，亟须政府倡导适宜的、节地型的居住空间规模和健康合理的居住消费理念。

另外，宜人的居住空间还包括便利的生活网络和良好的社会空间，这取决于完善的公共设施建设和和谐的社区居住环境营造。政府应当通过控制合理、适宜的个人居住空间，节约出更多土地用于完

善城市公共空间和设施建设以及提升居住社区的社会资本上。这对于中低收入群体尤为重要,既能有效弥补他们个人居住空间的不足,还有助于为其努力创造更好的生活品质提供发展机会和信心。

致谢

　　本文是中国经济改革研究基金会 2006~2007 年资助课题。

注释

① 1940 年美国心理学家马斯洛提出著名的人的需要层次理论,把人的需要分成五类:生理需要、安全需要、社会交往需要、尊重需要和自我实现需要。
② 刘佳燕:"论'社会性'之重返空间规划",《2006 年中国城市规划学会年会论文集(中册)》,2006 年。
③ 陈光庭:《外国城市住宅问题研究》,北京科学技术出版社,1991 年。
④ 洪亚敏:"中国城镇住房制度改革回顾",载成思危编:《中国城镇住房制度改革:目标模式与实施难点》,民主与建设出版社,1999 年。
⑤ "高住房私有率背后的尴尬",新华网,2006 年 7 月 10 日。
⑥ 在西安出现一个廉租房小区(264 套住房)面对 1.2 万户的住房困难户(仅计算城六区人均住房面积少于 7 m² 的家庭)难以分配,而不得不空置近六年时间(《中国青年报》2007 年 2 月 8 日)。
⑦ 江西新闻视听门户网,http://www.jxgdw.com/jxgd/news/gnxw/userobject1ai564450.html。
⑧ 例如北京市最大的单个拆迁项目——酒仙桥危改在 2007 年 6 月 9 日居民投票决定是否拆迁过程中产生巨大分歧,使得拆迁项目再次陷入僵局。参见:搜狐网,http://house.focus.cn/ztdir/weigai/。
⑨ 根据 2006 年北京市住房建设规划研究报告的统计数据。
⑩ 中大恒基:"2007 年 1 月二手房市场分析月报"。
⑪ 国家信息中心经济预测部:"中国房地产业月度运行报告",中国发展门户网,2006 年 11 月。
⑫ 北京统计信息网,http://www.bjstats.gov.cn/sjfb/bssj/jdsj/2006/200701/t20070125_84299.htm。

参考文献

[1] 郭玉坤:"中国城镇住房保障制度"(博士论文),西南财经大学,2006 年。
[2] 郭媛萍:"我国城镇经济适用房住房研究"(硕士论文),四川大学,2004 年。
[3] 孙清华等编:《住房制度改革与住房心理》,中国建筑工业出版社,1991 年。
[4] 田东海:《住房政策:国际经验借鉴和中国历史现实选择》,清华大学出版社,1998 年。
[5] 王立新:"北京现阶段中低收入家庭住房建设困境与对策研究"(硕士论文),清华大学,2002 年。

吴传钧先生区域与城市研究学术思想

顾朝林

2008年4月2日是我国杰出地理学家、人文地理学家的开拓者和组织者、中国地理学会名誉理事长、国际地理联合会前任副主席、中国科学院院士吴传钧先生的90华诞。从1936年进入中央大学（现南京大学）地理系开始，他从事地理工作已逾70年。半个世纪以来，他怀着对发展中国地理学事业的高度热情和责任感，踏遍了祖国大地，远涉重洋20多个国家和地区，开拓了我国当代地理学一系列重要的研究领域。本文主要论述吴传钧先生的区域与城市研究的学术贡献。

1 《建国方略》引入区域研究领域

吴传钧先生进入地理学研究领域，开始于初中地理老师介绍孙中山先生的《建国方略》的吸引：为了发展我国的实业，大规模地建设国家，不仅要在沿海开辟一系列的大港口，在内地具备条件的地方开设工厂、开发矿藏，还要把铁路修到祖国的四面八方，把贫困落后的中国建成繁荣昌盛的国家。出于对国土开发和区域规划的憧憬，激发了他学习地理学的兴趣。吴传钧先生的大学毕业论文"中国粮食地理"、硕士论文"四川威远山区土地利用"、博士论文"中国稻作经济"（Rice Economy of China）都是有关粮食和土地利用的研究。

吴传钧先生的科学研究，从土地利用入手，研究区域的核心课题——人地关系。1949年以前，吴传钧先生就对西南地区进行了土地利用的典型调查研究。1950年主持编制了我国第一幅大比例尺彩色土地利用图——南京市土地

作者简介

顾朝林，清华大学建筑学院。

利用图。在 1950 年代，配合铁路建设负责进行兰州—银川—包头新铁路线选线调查，配合水利建设，参加黄河流域初期规划工作。同时，参与康藏、青甘、黄河中游、黑龙江流域综合考察，从事区域综合研究。结合黑龙江流域综合考察进行了东北土地利用和农业区划研究，在中苏两国科学院黑龙江流域水力资源联合综合考察队参加了有关工、农、运输业生产布局的调查。在 1960 年代初，受华北局计委的委托调查华北地区工业布局问题，作为生产布局自然条件评价的试点，负责工业和城市用水的调查。到 1970 年代初，参加大兴安岭地区宜农荒地资源考察，又到苏、浙、赣、闽、新、甘、青、川、滇等省进行农业生产典型调查。1970 年代后期，发起组织编写《中国农业地理丛书》，主编《中国农业地理总论》。1980 年代初，受中国科学院委托，主持全国 1：100 万土地利用图的调研与编制，经过 9 年努力，终于完成并出版了此项成果，为国家进行土地管理、农业生产和国土规划提供了一项重要依据；与此同时，积极参与国土开发整治研究工作。1990 年代后，配合《21 世纪议程》的实施进行区域可持续发展的研究。

2 人地关系地域系统理论

人地关系是区域研究的核心内容。人地关系不仅仅表现为空间关系，还有很多非空间关系的客观存在，比如人地关系的思维形式、人地关系的时间演变、人地关系的系统结构等，都是非空间关系。与此同时，涉及人地关系综合研究的学科不仅限于地理学，还有其他地球科学、人文社会科学和哲学等学科领域。

追溯吴传钧先生关于人地关系思想，最早来源于法国人地学派代表人物维达尔·德·拉·布拉什 (Vidal de la Blache) 和白吕纳 (Brunhes J.)。该派根据区域观念来研究人地关系提出的"或然论"，认为人地关系是相对的而不是绝对的，人类在利用资源方面有选择力，能改变和调节自然现象，并预见人类改变自然愈甚则两者的关系愈密切，具有朴素的辩证观点。吴传钧经过长期的实践和探索，认为人类社会通过生产和有意识地改变自己生存的物质条件，从而改变周围的外在自然界。在此过程中，为人类和新的自然环境之间带来新的关系，因此动态的人地关系可以理解为一种具有社会和历史特性的辩证关系。

1980 年代以来，吴传钧反复强调地理学要"着重研究地球表层人与自然的相互影响与反馈作用"。1979 年底在广州召开的第四次地理学会代表大会上，吴传钧先生作了"地理学的昨天、今天与明天"的学术报告，对地理环境、人地关系的内涵进行了阐述。提出地理学研究的特殊领域"是研究人地关系的地域系统"。从 1983 年起，钱学森先生也不断倡议要以"从定性到定量的综合集成方法"研究人地关系的巨系统及其结构与功能，并强调这是地理学重要的基础研究。1991 年吴传钧先生在《经济地理》上发表学术论文"论地理学的研究核心——人地关系地域系统"（吴传钧，1991）。他将人地关系的思想完整地引入到地理学中，提出和论证了人地关系地域系统是地理学特别是人文地理学理论研究的核心。

吴传钧先生非常赞同钱学森先生关于人类社会与自然界组成的开放复杂的巨系统的论述，并进一步将系统论思想引入到地理学的研究中，提出"人"和"地"两要素按照一定的规律相互交织在一起，交错构成的复杂开放的巨系统内部具有一定的结构和功能机制，在空间上具有一定的地域范围，便构成了人地关系的地域系统。也就是说，"人地关系地域系统是以地球表层一定地域为基础的人地关系系统"。这一理论使得地理学对人地关系的研究具体落实到地域空间之上。

吴传钧先生认为："地理环境是对应主体而言的，主体是人类社会。所谓地理环境有广狭两义，狭义的地理环境即自然综合体，广义的地理环境则是指由岩石、土、水、大气和生物等无机和有机的自然要素和人类及其活动所派生的社会、政治、经济、文化、科技、艺术、风土习俗和道德观等物质或意识的人文要素，按照一定的规律相互交织、紧密结合而构成的一个整体。它在空间上存在着地域差异，在时间上不断发展变化。"人地关系地域系统研究的中心目标是协调人地关系，从空间结构、时间过程、组织序变、整体效应、协同互补等方面去认识和寻求全球的、全国的或区域的人地关系系统的整体优化、综合平衡及有效调控的机理，为有效地进行区域开发和区域管理提供理论依据。

根据这个目标，吴传钧先生提出了人地关系地域系统的研究内容：①人地关系地域系统的形成过程、结构特点和发展趋向的研究；②人地关系中各子系统相互作用强度的分析、潜力估算、后效评价和风险分析研究；③人与地两大系统间相互作用和物质、能量传递与转换的机理、功能、结构和整体调控的途径与对策研究；④地域的人口承载力分析、关键是粮食问题研究；⑤一定地域人地关系系统的动态仿真模型研究；⑥人地关系的地域分异规律和地域类型分析研究；⑦不同层次、不同尺度的各种类型地区人地关系协调发展的优化调控模型研究。

吴传钧先生的人地关系地域系统理论认为："人地关系是包括两组各不相同但又相互联系的变革量的一种系统。"人地关系地域系统属人地关系系统。在人地关系地域系统中一共有空间、时间、自然、人文四组变量，且从属于自然和社会两大系统；从形态来说是开放的复杂巨系统；从实质来说是通过内部结构组合和功能机制的转换的动态过程；从研究的目的来说是通过结构调整和机制优化，使人地关系更加协调，使人类社会能够朝着区域可持续的方向发展。

吴传钧先生的人地关系地域系统理论还认为："人地关系系统的研究是一项跨学科的大课题，其研究内容和方向也是多方面的，但在特定的时间条件下，这一研究的方向和重点应是明确的。其中心目标是协调人地关系，重点研究人地关系地域系统的优化，落实到地区综合发展上。区域开发、区域规划和区域管理必须以改善区域人地相互作用结构、开发人地相互作用潜力和加快人地相互作用在地域系统中的良性循环为目标，为有效地进行区域开发和区域管理提供科学依据。"

3 经济地理学是生产布局的科学

人地关系地域系统理论是吴传钧先生关于区域研究建立的基础理论，在应用层面，吴传钧先生进一步拓展了生产布局学框架。他认为：空间分布是地理学家的研究对象，需要回答的问题不仅是分布在哪里,而且要回答在什么条件下、什么时候、为什么分布在那里、形成怎样的分布类型等问题。静态分布就是事物的相对位置(relative location),即地域结构(territorial structure),动态分布则是形成和产生地域分布的机制(mechanism),亦称做地域过程(territorial process),两者密不可分,又相互影响,两者结合则称做地域系统(territorial system)。

在1960年代,吴传钧先生发表了《经济地理学——生产布局的科学》(吴传钧,1960)和《发展我国经济地理学的几点意见》(吴传钧,1962)两篇论文,提出了生产布局的科学理论和相关学科建设问题,即"经济地理学是一门特殊的学科领域,具有自然—技术—经济相结合的特点"。

在1980年代初,中央提出国土整治这一重大任务后不久(1981年),他就指出:"国土整治所涉及的资源合理开发和有效利用,大规模改造自然工程的可行性论证与后效预测,地区建设和生产力的总体布局,各项生产和生活基础设施的合理安排以及不同地域范围环境的综合治理和保护等问题,归根结底是要理顺人与自然的关系,使人口、资源、环境协调发展。国土整治和地理学两种研究都具有鲜明的地域性和综合性的特点。"他利用各种机会倡导地理学要为国土整治服务,并倡导《全国国土规划纲要》(草案)的制定,为区域整体发展和重大项目布局奠定了跨世纪性的框架基础。1985年吴传钧先生在《经济地理学——人文地理学的主要分支》(吴传钧,1985)一文中,写道:"作者以为经济地理学的研究不能局限于生产方面,还应包括经济活动和交换与消费方面,作为一门科学,经济地理学的研究对象可以理解为人类经济活动的地域体系,其核心仍然是生产布局体系。所谓生产布局体系,它的概念既包括各生产部门在地域上的布局,也包括各生产部门的结构、规模和发展以及地域布局和部门结构的相互联系。"

近50年来,我国广大经济地理工作者遵循这样的学科性质定向,一方面认真地加强自然资源、自然条件等自然科学的知识,同时也钻研区域经济科学和部门经济科学的原理,还努力掌握新的方法和技术手段。正是通过这样的综合训练,才使我国经济地理工作者能够承担并很好地完成了国家和地方大量的关于生产布局、资源合理开发利用、国土整治和区域可持续发展等综合性任务。

4 土地利用调查与土地利用图编制

国土整治与区域开发的总目标是理顺和协调人类生产和地理环境之间的关系,土地利用是区域研究的核心课题。吴传钧先生认为:土地利用是人类生产活动和自然环境关系表现得最为具体的景观,通过研究土地利用不仅可了解到农业生产的核心问题,而且还可了解人地关系的主要问题。"土地利用是人与自然关系的核心,是地理学着力研究的问题。"

土地利用调查与土地利用图编制是吴传钧先生长期从事的区域研究领域之一。早在大学时代,吴传钧先生便着手四川威远山区土地利用的调查并编制土地利用图。在1950年代初,在南京组织开展1:4万的土地利用调查研究。在1980年代初,吴传钧先生又进行全国百万分之一的土地利用调查和制图,先后完成了1:100万《中国土地利用图集》和《中国土地利用》大型专著,后来获得国家科技进步二等奖和中国科学院科技进步一等奖。

英国在 1930 年代率先在本土进行土地利用图的编制，前后用了 10 多年的时间完成；1960 年，柯尔孟（Alice Coleman）又第二次编制土地利用图，用 12 年时间调查完成全英 114 幅土地利用图。英国两次制图分类只不过 6 类和 12 类土地分类。在日本、美国，采用遥感技术，开展了土地利用图的编制，分类最多也只有 37 类。吴传钧先生领导编制中国土地利用图，既借鉴国外的先进经验，又结合中国的实际，突出生产利用观点，反映中国土地利用特点，显示地域差异性，充分利用多种技术，运用合理的表达方式，在地面实况调查的基础上，利用遥感图像或航摄照片进行编制，提高判读水平，丰富制图内容，在分类体系上独创 6 大类 69 个亚类系统，充分展现中国土地利用精耕细作与多样性的特点，获得国际学术界的高度评价。

5 区域综合考察与可持续发展研究

"双脚量神州，一心为强国"是《中国国土资源报》记者徐峙对吴传钧先生的概括和总结。在 60 多年的科学生涯中，他的足迹踏遍中国所有省区，重视实地考察也是其长期坚持的治学风范。吴传钧先生视综合考察是"建设计划的计划"，是"以经济为纲而不是以学科为纲"，并把综合考察和区域研究相结合，提出区域综合考察的主要课题是资源的合理利用和生产的合理布局，需要将政治—经济—技术三结合，工作的特点在于它的综合性和区域性，要多学科联合作战，应用各种方法从多方面进行区域研究，从而提出比较全面的区域开发建议，以此促进地区经济发展。

新中国成立初期，由于国家对边疆地区的资源状况了解甚少，在竺可桢先生的倡导下，1956 年开始组建综合考察工作。几十年来吴传钧先生不仅参加过黑龙江综合考察、黄河综合考察、云南、华南热带生物资源考察，还协助竺老主持黑龙江综合考察工作，担任青藏高原和西南国土资源综合考察的科学顾问。

吴传钧先生贯强调科学研究为国家建设服务。早在 1950 年代初，他负责进行了铁道部包头—银川—兰州铁路经济选线工作；为配合水利建设，他参加了黄河流域的初期规划，还承担了黑龙江流域综合考察中的生产布局工作。1960 年代初，组织了华南、云南热带作物合理布局、华北工业基地布局调查研究等。

1980 年代以来，国家战略重点转移到经济建设方面。经济的高速发展使我国的自然环境结构发生巨大变化。他认为人地关系研究需要向广度和深度发展，并提出："人地关系是否协调抑或矛盾，不决定于地而决定于人。"因此，"要主动认识、自觉地按照地的规律去利用和改变地，以达到更好地为人类服务的目的，这就是人和地的客观关系"。

吴传钧先生认为："当前世界面临人口数量迅速增加、资源在地域上和时间上的供应失调、环境污染扩大而质量恶化、城市化进程加快而城市扩展失控等日益严重的全球性问题的困扰，这些问题如不加解决或解决得不好，不仅经济生产受到阻碍，人类社会本身也将面临危机。""在人地关系系统中，人口与社会经济要素为一端，资源与自然环境为另一端，双方之间以及各自内部存在着多种直接反馈作用，并密切交织在一起。它们的相互作用主要表现在两方面：一是自然资源对人类活动的促进作用和自然灾害对人类活动的抑控作用；二是人类对自然系统投入可控资源，治理自然灾害，开发不可控资源，从而实现土地资源的产出。这样，人地间相互作用在投入过程中得到了充分的体现。由此可见投入产出是人地系统中最基本的双向作用过程。"

在人地关系系统中，人口与发展是人的主导因素，资源与环境是地的主导因素，这是全球可持续发展研究的关键因素，如何使四者的关系协调和谐，是区域可持续发展研究的核心所在。《中国 21 世纪议程》发布后，吴传钧先生很快就强调地理学要结合 21 世纪议程的实施，为国家可持续发展战略服务，并提出国家和区域可持续发展指标体系的研究和制定具有特别的重要意义。他认为，分析人地关系地域系统，单纯的定性研究是远远不够的，还要和定量分析相结合。人地关系地域系统内部是否协调，人类对其施行调控的可能幅度等，都应该使其数量化。

6 行政区划与城市发展研究

吴传钧先生也对区域研究中的行政区划和城市发展等要素进行了深入的研究。

(1) 关于行政区划的研究。早在 1944 年，他就在《国是月刊》上发表了"缩改省区之理论与实际"的文章，就省的意义、历代省制演变、现行省制和省区缺点、新省区数、新省区划分原则、新省区命名和省治选定、新省区设计等进行了深入研究。1986 年在开展国土规划研究时，又发表了"我国行政区划的沿革及其和经济区划的关系"一文，系统地论述了行政区和经济区差别、我国历代行政区演变、改革行政区等问题，并提出了调整行政区原则、一级行政区规模、行政区与经济区和中心城市关系、行政区与自然地理区关系以及省区以上设置大行政区的建议。

(2) 关于城市发展的研究。早在 1951 年，吴传钧先生根据自己的实践经验就发表"怎样做市镇调查"一文，不仅对市镇进行定义，而且具体论述了市镇调查的主要内容，包括位置、居民、工商业、市镇度、历史发展等，通过调查发现它们的关系，了解整个市镇的经济特征和发展规律。1983 年在联合国大学和中国科学院联合召开的"区域发展规划"研讨会上，发表了"北京的城市规划问题"(Urban Planning Problems in Beijing) 的演讲，重点论述了工业化、城市化、城市结构、多样化城市功能以及城市发展问题如不平衡的城市结构、环境污染、水资源短缺和郊区农业衰退等，提出城市增长控制、城市建设转向、老城区转型和强化与周边腹地关系等建议。在 1987 年英国曼彻斯特的中英城市地理研讨会上发表"论中国城市发展"(The Urban Development in China) 的专题演讲。

7 结语

这些年来，我国地理工作者通过对大量区域开发、区域可持续发展问题的研究，在自然要素和社会经济要素相互作用的机制及其对区域发展的作用研究方面取得了许多重要进展，其中一个重要原因就是得益于吴传钧先生关于区域研究与区域规划的相关学术思想。

参考文献

[1] Wu, Chuanjun 1984. Urban Planning Problems in Beijing. *Regional Planning in Different Political System: The Chinese Setting*. Bochum Ruhr University, pp. 23-28.

[2] Wu, Chuanjun 1990a. The Urban Development in China. *The Journal of Chinese Geography*, Vol. 1, No. 2, pp. 1-11.

[3] Wu, Chuanjun 1990b. Land Utilization in China: its Problems and Prospect. *Geojournal*, Vol. 20, No. 4, pp. 347-352.

[4] Wu, Chuanjun 1997. The New Development of Rural China. *Tijdschrift van de Belg. Ver. Aardr. Studies: BEVAS*, No. 1, pp. 101-105.

[5] 郭来喜、陆大道："人地关系与经济布局理论创新与突破"，《地理科学进展》，1998年第1期。

[6] 刘圣佳："吴传钧院士的人文地理思想与人地关系地域系统学说"，《地理科学进展》，1998年第1期。

[7] 陆大道、郭来喜："地理学的研究核心——人地关系地域系统"，《地理学报》，1998年第2期。

[8] 吴传钧："中国粮食区域综论"，《粮食问题》，1943年第1期。

[9] 吴传钧："缩改省区之理论与实际"，《国是月刊》，1944年第5期。

[10] 吴传钧："威远山区土地利用研究"，《四川经济季刊》，1945年第2期。

[11] 吴传钧："怎样做市镇调查"，《地理知识》，1951年第7期。

[12] 吴传钧："铁路选线调查方法的初步经验"，《地理学报》，1955年第2期。

[13] 吴传钧："经济地理调查的一般方法"，《地理学资料》，1957年第1期。

[14] 吴传钧："经济地理学——生产布局的科学"，《科学通报》，1960年第19期。

[15] 吴传钧："发展我国经济地理学的几点意见"，《中国地理学会1961年经济地理学会讨论会文集》，科学出版社，1962年。

[16] 吴传钧："开展土地利用调查与制图为农业现代化服务"，《自然资源》，1979年第2期。

[17] 吴传钧："合理开发山区"，《中国农业地理总论》，科学出版社，1980年。

[18] 吴传钧："国土开发政治区划与生产布局"，《经济地理》，1984年。

[19] 吴传钧："经济地理学——人文地理学的分支"，李旭旦主编：《人文地理学论丛》，人民教育出版社，1985年。

[20] 吴传钧："我国行政区划的沿革及其和经济区划的关系"，《国土规划与经济区划》，华东师范大学出版社，1986年。

[21] 吴传钧："国际地理学发展趋向述"，《地理研究》，1990年第3期。

[22] 吴传钧："论地理学的研究核心——人地关系地域系统"，《经济地理》，1991年第3期。

[23] 吴传钧："展望中国人文地理学的发展"，《人文地理》增刊，1996年。

[24] 吴传钧：《人地关系与经济布局》，学苑出版社，1998年。

附录1：吴传钧先生从事区域与城市研究工作年表

1936 年　进入南京中央大学地理系开始专业学习。
1941 年　大学毕业，毕业论文《中国粮食地理》次年由商务印书馆出版；同年考入中央大学研究生院，导师胡焕庸。
1943 年　研究生毕业，获理科硕士学位；任中央大学地理系讲师。
1945 年　考取公费留学英国利物浦大学。
1946 年　兼任利物浦大学地理系讲师。
1948 年　获利物浦大学哲学博士学位，回国后进入南京中国地理研究所，任副研究员。
1949 年　中国地理研究所在解放后改组为中国科学院地理研究所，任副研究员。
1950 年　进行南京郊区调查，主编土地利用图；创办《地理知识》；加入九三学社。
1951 年　参加西藏工作队，在西康北部调查，编写《西康藏族自治州》一书（1954 年由三联书店出版）。
1952 年　负责兰州—银川铁路选线调查；参加思想改造运动。
1953 年　参加包头—银川铁路选线调查，在此基础上编写《黄河中游西部地区经济地理》一书（1956 年由科学出版社出版）。
1954 年　参加水利部主持的黄河流域规划灌溉组工作。
1955 年　参加甘肃、青海农业调查，编写《甘青农牧交错地区农业区划初步研究》一书（1958 年由科学出版社出版）。
1956 年　开始参加中苏两国科学院合作的黑龙江流域综合考察，编写有关航运报告，访问苏联远东地区；任地理所研究员兼经济地理学科组组长。
1957 年　继续参加黑龙江流域考察，编写有关农业区划报告，随竺可桢副院长访问苏联和黑龙江下游地区；著写《黑龙江乌苏里江地区经济地理》一书；到苏联科学院生产力研究委员会学习，次年发表访苏工作内部报告。
1958 年　参加编写《十年来的中国科学·地理学》卷的经济地理学部分，《十年来的中国科学·综合考察》卷的黑龙江流域考察部分；编写中华地理志《东北地区经济地理》一书；地理研究所由南京迁北京，成立经济地理研究室，任室主任。
1959 年　继续参加黑龙江流域考察，编写煤炭工业布局报告；参加全国地理学术会议，提出"地区综合考察和生产力发展远景的研究"报告。
1960 年　参加黑龙江流域考察总结，编写综合报告；在《科学通报》发表"经济地理学——生产布局的科学"一文；翻译英国斯坦普著《不列颠群岛》一书，由商务印书馆出版；开始招收经济地理学硕士研究生。

1961年　到云南西双版纳和海南岛考察热带作物布局问题，在此基础上编写《中国热带作物布局的理论讨论》一书中有关自然条件评价部分（次年由科学出版社出版）；由地理学会在上海召开第一次全国经济地理专业学术会议，讨论经济地理学的对象、任务与发展方向；加入中国共产党。

1962年　参加编写我国南方六省热带资源开发方案；由地理学会在长春召开第二次经济地理专业学术会议，讨论自然条件评价和交流国外经济地理情况，提交"美国经济地理学发展概况"一文。

1963年　参加全国农业科学技术规划会议，提交"海南岛综合开发问题"论文，并参与开展农业区划调查研究的规划讨论；进行华北工业和城市用水的调查；地理学会在杭州召开第三届代表大会，提出我国经济地理学发展概况的报告。

1964年　继续进行华北工业和城市用水调查；参加国家科委召开的北京国际科学讨论会，负责地理组的讨论；参加安徽寿县农村四清，次年5月结束。

1965年　参加农业区划考察，在《地理学报》发表"我国农业区划新发展"一文；协助东莞农业区划报告及地图集的审定工作。

1966年　参加国家科委在东莞召开的第二次全国农业区划会议；负责武威地区农业区划调查，因"文化大革命"爆发，工作半途而废；经济地理研究室解体。

1971年　恢复工作，参加非洲地理研究，编写《坦桑尼亚》科普读物。

1972年　随同农业部农垦局领导考察黑龙江农垦情况；重建经济地理研究室。

1973年　参加地理所组织的黑龙江宜农荒地资源考察队，在呼伦贝尔盟调查。

1974年　开始组织全国农业地理调研与丛书编写工作，到浙江、江西、福建调查。

1975年　继续到新疆、甘肃、青海、四川、云南调查，并开始主持《中国农业地理总论》一书的编写（1980年由科学出版社出版）。

1978年　访问美国地理界；恢复招收硕士研究生；由地理学会在长沙召开"文化大革命"后第一次全国经济地理专业学术讨论会，作访美报告。

1979年　开始着手1∶100万土地利用图的调研编制工作；参加地理学会在成都召开的"地理学与农业"学术会议，提出"因地制宜发挥优势逐步发展我国农业生产的地域专业化"的报告（发表于1981年《地理学报》）；任地理研究所副所长；应东京联合国大学副校长之邀，首访日本。

1980年　地理学会在广州召开第四届全国代表大会，作《地理学的特殊研究领域和今后任务》的报告，提出关于发展旅游地理的论文，并倡议复兴人文地理学和开展旅游地理研究报告；带团参加在东京召开的第24届国际地理大会，作"中国经济地理学的发展"的报告（日本《地理》期刊发表了译文）；促成《经济地理》创刊；参加联合国在泰国召开的山区与平原相互关系的学术讨论会，顺访泰国北部山区；到西藏短期考察。

1981年　应东京联合国大学校长之聘，任校长顾问委员；主持以中国科学院和联合国大学联合在北京召开的土地资源评价和合理利用国际学术讨论会（论文集1983年由联合国大学出版）；到意大利参加纪念马尔提尼学术讨论会，到匈牙利参加土地利用变化学术讨论会，顺访西德地理界；应澳大利亚CSIRO邀请，率团访问澳大利亚；由地理学会常务理事会补选为副理事长；开始参加国土经济学研究会活动，任秘书长，与地理学会在南京联合召开首届国土整治学术讨论会。

1982年　率中国地理学会代表团，参加在里约热内卢召开的拉美区与国际地理会议，顺访巴西。

1983年　主持由中国科学院和联合国大学在北京召开的"区域开发规划"国际学术讨论会（论文集1984年由西德波鸿大学出版）；参加国土经济学研究会组织的青海柴达木考察；率中国地理学会代表团访问加拿大；开始组织海岸带综合调查中土地利用部分的工作。

1984年　参加地理学会在北京召开的全国理事会议，连任副理事长，提出发展海洋地理的报告；接任《地理学报》主编；主编 Geography in China；代表中国地理学会参加在巴黎召开的第25届国际地理大会，解决我国在国际地理联合会的会籍问题，应英国学术院的邀请，访问英国地理界；主持由教育部委托地理学会在北京举办的人文地理讲习班；主持由地理学会在乌鲁木齐召开的全国经济地理学术会议，讨论经济区划和大西北开发问题；参加国土经济学研究会组织的贵州考察。

1985年　主持由地理学会和西安外语学院、陕西师大与美国加州州立大学北岭分校联合召开的中美人文地理研讨会，促成学会与西安外语学院人文地理研究所合作创办《国外人文地理》（后改为《人文地理》）期刊；参加呼伦贝尔盟国土规划评审会；主持由地理学会在无锡召开的、有英国和日本人文地理学家参加的城市地理学术会议；应美国加州州立大学北岭分校与夏威夷大学之邀前往讲学。

1986年　主持由中国地理学会在北京召开的中加双边学术会议，讨论国土开发整治，论文集次年由加拿大阿尔伯他大学出版；参加在巴塞罗那举行的地中海区域国际地理会议，顺访西班牙；参加国务院在成都召开的三线企业调整、改造讨论会；应东德科学院地理与生态研究所之邀访问东德；主持由地理学会与城市科学研究会联合在广州召开的沿海地区开发建设讨论会。

1987年　率中国地理学会代表团访问日本，参加中日双边城市地理讨论会；参加中英双边城市地理学术讨论会，顺访英国；参加云南德宏自治州开辟边境民族经济贸易区论证会，顺访滇西边境；主编的《中国农业地理丛书》获得中科院科技进步一等奖。

1988年　参加在南京召开的高师人文地理讨论会，作"发展具有中国特色的人文地理学"的报告；率中国地理代表团参加在悉尼召开的第26届国际地理大会，当选为国际地理联合会副会长，顺访新西兰。

1989年　到布达佩斯参加国际地理联合会执行委员会会议，力排外国代表因"六四事件"反对在华召开国际大会之议，讨论结果维持在北京召开亚太区域大会原议；参加国际山地研究所在成都召开的山地农业系统讨论会；应广西壮族自治区计委之邀到南宁参加钦州湾地区国土规划评审会。

1990年 筹备亚太地区国际地理大会，于8月间如期在北京胜利召开，到会代表达千人，盛况空前；所参加编制的《中华人民共和国国家农业地图集》获国家科技进步二等奖。

1991年 所主编的《1∶100万中国土地利用图》获中科院科技进步一等奖；中国科学技术学会授予"周培源国际科技交流大奖"；在中国地理学会第六届全国理事大会上当选为理事长；到布拉格参加国际地理联合会执行委员会议，顺访捷克；当选为中国科学院院士（学部委员）。

1992年 编写《全国海岸带和海涂资源综合调查报告》荣获国家科技进步一等奖；初夏参加中科院地学部组织的三峡地区水土保持和移民问题考察；8月到华盛顿参加第27届国际地理大会，连续当选国际地理联合会副主席；应潮州地区之邀，参加潮安县县城选址考察和咨询。

1993年 参加中科院地学部组织的广州至上海段沿海海平面上升问题考察；到荷兰参加国际地理联合会执委会会议，并应法国热带地理研究所之邀，访问波尔多和巴黎；应新疆维吾尔自治区旅游局之邀，作全疆旅游资源考察；参加在北京召开的国际区域科学讨论会，参加地理学会在上海召开的旅游资源评价讨论会；到广州参加国际城市规划与教育会议。

1994年 编写《中国土地利用》专著；在庆祝中国地理学会成立85周年大会上，倡议为配合《中国21世纪议程》的实施，以持续发展研究作为近期地理工作的主攻方向；应汉城市政府之邀，到韩国参加中、韩、日三国东北亚经济发展研讨会，顺访韩国国土研究所；应大庆市政府之邀，参加大庆市调整产业结构的国际研讨会；到布拉格参加国际地理联合会召开的中欧区域国际地理大会；由民政部组织参加湖北、安徽两省设评审会，到两湖平原各城市及安庆考察；到昆明参加云南省徐霞客研究会成立大会。

1995年 受国家自然科学基金会委托主编《地理科学发展战略调研报告》；应商丘市之邀，讨论该市发展问题；应台北中国文化大学及中央大学校友会之邀，到台湾五所大学作短期讲学，顺道访问香港中文大学地理系；应民政部之邀，参加广东、海南两省设评审会，到广州、粤西各城市及海口考察；到防城参加发展规划会，顺访越南边境；到成都参加西藏自治区国土规划评审会；到厦门参加旅游规划评审会；参加中科院地学部组织的河西走廊水利问题考察；秋应水利部之邀到榆林地区考察水拉沙改造环境现场；冬参加中国科协委托地理学会召开的长江产业带学术讨论会；参加中科院地学部组织的江西广东红壤地区农业考察；所主编的《中国土地利用》专著及《1∶100万中国土地利用图》两项成果获得国家科技进步二等奖。

1996年 受国家自然科学基金资助，集中力量编写《现代经济地理学》专著；应山东菏泽地区之邀，讨论该地区发展设想；8月到海牙参加第28届国际地理大会，顺访比利时安特卫普港口城市；应法国地理学会之邀，到法国进行从北到南的学术考察。

1997年 受国家科学出版基金资助，集中力量编写《中国经济地理》专著；到南京参加中科院地学部组织的长江三角洲考察报告评审会；应比利时卢汶大学之邀进行学术交流，顺访卢森堡；应

　　　　　　国家海洋局之邀，评议《中国海洋功能区划报告》；再访广西防城，评议防城发展规划。
1998年　应国家土地管理局之邀，评议《全国土地利用规划》；参加IGU城市地理专业委员会到苏南考察张家港、苏州新区；中科院组织院士考察黄河下游断流情况；到香港参加中文大学主持的第二届世界华人地理大会；徐霞客研究会组织考察黔西盘县；庆祝重庆地理学会成立考察北碚、沙坪坝、大足石刻；考察唐山京唐港。
1999年　参观昆明世博会，考察大理、丽江；到台湾参加台湾师范大学主持的第三届世界华人地理大会，考察台湾中西部；中国地理学会庆祝成立90周年。
2000年　参加南京师范大学纪念李旭旦教授复兴人文地理学20周年；应韩国邀请参加中韩仁川地理研讨会，IGU世界大会；参加株洲发展战略座谈会，登衡山；参加桂林市、张家界、内蒙古阿拉善盟旅游规划评审。
2001年　先后参加广东顺德发展规划、云南曲靖发展规划、福建省旅游规划、昌都农业发展规划、广汉三星堆旅游规划、南阳持续发展规划的评审；参加重庆师大主持三峡旅游节活动，江阴徐霞客故居碑廊落成。
2002年　到合肥评议安徽两山一湖治理规划，参观包公祠；到长春评吉林省旅游规划；到青海评互助土族自治县旅游规划；到武汉评湖北省旅游规划，顺访潜江、荆州；在北京评贵州省旅游规划；到海南评博鳌港发展，游三亚；到南昌评樟树旅游规划；参加国土资源部土地利用战略评议；评天津国土试点规划；凭沅陵、马鞍山、厦门西区、河南伏牛山等地旅游规划，游安阳。
2004年　应广西壮族自治区文化厅和北海市政府之邀，到合浦参加"海上丝绸之路始发港理论讨论会"，发表"海上丝绸之路的回顾与前瞻"报告。
2005年　应国际日本文化研究中心之邀，访问京都，发表"纵论中国地理学的发展过程"报告。
2006年　评甘南省旅游规划；参加广东增城新农村建设讨论；讨论武汉市城市圈总体规划；到汕头讨论产业定位；到哈尔滨评议都市圈发展规划；到郑州讨论中牟县发展；在京讨论琢县三祖圣地开发建设规划。
2007年　评审辽宁沿海经济带规划和丹江口旅游规划。

附录2：吴传钧先生区域与城市研究科研成果目录

1941年　《中国燃料资源汇编》（内部），交通部汽车燃料动力研究所。
1942年　《中国粮食地理》（本科毕业论文），商务印书馆。
1943年　"土地利用之理论与研究方法"，《地理》，第3卷，第1～2期；
　　　　《地理学通论》，前中央大学地理系油印讲义。
1944年　"近百年来外人考察我国边陲述要"，《边政公论》，第3卷，第5～6期；
　　　　"国都问题综论"，《国是月刊》，第4期；
　　　　"论缩改省区"，《国是月刊》，第5期。
1945年　"威远山区土地利用"（硕士学位论文），《四川经济季刊》，第2卷，第1期。
1948年　Rice Economy of China，英国利物浦大学博士论文。
1949年　"南京上新河的木市"，《地理》，第6卷，第2～4期；
　　　　《苏联新图志》（与周立三等合编），亚光舆地学社。
1950年　"对于旧地理思想的批判——建立正确的人地观念"，《地理知识》，第6期。
1951年　"南京郊区经济调查报告"（与周立三等合写），中国科学院地理所内部报告；
　　　　《1:4万南京市土地利用图》（与王吉波等人合编），中国科学院地理所印（内部）；
　　　　《新式拼合世界地图》（与瞿宁淑合编），大中国图书局出版；
　　　　"怎样做市镇调查"，《地理知识》，第7期。
1952年　"兰宁铁路经济调查报告"（与孙承烈等合作），铁道部内部报告；
　　　　"撒哈拉的问题"（译作），《地理知识》，第8期。
1953年　"包宁铁路计划线经济调查报告"（与武泰昌等合作），铁道部内部报告；
　　　　"包兰铁路经济调查简报"（与武泰昌等合作），铁道部内部报告；
　　　　"伊盟线路概况"，铁道部内部报告。
1954年　"黄河流域综合开发技术经济报告灌溉部分"（与周立三等合写），水利部黄河流域规划内部报告；
　　　　《西康藏族自治州》，三联书店。
1955年　"黄河的问题及其改造"，《地理知识》，第2期；
　　　　"铁路选线调查方法的初步经验"（与孙承烈等合作），《地理学报》，第22卷，第2期。
1956年　《黄河中游西部经济地理》（与孙承烈等合写），科学出版社；
　　　　"黑龙江籍乌苏里江航运调查报告"（与鲁祖周、郭来喜合作），中国科学院黑龙江流域综合考察队内部报告；
　　　　"果洛藏族自治州"，《地理知识》，第4期；

"玉树藏族自治州",《地理知识》,第5期。

1957年　"经济地理调查的一般方法",《地理学资料》,第1期;
《黑龙江省及乌苏里江地区经济地理》(与郭来喜等合编),科学出版社;
"黑河地区经济概况",中国科学院综合考察委员会印(内部);
"开发黑龙江的先声",《科学大众》,第11期。

1958年　《甘青农牧交错地区农业区划初步研究》(与周立三等合写),科学出版社;
"包兰铁路",《地理知识》,第9期;
"武威第五区农业生产调查简报",《地理学资料》,第2期;
"苏联的经济地图工作",《地理知识》,第7期。

1959年　《东北地区经济地理》(与梁仁彩等合编),科学出版社;
《经济地理学》(与周立三合写),《十年来的中国科学·综合考察》,科学出版社;
《黑龙江流域综合考察》(与朱济凡等合编),《十年来的中国科学·综合考察》,科学出版社;
"黑龙江流域煤炭工业布局与发展远景设想"(与郝凌云等合写),中国科学院黑龙江流域综合考察队内部报告;
"开展人民公社的调查研究,建立新经济地理学",《大跃进中的中国地理学》,商务印书馆。

1960年　"经济地理学——生产布局的科学",《科学通报》,第19期,译文载日本《人文地理》,1964年第4期;
"黑龙江流域及其毗邻地区经济研究"(与朱济凡等合编),《黑龙江流域综合考察队学术报告第一卷》,科学出版社;
"黑龙江流域及其毗邻地区生产力配置远景的初步研究"(与华熙成合写),《黑龙江流域综合考察队学术报告第一卷》,科学出版社;
《大不列颠群岛——自然地理合农业地理》(译作,斯坦普、比佛著),商务印书馆。

1961年　"云南南部发展热带作物地区的交通运输问题",《云南热带亚热带地区以橡胶为主的植物资源综合开发方案》,云南考察队内部报告。

1962年　"地区综合考察和生产力远景发展的研究"(与李文彦合写),《1960年全国地理学术会议论文集》,科学出版社。

1963年　"海南岛综合开发问题",1963年全国农业科学技术会议论文;
"热带作物布局的自然条件评价",《中国热带作物布局的理论探讨》,科学出版社。

1964年　"华北主要城市工业用水问题",《华北地区工业布局调查研究报告》,中国科学院地理所提交华北局计委内部报告;
"美国经济地理学发展概况",《资本主义国家经济地理学的研究动向》,商务印书馆。

1965年　"我国农业区划的新发展"(与林超等合写),《地理学报》,第4期。

1972年　《坦桑尼亚》(与蔡宗夏合写),商务印书馆。

1973年 "呼伦贝尔盟荒地资源考察报告"（与唐孝渭等合写），中国科学院地理所荒地考察队内部报告。

1974年 "浙江、福建、江西三省有关农业布局问题的调查报告"（与蔡清泉等合写），中国科学院地理所内部报告。

1975年 《中国的农业》（与张豪禧等合写），商务印书馆。

1979年 "开展土地资源合理利用的调研与制图为农业现代化服务"，《自然资源》，第2期；

"出访美国地理界观感"，《地理知识》，第3期。

1980年 《中国农业地理总论》（与中国科学院地理所农业地理室同仁合写），科学出版社；

"要因地制宜利用土地资源"，《人民日报》，1980年6月17日，第5版；

《1∶600万中国土地利用现状概图》（与沈象仁合编），地图出版社。

1981年 "因地制宜发挥优势逐步发展我国农业生产的地域专业化"，《地理学报》，第4期；

"因地制宜发挥地区农业优势"，《农业现代化研究》，第3期，1981年编入《农业发展战略》（科学出版社）；

"我国土地资源利用问题"，《地理教学》，第2期；

"要为国土整治服务"，《地理学报》，第3期；

"开发旅游资源发展旅游地理研究"，《旅游资源的开发与观赏》，北京旅游学院。

1982年 "因地制宜整治国土"，《国土研究班讲稿选编》，国家建委国土局，第84～100页；

"谈谈国土整治"，《百科知识》，第2期；

"国土整治与国土规划"，《瞭望》，第3期；

"国土整治与规划"，《水土保持通报》，第5期。

1983年 The Planting of Trees and Crops: Agro Forestry Systems Practiced in South China. *Mountain Research and Development*, Vol. 3, No. 4, pp. 409-413.

Land Resources of the People's Republic of China (Chief Editor), United Nations University, Tokyo.

Proper Utilization of Land Resources and the Modernization of Agriculture in China. *China in Canada: A Dialogue or Resources and Development*. McMaster University, pp. 29-37.

1984年 《人文地理学》（副主编），中国大百科全书出版社；

"国土开发整治区划与生产布局"，《经济地理》，第2期；

"谈柴达木地区经济综合发展问题"，《青海社会科学》，第1期；

Geography in China, *An Outline of Chinese Planning System*. Science Press, pp. 13-14.

Urban Planning Problems in Beijing. *Regional Planning in Different Political Systems: The Chinese Setting* (Chief Editor), Bochum Ruhr University, pp. 23-28.

"发展海洋地理学"，《地理知识》。

1985年　"对我国国土整治区划的构思",《中国国土整治战略讨论第二集》,能源出版社,第1~11页;

《北京土地利用》(主编),北京市农业区划办公室;

"中国1：100万土地利用图编制总结报告"(与郭焕成、沈象仁合写);

《人文地理学概说》(与郭来喜合编),科学出版社;

"考察贵州国土经济观感",《地理学与国土研究》,第3期;

"贵州山区综合开发问题",《山地研究》,第3期。

1986年　《1：100万中国土地利用图编制规范及图式》(与沈洪泉合作),科学出版社;

"我国行政区划的沿革及其与经济区划的关系",《国土规划与经济规划》,华东师范大学出版社。

1987年　"调整布局促进三线建设",《开发研究》,第3期。

Water Resources and Territorial Development in China. *Land and Water Development: Chinese and Canadian Perspective*. Edmonton Canada.

1988年　Retrospect and Prospect of Urban Development in China. *Geographia Polonica*. Poland.

《1：20万北京市土地利用图》(与沈象仁合编),北京市测绘局;

"自然资源研究的新趋势",《自然资源》,第1期;

"海岸带的开发利用和环境保护",《经济发展与环境》,中国科协,第369~370页;

《经济大辞典·国土经济·经济地理卷》(主编),上海辞书出版社;

《数量地理在生产布局中的应用》序言,中国地理学会数量地理专业组编,科学出版社;

"中国城市发展的回顾与前瞻",《国外人文地理》,第1期;

Agricultural Transformation in Adjacent Mountain Areas of Chinese Himalayas—A Case Study of Yunnan and Guizhou Provinces (Abstract). *Agricultural Development Experiences in West Sichuan and Xizang, China*. ICIMD, pp. 57-58.

1990年　《中国大百科全书·地理学》(副主编),中国大百科全书出版社;

《1：100万中国土地利用图集》,科学出版社;

《国土开发整治与规划》(与侯峰合编),江苏教育出版社;

"国土整治和地理学的理论研究",《自然地理与中国区域开发》,湖北教育出版社;

《当代中国产业布局》序言(王惠中编),中国城市经济社会出版社;

Land Utilization in China: Its Problems and Prospects. *Geojournal*, Vol. 20, No. 4, pp. 347-352.

The Progress of Human Geography in China: Its Achievements and Experiences. *Geojournal*, Vol. 21, No. 1-2, pp. 7-12.

Territorial Management and Regional Development. *Recent Development of Geographical Science in China*, Science Press, pp. 1-7.

The Urban Development in China. *The Journal of Chinese Geography*. Vol. 1, No. 2.

1991 年　"论地理学的研究核心——人地关系地域系统",《经济地理》,第 11 卷,第 3 期。

1992 年　"建立资源节约型社会经济体系"(与陆大道合写),《人民日报》,1992 年 5 月 13 日,第 5 版; Utilization and Protection of Natural Resources in National Economic Development. *Development and Ecology*. India: Rawat Publication, pp. 91-96.

1993 年　《中国海岸带土地利用》(与蔡清泉合编),《中国海岸带和海涂资源综合调查专业报告》,海洋出版社;

"农业地理学的发展趋向和任务",《地理学与农村持续发展》,气象出版社;

"中国的国土开发整治研究",《地理研究与发展》,香港大学出版社;

"潮安县县城选址考察报告",《中国方域——行政区划与地名》,第 1 期;

《新的产业空间、高技术产业开发区的发展与布局》序言(魏心镇编),北京大学出版社。

1994 年　《重负的大地——人口、资源、环境、经济》(主编),人民教育出版社;

"纵论亚太—东北亚—北京的经济发展",《东北亚大都市超超国境化协力方案展望》,韩国汉城市政府开发研究院;

"小城镇是农村现代化的基地",《中国社会报》,1994 年 8 月 4 日,第 3 版。

1995 年　《自然科学发展战略调研报告·地理科学》(主编),科学出版社;

"大庆持续发展问题",《大庆区域经济调整规划研究》,中国社会科学出版社。

1996 年　"水·绿洲·人——中国科学院院士吴传钧访谈",《中国水利》,第 2 期;

"关于菏泽地区经济发展战略的若干问题",《人文地理》,第 4 期。

1997 年　"国土整治与区域开发",《面向 21 世纪的中国地理学》,上海教育出版社,第 31~52 页;

《现代经济地理学》(与刘建一、甘国辉合编),江苏教育出版社。

1998 年　《中国经济地理学》(主编),科学出版社;

《人地关系与经济布局——吴传钧文集》(主编),学苑出版社;

"加强自然科学与社会科学的交错研究",《光明日报》,1998 年 9 月 1 日,第 5 版;

"发展具有中国特色的地理科学",《中学地理教育参考》,第 11 期;

"中国人文地理学的发展",《科学进步与学科发展》,中国科学技术出版社,第 76~81 页。

1999 年　"论跨世纪中国地理学发展问题",《1999 跨世纪海峡两岸地理学术研讨会论文集》上册;

"改革创新　再创辉煌——贺中国地理学会成立九十周年",《科学日报》,1999 年 11 月 15 日;

"我国 20 世纪地理学发展回顾及新世纪前景展望",《地理学报》,第 5 期。

2000 年　"院士之路:吴传钧",《中学地理教育参考》,第 6 期;

Prospect for the Economic Development in the Yellow Sea Rim Region through Sino-Korean Cooperation. *Economic Region of the Yellow Sea Rim: the Present and the Future*. Inchon Development Institute.

2001年　"地理学是一门伟大的学问",《地理教育》,第1期;

"发展内河航运与西部大开发",《中国21世纪内河航运论坛》,人民交通出版社,第129~132页;

《中国农业与农村经济可持续发展问题——不同类型地区实证研究》,中国环境科技出版社。

2002年　"钱学森院士对发展地理学的倡导",《钱学森科学贡献暨学术思想研讨会论文集》,中国科技出版社,第65~69页;

"迎接中国地理学进入发展新阶段",《地域研究与开发》,第3期。

2005年　"纵论中国地理学的发展过程"(附日文译文),日本京都国际日本文化研究中心内部出版。

2006年　主编《海上丝绸之路研究》(北海合浦海上丝绸之路始发港理论研讨会论文集),科学出版社。

《城市与区域规划研究》征稿简则

本刊栏目设置

本刊设有 7 个固定栏目：
1. **主编导读**。介绍本期主题、编辑思路、文章要点、下期主题安排。
2. **特约专稿**。发表由知名学者撰写的城市与区域规划理论论文，每期 1~2 篇，字数不限。
3. **学术文章**。城市与区域规划理论、方法、案例分析等研究成果。每期 10 篇左右，字数不限。
4. **国际快线（前沿）**。国外城市与区域规划最新成果、研究前沿综述。每期 1~2 篇，字数约 20 000 字。
5. **书评专栏**。国内外城市与区域规划著作书评。每期 6 篇左右，每篇字数 2 000 字以内。
6. **经典集萃**。介绍有长期影响和实用价值的古今中外经典城市与区域规划论著。每期 1~2 篇，字数不限。中英文混排，可连载。
7. **研究生论坛**。国内重点院校研究生研究成果、前沿综述。每期 4 篇，每篇字数 6 000~8 000 字。

设有 2 个不固定栏目：

8. **人物专访**。结合当前事件进行国内外著名城市与区域专家介绍。每期 1 篇，字数不限，全面介绍，列主要论著目录，配发黑白照片。
9. **学术随笔**。城市与区域规划领域知名学者、大家的随笔。

投稿要求及体例

本刊投稿以中文为主（海外学者可用英文投稿），但必须是未发表的稿件。英文稿件如果录用，本刊可以负责翻译，由作者审查定稿。文章在本刊发表后，作者可以继续在中国以外以英文发表。

1. 除海外学者外，稿件一般使用中文。作者投稿用电子文件，电子文件 E-mail 至：urp@tsinghua.edu.cn；或打印稿一式三份邮寄至：北京清华大学学研大厦 B 座 101 室《城市与区域规划研究》编辑部，邮编：100084。
2. 稿件的第一页应提供以下信息：① 文章标题；② 作者姓名、单位及通信地址和电子邮箱；③ 英文标题、作者姓名和单位的英文名称。
3. 稿件的第二页应提供以下信息：① 文章标题，② 200 字以内的中文摘要；③ 3~5 个中文关键词；④ 英文标题；⑤ 100 个单词以内的英文摘要；⑥ 3~5 个英文关键词。
4. 文章应符合科学论文格式。主体包括：① 科学问题；② 国内外研究综述；③ 研究理论框架；④ 数据与资料采集；⑤ 分析与研究；⑥ 科学发现或发明；⑦ 结论与讨论。
5. 文章正文中的标题、插图、表格、符号、脚注等，必须分别连续编号。一级标题用"1，2，3……"编号；二级标题用"1.1，1.2，1.3……"编号；三级标题用"1.1.1，1.1.2，1.1.3……"编号。前三级标题左对齐，四级及以下标题与正文连排。
6. 插图要求：300 dpi，16 cm×23 cm，黑白位图或 EPS 矢量图，最好是黑白线条图。在正文中标明每张图的大体位置。
7. 所有参考文献必须在文章末尾，按作者姓名的汉语拼音音序或英文姓的字母顺序排列。体例如下：
   [1] Amin, A. and N. J. Thrift 1994. *Holding down the Globle*. Oxford University Press.
   [2] Brown, L. A. et al. 1994. Urban System Evolution in Frontier Setting. *Geographical Review*, Vol. 84, No. 3, pp. 249-265.
   [3] （德）汉斯·于尔根·尤尔斯、（英）约翰·B. 戈达德、（德）霍斯特·麦特查瑞斯著，张秋舫等译：《大城市的未来》，对外贸易教育出版社，1991 年，第 85~97 页。
   [4] 陈光庭："城市国际化问题研究的若干问题之我见"，《北京规划建设》，1993 年第 5 期。
   正文中参考文献的引用格式采用如"彼得（2001）认为……"、"正如彼得所言：'……'（Peter, 2001）"、"彼得（Pcter, 2001）认为……"、"彼得（2001a）认为……、彼得（2001b）提出……"。
8. 所有英文人名、地名应有规范译名，并在第一次出现时用括号标注原名。

用稿制度

本刊在收到稿件后的 3 个月内给予作者答复是否录用。稿件发表后本刊向作者赠样书 2 册。